JN094027

①スマートフォンに使われる電子部品のイメージ

普段、目に触れない電子部品ですが、スマートフォンをはじめ、テレビ、PC……様々な電子機器は、電子部品がないと動きません。電子部品は私たちの生活を支えているのです。

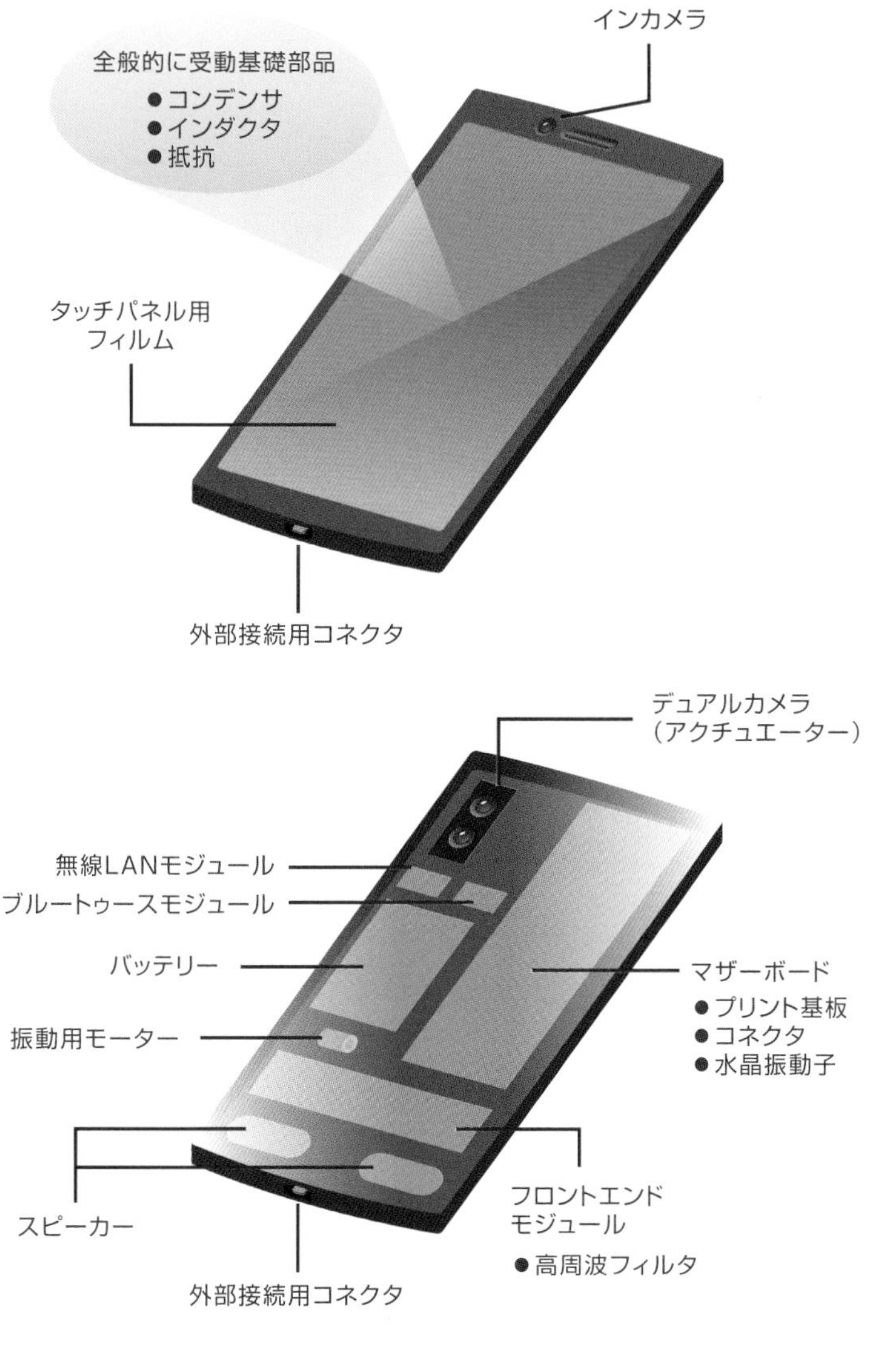

②電子部品が不可欠な新たな技術

電子部品は、将来の生活を豊かにする新たな技術の実現にも不可欠です。他の産業の進化、成長に貢献する、今後も有望な産業の一つと言えるでしょう。

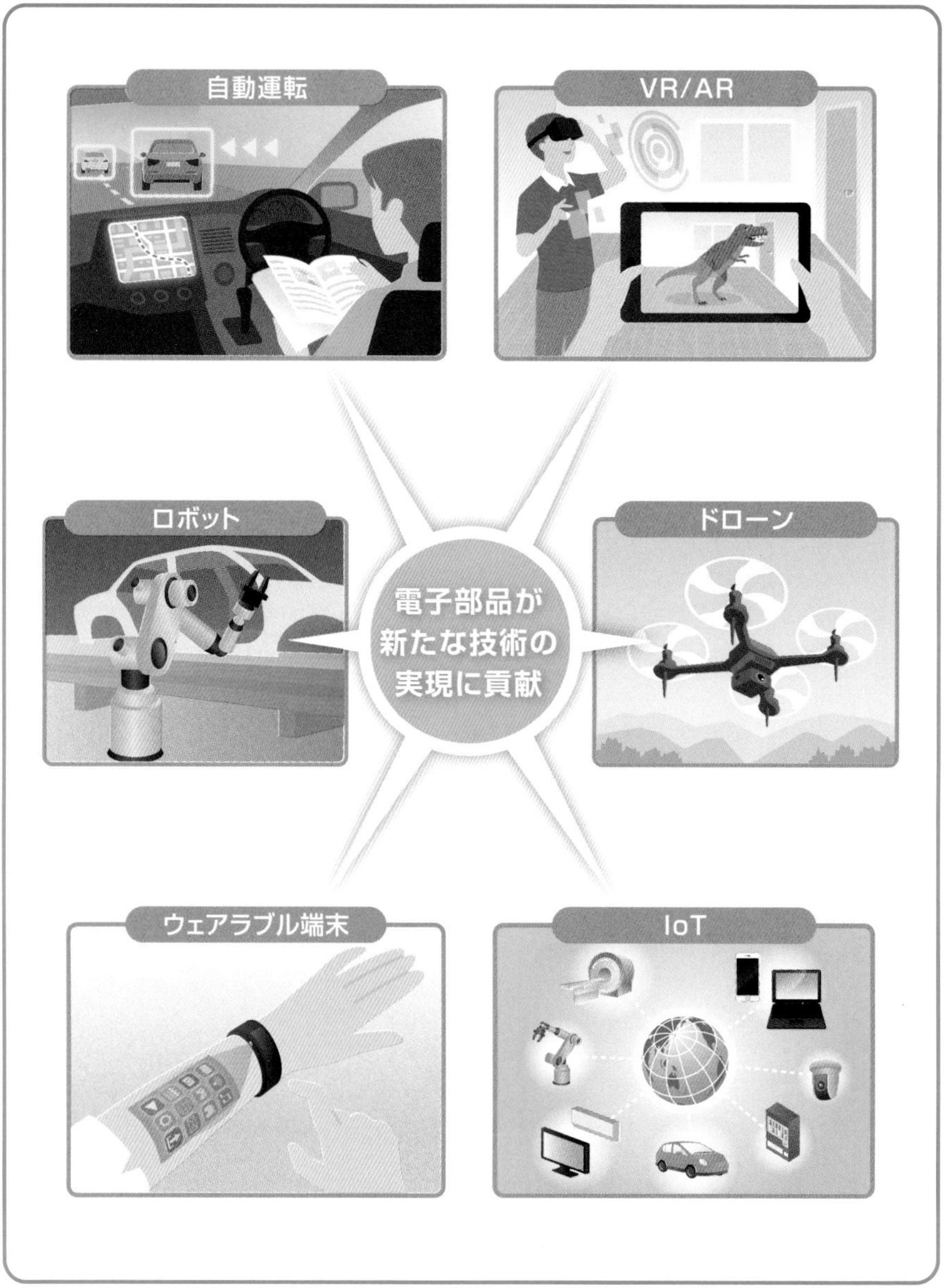

③電子部品産業の利益水準

近年、電子部品産業はハイテク産業の中で存在感を増しています。そして、電子部品はハイテク産業の中でも、他の製造業と比較しても、非常に高い利益率を誇る産業です。

●ハイテク産業内比較（営業利益額推移　単位：10億円）

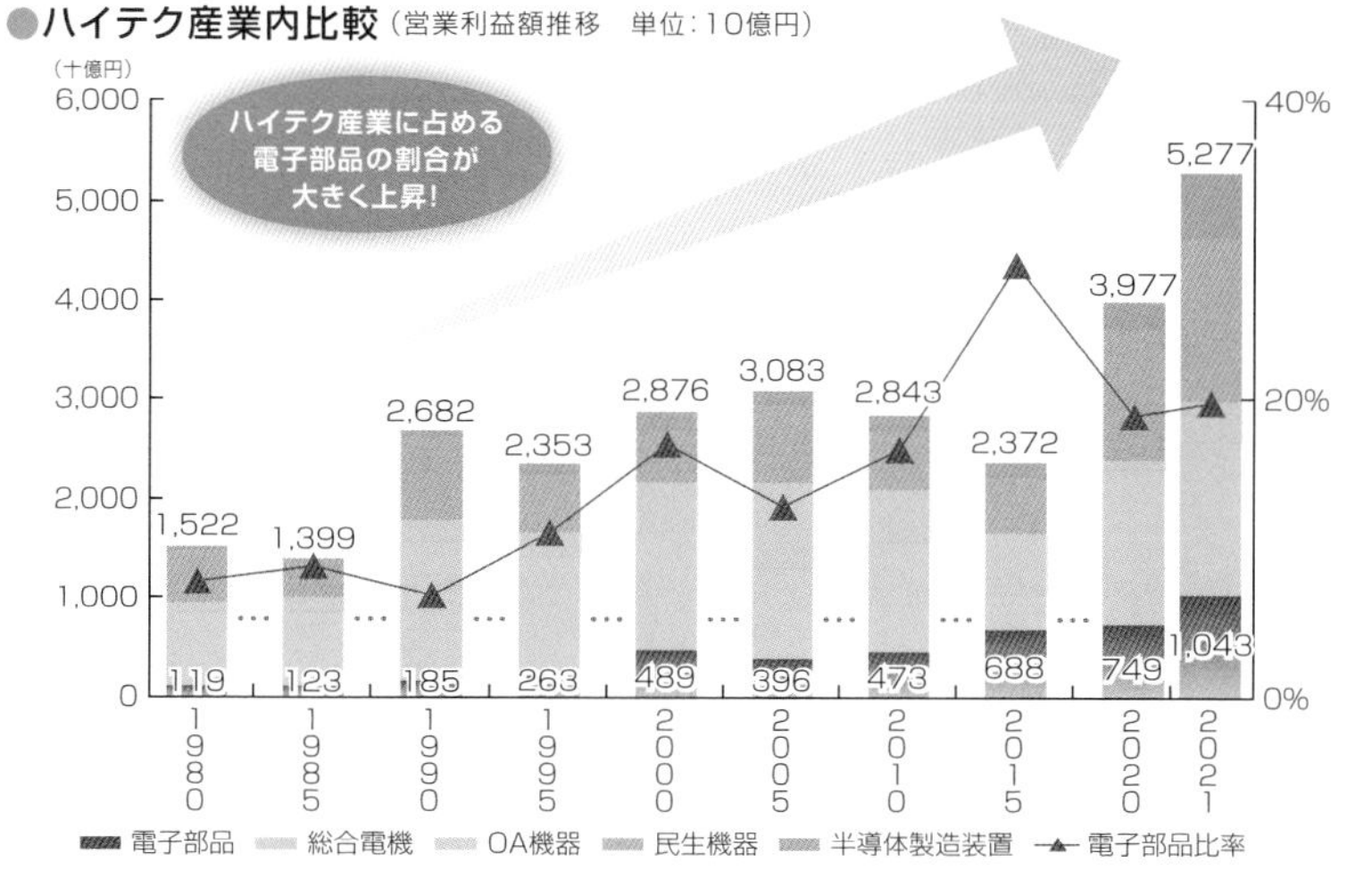

●ハイテク産業内比較（2021年度 営業利益率）

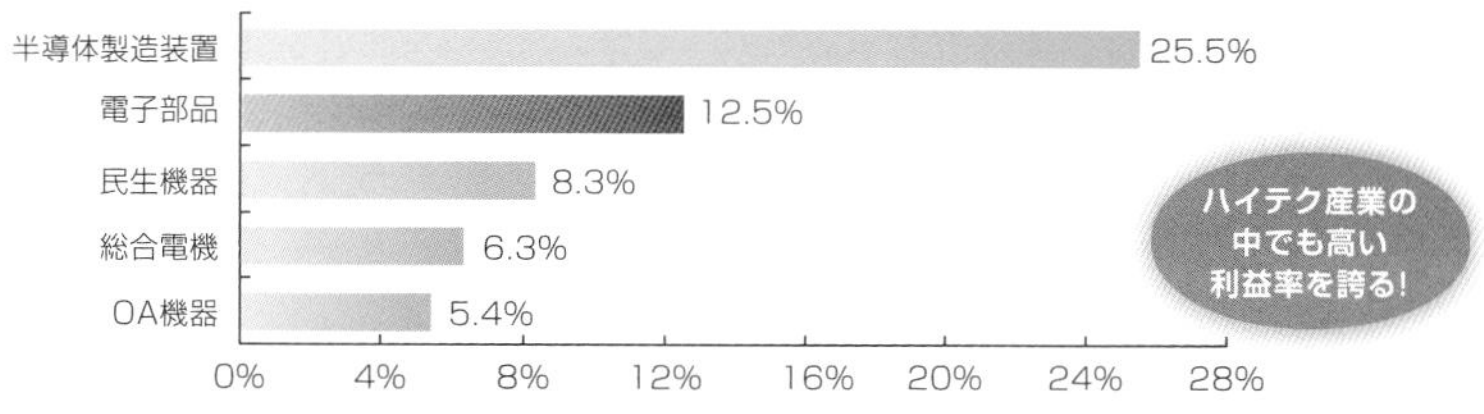

●製造業内比較（2021年度 営業利益率）

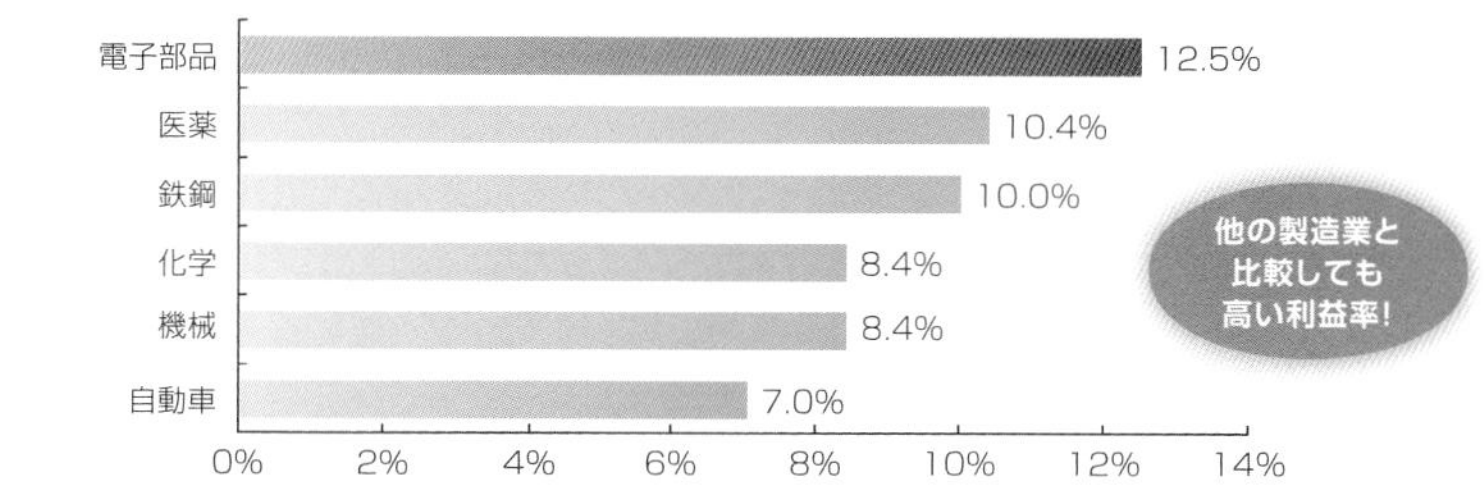

④電子部品の世界1位企業

日本の電子部品企業は、数多くの製品で世界1位となっています。世界1位であることが企業の競争力、収益力を強化する好循環を生む、強さの秘密と言えるでしょう。

ロゴ	企業名	電子部品
AsahiKASEI	旭化成	ホール素子
味の素ファインテクノ株式会社	味の素 ファインテクノ	実装基板用 絶縁材料
IBIDEN	イビデン	プラスティック・ パッケージ
KYOCERA	京セラ	セラミック・ パッケージ
kuraray Possible starts here	クラレ	PVAフィルム
JFE	JFEミネラル	ニッケル微粉末
ShinEtsu	信越化学工業	シリコン ウエハー
住友金属鉱山	住友金属鉱山	LT/LN基板
TDK	TDK	HDDヘッド
C.C.	ニッカトー	ジルコニア ボール
Nitto	日東電工	ITOフィルム

ロゴ	企業名	電子部品
NKK NIPPON KODOSHI CORPORATION	ニッポン 高度紙工業	コンデンサ用 絶縁紙
Nidec All for dreams	日本電産	HDDモーター
NDK	日本電波工業	水晶部品
HAMAMATSU PHOTON IS OUR BUSINESS	浜松ホトニクス	光電子増倍管
FUJIFILM Value from Innovation	富士フイルム	TACフィルム、 WVフィルム
技術を磨き、心をつなぐ FUJIMI FUJIMI INCORPORATED	フジミインコー ポレーテッド	精密研磨剤
HOYA	HOYA	HDDガラス 基板
MABUCHI MOTOR	マブチモーター	小型DC モーター
MinebeaMitsumi Passion to Create Value through Difference	ミネベアミツミ	ミニチュア・ 小径ボール ベアリング
muRata INNOVATOR IN ELECTRONICS	村田製作所	MLCC、SAW フィルター
山一電機株式会社 YAMAICHI ELECTRONICS Co.,Ltd.	山一電機	半導体 検査治具

How-nual　Shuwasystem Industry Trend Guide Book

図解入門　業界研究

最新 電子部品産業の動向とカラクリがよ～くわかる本［第2版］

業界人、就職、転職に役立つ情報満載

フロンティア・マネジメント株式会社
村田 朋博　渡邉 あき子
澤村 勇城　セン キンハーン 著

秀和システム

●注意

(1) 本書は著者が独自に調査した結果を出版したものです。

(2) 本書は内容について万全を期して作成いたしましたが、万一、ご不審な点や誤り、記載漏れなどお気付きの点がありましたら、出版元まで書面にてご連絡ください。

(3) 本書の内容に関して運用した結果の影響については、上記(2)項にかかわらず責任を負いかねます。あらかじめご了承ください。

(4) 本書の全部または一部について、出版元から文書による承諾を得ずに複製することは禁じられています。

(5) 本書に記載されているホームページのアドレスなどは、予告なく変更されることがあります。

(6) 商標

本書に記載されている会社名、商品名などは一般に各社の商標または登録商標です。

はじめに

まず何より、この本を手に取っていただきましたこと、**電子部品**にご関心を抱いていただいたこと、厚く御礼申し上げます。電子部品は目立たない産業ですから、喜びひとしおです。

しかし、目立たないのは当然のことで（いわゆる**B to C産業**ではないため知名度はさほど重要ではありません）、実は電子部品は**付加価値**が高い、優れた産業です。知名度と産業（もしくは企業）の優秀さが比例しないことは、日々の新聞報道でご承知の通りです。電子部品は噛むほどに味わい深い産業であり、本書ではその魅力について語ります。

第一に、世界を支えている。私たちの身の回りの電子機器。テレビ、パソコン、携帯電話・スマートフォン等々。そして、携帯電話の基地局や膨大なデータを蓄積するデータセンター等の社会インフラ。申し上げるまでもなく、これらの電子機器や社会インフラは部品でできています。そう、部品がなくては何も作れないのです。電流を流したり止めたり、光を通したり遮ったり、電波を通したり遮ったり、携帯電話を振動させたり、光や音を感じたり……電子部品は非常に多くの機能を引き受けています。

第二に、日本企業が世界1位の産業です。日本のハイテク企業はテレビや携帯電話産業で敗退してしまい、今では日本製品は大幅に減ってしまいました。しかし、その中を開けてみれば、日本の電子部品であふれています。iPhoneの新機種が発売されるたびに、分解しどんな部品が使われているか調査する企業がありますが、その部品リストは日本企業のオンパレード。日本の電子部品産業には、世界1位企業が多数存在します。産業規模1兆円の10位より、産業規模1000億円の1位のほうが、はるかに意味があります。

第三に、日本のハイテク産業が苦戦を強いられた中で（復活しつつありますし、今後楽しみですが）、なぜ電子部品産業だけは勝ち残ったのでしょうか？　様々な要因がありますが、一つは**横展開**ではなく**縦展開**であったということです。多くの日本企業は多角化し、もちろんそれが成功した事例もありますが、多くは拡大と撤退の歴史です。しかし、日本の部品企業は自らの生きる道に脇目も振らず没頭し、縦に深掘りし続けたのです。その結果、日本の電子部品企業はそれぞれが得意とする分野・製品において他社を寄せつけない企業となったのです。

第四に、その強さの結果として、各社の利益率があります。日本の電子部品産業は高利益率企業の宝庫です。営業利益率10％、20％の企業が多数あります。たしかに、規模ではまだまださほどでもありませんが、部品産業は規模よりも収益性を誇りにしているのです。

最後に、これらの結果としての**企業価値**です。企業の価値をはかることはとても大変なことですが、一つの目安が株式市場における**時価総額**です。村田製作所の時価総額はなんと5兆円（2022年6月末時点）。これは日本で26位。5兆円といってもピンとこないですが、これは、セブン&アイ・ホールディングス、デンソー、富士通等と同水準なのです。

かつて、電子部品産業は**下請け**と見られていました。ソニーやパナソニック等がハイテク産業の主でした。しかし、今ではむしろ、組み立て加工の付加価値は減少し、電子部品、素材こそ付加価値の源泉なのです。

とは言え、楽観ばかりとはいきません。世界に目を転じれば、海外企業の成長は日本企業を凌駕しています。一例をあげれば、台湾のヤゲオ社は営業利益が1000億円を超え、昨年には、トーキン（元NECの電子部品事業）を買収した米国の大手電子部品企業ケメットを買収するまでに成長しています。世界の電子部品産業がお互いに切磋琢磨し、今後も発展し続けることを、願わくば日本企業がリーダーであり続けることを祈願いたします。

その鍵を握るのは人です。あの会社は営業が強い、あの会社は技術力がある……等とよく言われますが、どの機能もつまるところは人間です。すなわち、企業は人間に他なりません。

今回の改訂にあたり、電子部品産業の魅力を知っていただき、優秀な人財にチームに加わっていただきたいと考え、中堅社員さんのインタビュー集を加えました。
各社のご協力をいただき、5社8名の最前線で活躍されている社員さんにお話を聞くことができました。性別、勤務地、職種、入社経緯等まさに多様で、5社の人事部・広報部の皆様には厚く御礼申し上げます。8名の皆様はどなたも前向きに研鑽すると同時に、顧客、同僚への感謝も忘れていないことが特徴的でした。インタビューをお読みいただくと、「おっ、私もこの会社に入りたいな」「こんな風に活躍したいな」と思うこと間違いありません。

さて、改訂版にあたり、フロンティアマネジメントの若き三銃士——渡邉あき子、澤村勇城、センキンハーンを迎え、脱稿にいたったこと嬉しく思います。

最後に。この5年の間に、ローム創業者佐藤研一郎氏、京セラ創業者稲盛和夫氏が逝去されました。お二人の偉大な経営者に、偉大な企業を創っていただいた感謝と哀悼の意を表します。本書では、偉大な経営者の哲学も紹介しており、佐藤氏、稲盛氏の思想に触れていただければ嬉しく思います。

2023年1月　　村田朋博

How-nual
図解入門
業界研究

最新電子部品産業の動向とカラクリがよ〜くわかる本［第2版］●目次

第3章 経営者と理念

第4章 主な電子部品と技術

第7章 活躍する社員インタビュー

第 1 章

電子部品産業概況

電子部品産業は、パソコンやスマートフォン等と異なり、直接目に触れる製品は少なく、イメージが湧きづらい産業です。本章では、電子部品産業を市場規模や株式市場での評価等から概観し、また各社の事業形態や産業の歴史、セットメーカーとの関係等についても説明し、産業の概況を把握します。また、半導体部品、自動車部品との違い等についても触れ、電子部品産業の特徴の整理を行います。

How-nual
図解入門
業界研究

電子部品産業の規模

日本の主要な電子部品企業50社の売上高は18兆円です。「電子部品」の定義は難しいのですが、広義の電子部品の産業規模は20～25兆円と考えられます。

●ハイテク産業は200兆円規模

電子部品を考えるのであれば、その顧客である**ハイテク産業**を考える必要があります。

ハイテク産業の主要な3製品は、テレビ、パソコン、携帯電話・スマートフォンです。それぞれの市場規模はおおよそ左ページ上図表のようになります。

これら三つで130兆円。ハイテク産業にはその他に、カメラ、音楽プレーヤー、白物家電（冷蔵庫、洗濯機、エアコン等）、通信機器・インフラ（ルーター等）、産業機器・インフラ（工場で使用されるモーターやセンサー等）等々があります。何をもって「ハイテク」と呼ぶかは難しく、極めて大掴みな数値ですが、産業規模は200兆円に届かない程度と思われます。

●広義の電子部品は20～25兆円産業

同様に、何をもって「**電子部品**」と言うかは難しいところですが、ハイテク産業の3分の1が電子部品とすると（残りは、電子部品以外の部品、組立にかかる費用、セットメーカーの販売管理費および利益等）、ざっと70兆円が部品産業ということになります。

この中で大きいのが半導体で45兆円程度（半導体産業は60兆円程度ですが、ここでは自動車向け等を考慮）。本書は半導体以外の電子部品を扱いますので、残り20～25兆円となります。ただ、電子部品と言っても多種多様です。産業規模として大きいのは、**受動部品**（**LCR**）、**回路基板**、**接続部品**、**駆動部品**等ですが、これら主要製品については、4章であらためて記

ワンポイントコラム

【産業規模】　売上高の合計等で表されますが、一般にスーパーやコンビニ等の小売や専門商社等の卸売等のモノを仕入れて売る産業は金額が大きくなり、モノを作って売る産業は低くなります。産業規模は単純に大きいほうがよいわけではなく、ビジネスの特性を踏まえて捉えることが大切です。

述します。

●日本企業の売上高

上場している日本の電子部品企業上位50社の売上高を合計すると約18兆円（この18兆円には、たとえば京セラのスマートフォンのように電子部品以外の事業が含まれています）。また、**JEITA**＊調べによる、日本企業による電子部品の世界生産金額は8・3兆円です（2020年実績）。

産業別の主要企業の売上高を合計した**業界動向サーチ**によると、電子部品産業（12・6兆円）は180産業以上あるうち27位になっています。ちなみに、26位が携帯電話（12・7兆円）、28位が製薬（12・4兆円）です。

いかがでしょうか？　皆さんが思っているよりも電子部品産業は大きな産業ではありませんか？　でも目立たない。そう、それでよいのです。奥ゆかしく、縁の下の力持ち。能ある鷹は爪を隠す。それが電子部品産業です。

ハイテク産業の主要３製品の市場規模

スマートフォン	60～65兆円（台数～15億台×単価4万円～）
パソコン、タブレット	45～50兆円（～5億台×～10万円）
テレビ	20～25兆円（2.5億台×～10万円）

出所：FMI推定

業界動向サーチによる産業規模ランキング

単位：兆円

順位	業界名	業界規模
1	卸売	107.5
2	電気機器	76.6
3	金融	60.7
4	小売	60.1
5	自動車	57.0
6	総合商社	50.8
7	専門商社	50.4
8	自動車部品	31.8
9	生命保険	31.4
10	通信	30.0

順位	業界名	業界規模
21	不動産	15.5
22	鉄鋼	13.9
23	住宅	13.4
24	運送	12.9
25	非鉄金属	12.8
26	携帯電話	12.7
27	**電子部品**	**12.6**
28	製薬	12.4
29	食品卸	11.0
30	鉄道	10.7

出所：業界動向サーチ

用語解説

＊**JEITA**：一般社団法人電子情報技術産業協会。Japan Electronics and Information Technology Industries Association。日本で最大のハイテク企業の業界団体です。ハイテク産業の発展のための活動をしています。

2 第三者による電子部品産業の評価

産業を評価するには様々な要素を考慮しなくてはなりません。電子部品産業は単純な規模以上の価値が認められている産業と言えます。

企業の価値

企業の価値を客観的に評価することはとても難しいことです。企業の価値は複合的なものであり、単純に金銭に換算できないものも包含されていますし、時間とともに変動もします。

しかし、あえて何かに頼るとすれば、上場企業であれば**時価総額**になります。たとえば、日本企業1位であるトヨタの時価総額は34兆円（2022年6月末時点、以下同様）、ごく簡単に言えば、トヨタには34兆円の価値があると判断されているということです。今はまだ小さな企業でも、将来性がある、魅力がある企業であれば高く評価されますし、逆に今は巨大企業でも、将来に不安がある企業は低い価値しか与えられません。時価総額は現在だけでなく、未来の姿も反映している点で重要な指標と言えるでしょう。

電子部品産業は高く評価されている

日本の上場企業の時価総額ランキングで村田製作所が26位に、日本電産が27位に、京セラが50位に入っていることに驚く方もいらっしゃるのではないでしょうか？　ランキングが近い企業には、日立製作所、セブン&アイ・ホールディングス等、消費者の認知度の高い企業も多く存在します。電子部品企業は一般にはさほど知られていませんが、実は、その価値は一般の人が巨大企業、優良企業と思っている企業を凌駕するほどなのです。時価総額ランキングは、産業の力を示す指標なのです。

ワンポイントコラム

【時価総額】 企業の評価は、より正確には企業価値（株主に帰属する価値である時価総額に、債権者に帰属する価値である負債を考慮したもの）が妥当ですが、本書はファイナンスの書ではありませんので、立ち入ることはしません。

日本企業の時価総額トップ50

順位	企業名	時価総額（億円）
1	トヨタ自動車	342,614
2	ソニーグループ	139,917
3	キーエンス	112,799
4	KDDI	98,826
5	三菱UFJフィナンシャル・グループ	96,878
6	日本電信電話	92,013
7	ソフトバンクグループ	90,196
8	任天堂	76,207
9	ファーストリテイリング	75,397
10	ソフトバンク	72,118
11	東京エレクトロン	69,644
12	オリエンタルランド	68,810
13	リクルートホールディングス	67,753
14	第一三共	66,919
15	ダイキン工業	63,752
16	信越化学工業	63,749
17	日立製作所	62,356
18	武田薬品工業	60,410
19	三菱商事	59,978
20	本田技研工業	59,650
21	中外製薬	58,263
22	伊藤忠商事	58,117
23	デンソー	56,795
24	三井住友フィナンシャルグループ	55,414
25	東京海上ホールディングス	53,740
26	**村田製作所**	**49,983**
27	**日本電産**	**49,968**
28	三井物産	49,180
29	セブン&アイ・ホールディングス	46,688
30	ファナック	42,885
31	HOYA	42,375
32	キヤノン	41,146
33	SMC	40,738
34	ゆうちょ銀行	39,557
35	みずほフィナンシャルグループ	39,180
36	アステラス製薬	38,828
37	富士フイルムホールディングス	37,454
38	オリンパス	35,425
39	ブリヂストン	35,328
40	富士通	35,117
41	東海旅客鉄道	32,249
42	日本たばこ産業	31,279
43	三菱電機	31,155
44	テルモ	31,049
45	Zホールディングス	30,111
46	小松製作所	29,272
47	オリックス	28,638
48	ユニ・チャーム	28,185
49	三井不動産	27,821
50	**京セラ**	**27,400**

出所：東京証券取引所

ワンポイントコラム

【採用における知名度】 電子部品産業は採用に苦戦することがままあります。知名度が低いために、学生よりも親が、名前も聞いたことがない企業への就職を躊躇するそうです。しかし、冷静に見ていただきたいと筆者は考えます。知名度がある会社の凋落も珍しくありませんし、知名度は低くても良い会社は多数存在します。

3

電子部品産業は専門店の集合

電子部品には非常に多くの種類があります。産業としては、それら数多くの電子部品を1社で手掛ける総合部品企業の集まりというよりは、それぞれの得意領域を持った専門店の集まりとなっています。

●専門店の集合

電子部品産業においては、すべての企業が同じものを製造しているわけではありません。たとえば、**セラミック部品**の専門、**水晶部品**の専門、**モーター**の専門といったように、それぞれが自分の得意分野に集中していることが一般的です。

確かに複数の部品を手掛ける企業もありますが、単なる規模拡大のためではなく、自社の優位性を考慮した上での製品展開であることが部品産業の強さの一因です。

また、それぞれの部品がお互いに独立していることも特徴的です。たとえば、流通産業においては、百貨店、スーパー、コンビニエンスストア等は、業態は違うものの顧客は同じです。一方、電子部品においては、コンデンサメーカーと抵抗メーカーは競合しません。お互いに違う機能を持った製品だからです。もちろん、もう少しミクロで見ると、蓄電という機能においてはセラミックコンデンサとアルミ電解コンデンサが、**回路基板**ではリジット基板とフレキシブル基板が、市場を取り合うといった競合はもちろんありますが、全体としては異種部品間の競争が比較的小さい産業です。

●大きく分類すると……

電子部品は多種多様なので分類が難しいのですが、大きく分けた上で、代表的な企業を記載すると図表のようになります。

電子部品の分類と主な日系企業

部品		代表部品	主な日系企業
回路基礎部品	コンデンサ	セラミックコンデンサ、アルミ電解コンデンサ、タンタルコンデンサ	セラミックコンデンサ：村田製作所、太陽誘電 アルミ電解コンデンサ：日本ケミコン、ルビコン、ニチコン タンタルコンデンサ：京セラ、パナソニック　等
	インダクタ	巻線型インダクタ、積層型インダクタ、薄膜型インダクタ	スミダコーポレーション、パナソニック、太陽誘電、TDK、村田製作所、タムラ製作所 等
	抵抗	固定抵抗、可変抵抗	KOA、ローム、パナソニック、アルプス電気、東京コスモス電機　等
駆動部品		モータ、アクチュエータ	マブチモーター、日本電産、ミネベアミツミ　等
回路基板		プリント配線板、パッケージ基板	イビデン、日本シイエムケイ、メイコー、日本メクトロン、フジクラ、住友電工、新光電気工業、京セラ、日本特殊陶業　等
タイミングデバイス		水晶発振子、セラミック発振子	セイコーエプソン、日本電波工業、京セラ、大真空　等
高周波部品		セラミックフィルタ、SAWフィルタ、LCフィルタ	村田製作所、太陽誘電　等
接続部品		コネクター	日本航空電子工業、ヒロセ電機、日本圧着端子製造、イリソ電子工業、第一精工　等
光学フィルム		偏光フィルム、タッチパネル用フィルム	日東電工、富士フイルム、コニカミノルタ　等
光部品		光センサー、レンズ	浜松ホトニクス、マクセル　等
電源		電源	TDKラムダ、村田製作所、コーセル、三社電機製作所、田淵電機　等

4

電子部品産業の発展の歴史

電子部品産業は比較的若い産業です。戦後創業された企業が産業の中核企業になっています。ラジオ、テレビ、VTR、携帯電話……と電子機器の発展と歩をあわせ成長してきました。

●電子機器の発展とともに

電子部品産業は、浮き沈みはありながらも、長期で見れば右肩上がりで発展してきました。戦後のラジオ用の部品が電子部品産業の始まりと言ってよいかもしれません。その後、アマチュア無線、テレビ、VTR、光ディスク、PC、携帯電話、デジタルカメラ、薄型テレビ、スマートフォン……と、電子機器と共に発展してきました。

機械統計による電子部品の国内生産金額は、1990年度の3・5兆円から2020年度には2・5兆円まで縮小しています。この間に海外生産が進んだので、日本企業の世界生産金額で見ると2020年度に8・3兆円（JEITA調べ）。すなわち、3・5兆円から8・3兆円へ2・4倍（年率成長率3・0%）になりました。これは、同期間の日本の名目GDP成長率1・5%と世界の名目GDP成長率4・4%の中間程度の数値です。

●戦後、世界で戦える企業が次々と創業

電子部品産業は比較的新しい産業で、戦前に創業した企業はさほど多くありません。**イビデン**（1912年）、**日東電工**（1918年）、**森村グループ**（日本ガイシ1919年、**日本特殊陶業**1936年）、**TDK**（1935年）等です。これらが電子部品産業の第一世代と言えるでしょう。

戦時中に創業したのが**村田製作所**（1944年）。そして戦後、**太陽誘電**（1950年）、**浜松ホトニクス**

ワンポイントコラム

【先見の明】 40年前に電子部品産業、特に当時小さくて、その後世界的企業に発展した企業（たとえば村田製作所や京セラ）に就職した人は、素晴らしい選択をしたと言えます。就職は40年後を予想することでもあります。

(1953年)、**マブチモーター**(1954年)、**ローム**(1958年)、**京セラ**(1959年)等、世界で戦える企業がキラ星の如く誕生しました。これらが第二世代、そして、**日本電産**(1973年)、**メイコー**(1975年)等が第三世代と言えます。

比較的若い企業が多いことから、今でも創業者もしくは創業家が経営している企業が多くあります。事業を創業する人物は、凡人にはない能力、エネルギーを持っており、個性的な企業が多いことも特徴と言えるでしょう。

●今後

過去の経緯からわかるように、今後の発展のカギを握るのは「進化する電子機器に追随して適切な部品を供給し続けられるかどうか」です。さらに言えば、部品メーカー自身が最終製品を想像し、**セットメーカー**に働きかけ、そのために必要な部品を提供することができれば理想でしょう。ただし、電子部品は、素晴らしい価値を提供できる力を持ちながら、目立ちすぎないことも重要です。

名目 GDP と日系企業の電子部品生産額の成長比較

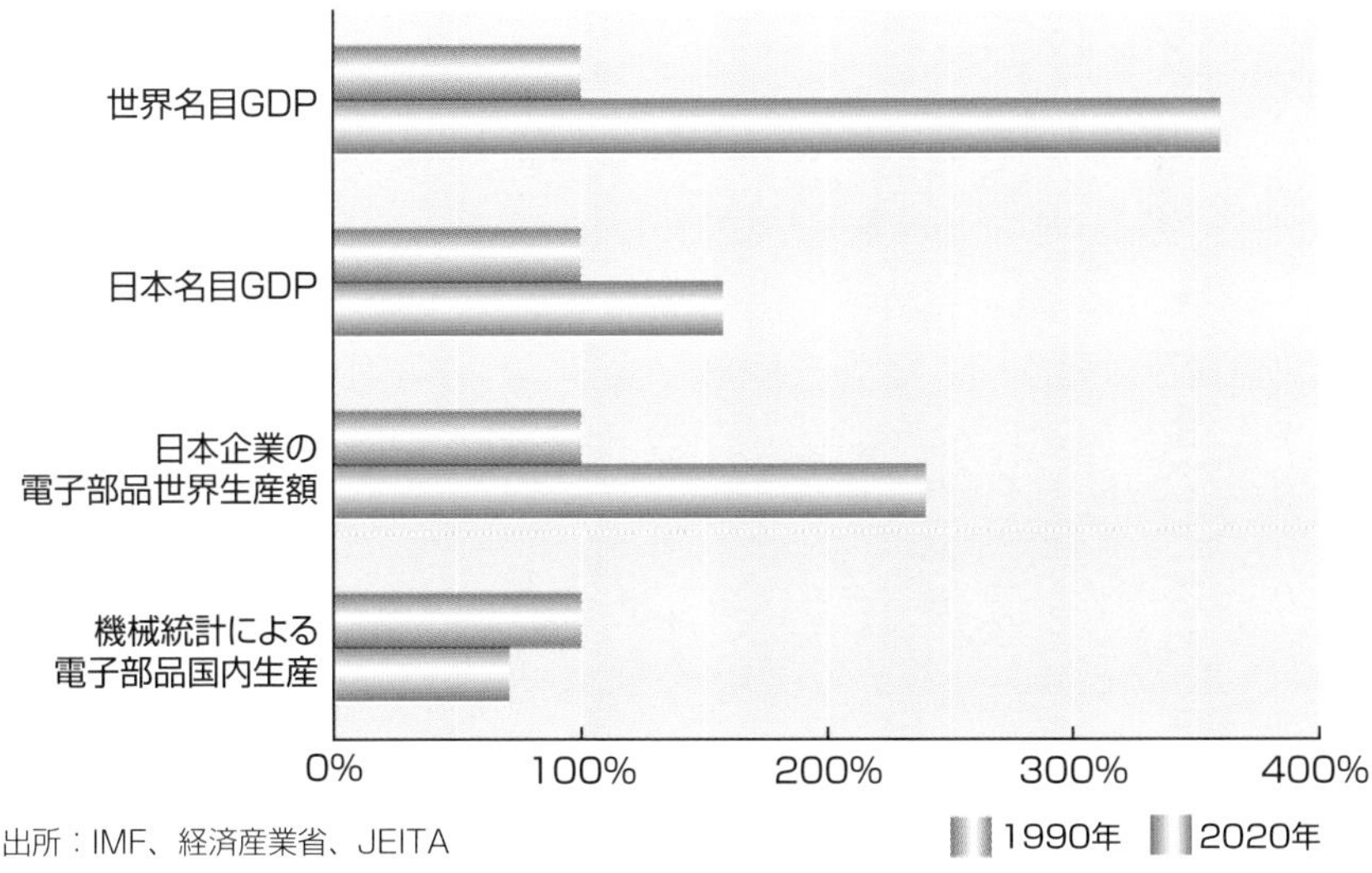

出所：IMF、経済産業省、JEITA

5 セットメーカーと電子部品

電子部品産業自ら需要を創造することもありますが、やはりセットメーカーとの二人三脚が基本です。特に、前節で述べたように若い電子部品産業は、優れたセットメーカーからの厳しい要請に応えて、鍛えられて、今の地位を確立したと言えます。

●セットメーカーと二人三脚

半世紀以上前に資本も実績も何もなく、ただ熱い志（こころざし）だけを胸に創業した企業が多い日本の電子部品産業が、ここまで発展したのは、ひと足早く企業として成立していた**セットメーカー**からの厳しい技術的要請に応えてきたからです。

村田製作所は**島津製作所**と**三菱電機**、**京セラ**と**TDK**は**パナソニック**からの発注が、経営が軌道に乗るきっかけを与えてくれました。一方、**日本電産**については日本企業がなかなか採用してくれず、**3M**（米）の採用が飛躍のきっかけとなりました。

電子部品企業の社史を読むと、セットメーカーが他社に発注して誰からも無理だと言われたような難しい技術に対して、できる当てもないまま「できます。やらせてください」と言って持ち帰り、七転八倒の苦しみを乗り越えて新しい技術を確立していったことがよくわかります。

今では、日本の電子部品企業のいくつかは、セットメーカーのいくつかを超える規模に発展しましたが、部品産業の経営陣・社員は、セットメーカーへの感謝を忘れることはないでしょう。

●モルモット：これまでとこれから

前項において**ソニー**の名前が出ていませんが、これはソニーが比較的新しい企業（1946年創業）であ

【先達の企業】 電子部品ではありませんが、富士電機が富士通を、富士通がファナックを生みました。本文のように、電子部品産業を導いてくれた先達の企業があったわけですが、日本の電子部品産業は今後、逆に新しい産業を導く立場にもなってほしいと思います。

ることが一因でしょう。しかし、ソニーは新しい技術好きで、電子部品企業が開発した新しい技術・製品を最初に採用してくれることが多い企業であったようです。

評論家の大宅壮一（おおやそういち）氏はソニーを「**モルモット**」と評しました。これは、ソニーが新しい技術を開発して成功しそうになると、大企業が参入してソニーを追い越していく、という論評です。ソニー創業者の井深大（いぶかまさる）氏は、この論評を聞いて最初は憤慨されたそうですが、後年には以下のように語っています。

「常に変化していくものを追いかけていくというのは、当たり前である。決まった仕事を、決まったようにやるということは、時代遅れと考えなくてはならない。モルモット精神もまた良きかな。」

閑話休題。世界的な大企業となった電子部品産業ですが、今度は新しい才能を育てる孵化器であってほしいと思いますし、同時に、大企業になった今後も、モルモット精神を維持していただきたいと思います。

●セットメーカーへの働きかけも

前述のように、電子部品企業は、セットメーカーからの難易度の高い技術的要請に応えることで発展してきました。資本も知名度も実績もない時代はそれしかなかったのです。今もその基本は変わりません。顧客に密着し、産業・社会変化に対応した新技術を持続的に開発し続けなくてはなりません。しかし同時に、大きな資本を蓄積できた今、セットメーカーからの技術的要求に受動的に応えるだけでなく、能動的な需要創造も求められるようになっています。

また、アジア、特に中国において、パソコン、スマートフォン、テレビ等の巨大なセットメーカーが誕生したことで、半世紀前の日本の電子部品企業と同じように、アジアからも、セットメーカーと二人三脚で力をつけ、日本の電子部品企業にとって好敵手となる企業が現れることもあるでしょう。

これら各社の取り組みやアジア企業の動きについては6章でも触れます。

半導体との違い 6

半導体も電子部品の一つに違いはありませんが、一般に半導体と呼ばれるものは「半導体（電気を通したり通さなかったりする素材）で作った電子部品」のことで、本書で扱う電子部品とは区別されています。

●半導体も電子部品の一種

半導体も**電子**的な**部品**であることには変わりなく、広義の電子部品と言えますが、半導体と電子部品は別のものとして呼称されることが一般的です。

たとえば、代表的な電子部品の一つであるコンデンサの機能は**電気を蓄える**ことですが、電気を蓄えることは半導体でも可能です。同じように、抵抗（＝電気を通さない）、スイッチ（＝回路のオンオフ）も半導体でも可能です。

半導体は、電子部品の中で、電気を通したり通さなかったりする素材**半導体**（ほとんどの場合**シリコン**）を使用して製造した部品のことを指します。

半導体でも電子部品でもできる機能がある一方、半導体でしかできないこと、電子部品だけしかできないこともありますが、総じて言えば、半導体、電子部品それぞれの特徴を活かした使い方がされているということです。

●半導体は「集積」に特徴

半導体部品は**半導体素子**と**半導体集積回路**に大きく分類されます。

半導体素子は、ダイオードやトランジスタ等の基礎的な機能を持った部品です。半導体素子の平均単価は10円以下です。そして、この**素子**を数㎜角から数十㎜角の面積の中に集積したものが半導体集積回路、いわゆる**IC**（Integrated Circuits）で、半導体産業のうち集積回路が90％程度を占めます。

ワンポイントコラム

【半導体の機能】 半導体のトランジスタは、電流のオンオフや電流の増幅等の機能を有し、ダイオードは、ある方向には電流を流すが、逆方向には流さない等の機能を有しています。

すなわち、半導体の最大の魅力は、限られた面積に極めて複雑な回路を描きこむことができる集積度にあり、一方、いわゆる電子部品は、集積を競うよりもそれぞれの部品の特性を競うことに特徴があります。

●装置産業、専門商社の有無

産業として見ると、大きな違いは**製造装置産業**の有無です。半導体産業においては、約60兆円の半導体産業に対して、約10兆円の半導体製造装置産業があります。一方、電子部品産業においては、**電子部品製造装置産業**と呼ばれるほどの産業になっていません。これは、半導体は種類が違っても製造方法は大まかに言えば共通ですが、電子部品はまったく異なるため、製造装置産業が成立するほどの需要がなかったことが一因です。

また、半導体産業は販売を外部の**専門商社**に依存している企業が多い一方で、電子部品産業は多くを自社で販売しています。

●日本企業の地位

半導体産業においては日本企業の地位は著しく低下しましたが、電子部品産業では依然として日本企業が競争力を有しています。明暗を分けたのは、前述の製造装置産業の有無、商社への依存が一因と考えられます。

半導体産業においては、製造装置産業経由で技術がアジアに流出しました。極端に言えば、資金力のある企業が、製造装置企業に電話をして「半導体をつくりたい」と言えば可能だったのです。一方、電子部品企業は製造装置を内製しており、その製造技術が競争力になっているのです。

また、販売は手間がかかりますが、極めて重要な工程なのです。貴重な顧客接点である販売を外部に強く依存しすぎると、産業の動向を見失ってしまう危険があります。

ワンポイントコラム

【独占禁止法】　独占禁止法は、企業が優位的な立場を濫用することを防ぐためにあります。すなわち、産業の寡占度は、その産業の収益性を左右するということなのです。

7 自動車部品との違い

電子部品と自動車部品。これまでは違う世界の住民であったと言ってよいでしょう。しかし、自動車の電装化によって垣根は低くなり、今後、その領域は曖昧になるでしょう。

●自動車部品産業の産業規模は電子部品産業の推定1・5倍

自動車の販売台数はおおよそ8000〜9000万台です。

単価を250万円とすると200〜250兆円。加えて、世界では約15億台の自動車が走っており（**日本自動車工業会**調べ）、**補修市場**もあります。

電子部品同様、自動車部品と言ってもタイヤからエンジン部品まで多種多様であり、ひとくくりで議論することは無理がありますが、自動車部品産業は電子部品産業の1・5倍程度はあるだろうと推定されます。

●独立系が強い電子部品、グループ企業の自動車部品産業

ハイテク産業では、かつては**パナソニック**、**NEC**、**日立製作所**等セットメーカーも部品事業もしくは部品子会社を持っていましたが、独立企業の躍進の前に目立たなくなってしまいました。

一方、自動車部品産業は**デンソー**や**アイシン**に代表される系列企業が高い競争力を持っています。ただし、世界的に見ると、系列企業が強いことは必ずしも一般的ではなく、**ボッシュ**や**コンチネンタル**に代表されるように独立系が高い競争力を持っています。すなわち、デンソーやアイシンの強さは、**トヨタグループ**の強さとも言えるのかもしれません。

ワンポイントコラム

【部品点数の意味】 言うまでもなく、どんな小さな部品であっても、1点でも欠ければ自動車を製造することはできません。3万点の部品の管理は、ハイテクにはない、自動車産業の競争力の源泉となっているとも言えます。

●部品の種類と階層構造

自動車と電子機器を比較すれば明らかなように、自動車のほうが部品点数は圧倒的に多く（トヨタ自動車のホームページによれば3万点）、かつ種類は多種多様です。

この3万点の部品を効率的に調達するために、自動車産業は自動車メーカーを頂点とした**ピラミッド型**の階層構造になっています。トヨタグループの場合、トヨタに直接製品を納入する**ティア**＊1（デンソー、アイシン等）、その下のティア2……といった構造です。自動車メーカーが3万点の部品をすべて直接調達するよりも効率的と思われます。

一方、ハイテク産業においてはこのような階層構造ではなく、最終顧客であるセットメーカーに電子部品企業各社が納入する構造になっています。

●頂上対決

国内電子部品メーカーと国内自動車部品メーカーの営業利益トップ5を比較してみると、上位5社の合計は電子部品が約1兆435億円、自動車部品が約1兆1427億円となり、ハイテクと自動車では営業利益はほぼ同じ水準になっています。

営業利益率で見ると、上位5社平均で電子部品が12・5％、自動車部品が7・1％となり、電子部品メーカーが勝っています。

●領域が曖昧に。これからが面白い

自動運転、電気自動車への移行等、**自動車の電装化**が加速していることは、自動車部品産業と電子部品産業との境界がなくなっていくということです。自動車部品は攻められる方、電子部品は攻める方と言ってよく、電子部品企業にとってはこれからが面白い時代と言えるでしょう。

用語解説

＊**ティア（Tier）**：ティアは自動車・航空機産業等で用いられるピラミッド型の調達の階層を示す用語です。自動車産業では、トヨタや日産等いわゆる自動車メーカーに直接供給する部品メーカー（もしくはモジュールメーカーといったほうが近い）がティア1、ティア1に部品を供給する企業がティア2……と呼ばれます。

column

電子部品産業の把握に重要な統計

電子部品産業を把握するために必要な統計について説明します。大きくは、**上流**（仕入先）、**同業**、**下流**（顧客）、**マクロ経済**に関する統計に分けられます。

一番重要なのは顧客の動向であり、テレビ、携帯電話、自動車等最終製品に関連する統計です。日本国内では経済産業省の**機械統計**。日本のあらゆる製品に関する生産／出荷／在庫のデータを見ることができます。しかし、日本のシェアが大きく低下した現在、日本の統計だけではとても十分とは言えません。世界全体での需要動向を把握する統計が必要です。成長性は鈍化したと言っても、**PC**、**TV**、**携帯電話**の需要は極めて大きな影響を与えます。そのため、これら三つの需要は、ガートナー、IDC、IHSといった調査会社等の四半期のデータを確認する必要があります。携帯電話については、多くの国において毎月加入者が発表されています。また、自動車については、多くの国において毎月の登録台数が公表されています。

顧客の**決算情報**も貴重な情報となります。特にアップルのような巨大な部品ユーザーの決算は、詳細に把握する必要があります。一番重要なのは、これら電子部品ユーザーの**販売台数**、**販売金額**ですが、将来の動向予測には、同時に**在庫**のチェックも忘れてはいけません。また、顧客の売上高だけでなく、**利益率**も重要です。顧客の利益の状況は、部品の価格交渉に影響を与えるでしょう。**決算**は一般に決算期末日から1か月程度で公表されますので、各種統計よりもむしろ速報性があります。

同業他社や属する業界の情報も重要です。上述の機械統計や決算情報も使えますし、**JEITA**の**電子部品部会**が公表する日本の電子部品企業の**世界出荷統計**も有用です。速報性が高いのは、**台湾企業**の月次売上高です。台湾企業は、半導体、液晶、電子部品、EMS産業等で高いシェアを持つため、市場動向の把握に有用なデータとなります。

その他に、電子部品よりもさらに川上の**材料産業**に関する情報があります。これらに関する機械統計、また、それぞれの産業の**工業会統計**を調べることで、同業が発注を増やしている、減らしているといった情報を取ることができます。

最後に**マクロ環境**に関する情報です。電子部品に限らずあらゆる産業は、**世界経済**（為替、各国の金利、成長率、インフレ率等）、**人口動態**等のマクロ要因から逃れることはできません。マクロデータで使いやすいのは、IMFの世界経済データベースです。

第2章

電子部品はハイテク産業の雄

電子部品産業には、世界１位の企業、高利益率の企業も多く、経営者の垂涎の的です。本章では一般消費者への知名度は決して高くない電子部品産業の強さ、産業としての躍進の経緯等について記載します。

また、日本の戦後の復興の象徴だったハイテク産業が今は劣勢に立たされてしまいました。何が起きたのでしょうか？電子部品について語る際に外せない、ハイテク産業で起きたことをおさらいしながら、現在の電子部品各社が産業の変化にどのように対応しているか、目指している姿は何か等についてもお話しします。

How-nual 図解入門 業界研究

1

世界1位の宝庫

日本の電子部品産業には世界1位企業が多数存在します。1兆円産業の10位より、1000億円産業の1位のほうがはるかに魅力的でしょう。鶏口牛後。

●世界1位であることの意義

企業経営上、世界1位というのは極めて有利に作用します。

第一に、研究開発費や工場の建設費等の**固定費**を薄めることができます。

第二に、産業の全体像を把握できることで、需要や技術の変化に気づきやすくなります。

第三に、そして最も重要な優位点として、顧客が最初に相談する企業になれるということです。たとえば、あなたが深刻な病気になったとき、誰に相談したいでしょうか？　もちろん、その病気の第一人者です。10位の医者ではないでしょう。事業でも同じです。1位になることは、顧客から最初に電話がもらえる会社ということ、すなわち、顧客の困りごと（＝新製品の「もと」）を最初に知ることができるということです。風邪なら第10位のお医者さんがよいのですが、技術革新につながる相談ではそうはいきません。技術が存在理由であるハイテク産業において、1位であることは特に有意義です。

●世界1位の宝庫

図表は、電子部品産業に関連する世界1位の日本企業の例です。スペースの制約上、すべての企業を書くことができないのは残念なほど、日本には**世界1位企業**が豊富です。

電子部品業界の雄、村田製作所は**セラミックコンデンサ**で40％、スマートフォンに欠かせない**SAWフィ**

ワンポイントコラム

【味の素ファインテクノ】　ちょっと意外なところでは、味の素があります。味の素グループの味の素ファインテクノは、半導体パッケージに使用されている**絶縁フィルム**という製品で、なんと実質的なシェアは100%です。この製品は、著名な経営学者**マイケル・ポーター**の名を冠した**ポーター賞**を受賞しています。

ルタで45%のシェアを誇ります。同社においては、売上高の70%程度が世界1位の製品と推定され、そのことが同社の強さになっています。

他にも、京セラは**セラミック・パッケージ**で、TDKは**HDDヘッド**で、日本電産は**HDDモーター**で、マブチモーターは**小型ブラシ付きモーター**、ミネベアミツミは**ミニチュア・小径ボールベアリング**で世界1位です。

世界1位企業リスト

企業名	電子部材
村田製作所	MLCC、SAWフィルター
京セラ	セラミック・パッケージ
イビデン	プラスティック・パッケージ
信越化学工業	シリコンウエハー
住友金属鉱山	LT/LN基板
旭化成	ホール素子
日東電工	ITOフィルム
富士フイルム	TACフィルム、WVフィルム
クラレ	PVAフィルム
TDK	HDDヘッド
日本電産	HDDモーター
HOYA	HDDガラス基板
日本ケミコン	アルミ電解コンデンサ
フジミインコーポレーテッド	精密研磨剤
ミネベアミツミ	ミニチュア・小径ボールベアリング
マブチモーター	小型DCモーター
浜松ホトニクス	光電子増倍管
味の素ファインテクノ	実装基板用絶縁材料
山一電機	半導体検査治具
JFEミネラル	ニッケル微粉末
ニッカトー	ジルコニアボール
ニッポン高度紙工業	コンデンサ用絶縁紙
日本電波工業	水晶部品

ワンポイントコラム

【スーパードライの下剋上】　もちろん、下位企業から1位企業になる下剋上は痛快で、語りつがれることになります。たとえば、万年最下位だったアサヒビールの『スーパードライ』による下剋上です。しかし、下剋上の事例はめったにないから語りつがれるのであって、やはり1位企業は（驕ることがなければ）極めて優位と言えるでしょう。

2 高利益率企業の宝庫

日本の電子部品産業は高利益率企業の宝庫でもあります。同じ仕事をするのであれば利益率は高いほうが良いことは申し上げるまでもありません。小粒でもピリッと辛い産業なのです。

●日本の平均利益率は6・5％、電子部品は……？

日本の上場企業の営業利益率の平均は6・5％（2021年度）です。このうち、**主要なハイテク産業メーカー***では8・4％。このうち、**主要な電子部品メーカー***では12・5％となっています。

事業を行うのであれば、できれば高い利益率のほうが望ましいことは言うまでもありません。部品産業は、セットメーカーのように規模で、また、消費者向け企業のように知名度で際立つことは難しく、そのため、利益率を誇りにしてきたという経緯もあります。

京セラ創業者の稲盛和夫（いなもりかずお）氏は、その著書『**京セラフィロソフィ**』の中で以下のように述べています（抜粋）。

「商品を仕入れて販売するだけでも30％の利益率をとっている企業があるのに、無から有をうみだす製造業が5％程度の利益率では情けない。私は、利益率10％出せないようならやめろと言っている」

ここで、商社の30％は**粗利益率**であり、製造業の5％は**営業利益率**と考えられますので、商社の方から見れば理不尽かもしれませんが、筆者は日本の製造業の利益率は提供する付加価値に見合っていないと思います。製造業は自社の付加価値をもっと高く売るという気概が必要だと感じます。また、エンジニアの社会的価値も同じです。米国では優れたエンジニアは高く評価され、経済的にも日本では考えられないような報酬を得ることができます。日本もそうあるべきだと筆者は考えています。

用語解説

***主要なハイテク産業メーカー**：日立製作所、東芝、三菱電機、日本電気、富士通、キヤノン、セイコーエプソン、リコー、コニカミノルタ、村田製作所、日本電産、日東電工、京セラ、TDK、パナソニック、シャープ、ソニー、ニコン、東京エレクトロンの計19社で計算。

***主要な電子部品メーカー**：村田製作所、日本電産、日東電工、京セラ、TDKの計5社で計算。

●高利益率の宝庫

大企業、中堅企業、小規模企業それぞれで特筆すべき企業をとり上げましょう。

村田製作所は売上高2兆円近くの規模ながら20％超の営業利益率を維持していることが驚嘆に値します。まさに業界の雄です。前述した世界シェアの高さが高利益率として表れています。

中堅企業では**ヒロセ電機**と**浜松ホトニクス**。この2社において特筆すべきは、高利益率を長期にわたり維持しているということです。過去20年間の平均営業利益率は、ヒロセ電機が25％、浜松ホトニクスが17％です。何かのブームで一時的に高利益率を計上する企業はそれなりにあるでしょう。しかし、20年にわたり高利益率を維持することは、極めて優れた組織力がないと不可能です。

小規模企業では**日本高純度化学**。営業利益率は10％程度に過ぎませんが、これは会計上のからくりとも言えます。特殊な薬液を製造販売している同社は、金を仕入れ加工しているのですが、金の価格が極めて高いため、結果として利益率が薄まります。しかし、金を売上高と費用の両方から除けば、利益率は大幅に上昇するでしょう。その証拠として、同社社員は50人程度。50人で営業利益10億円という超高収益企業です。

営業利益率の比較（2022年度）

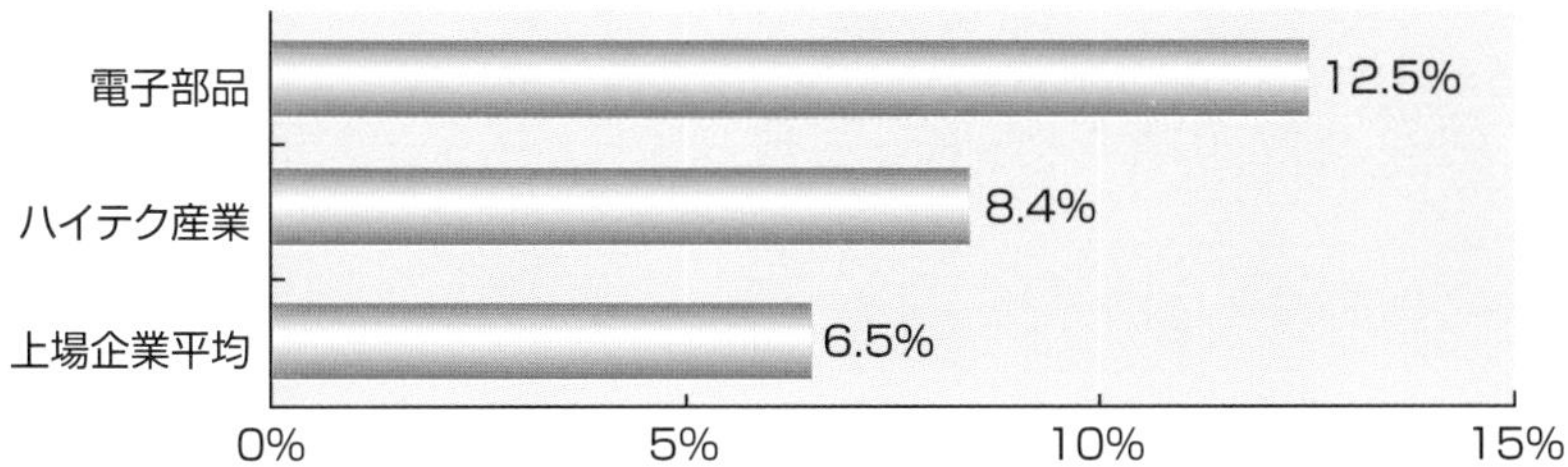

出所：筆者作成

ワンポイントコラム

【営業利益率】　売上高営業利益率は会計方法によって変化しうる数値であり、より重要なのは投資利利回り（横文字で言えばROI）ですが、ROIの正確な計測は困難であること、ROIと売上高利益率は一般には相関することから、本文では売上高利益率を示しました。

3 電子部品産業のハイテク産業における位置づけ

電子部品産業は、かつてはハイテク産業内において下請け的な位置づけでしたが、現在はむしろ電子部品こそ付加価値の源泉であると捉えられています。

●40年前のハイテク企業

図はハイテク産業の分野別の営業利益の推移です。ハイテク産業は大きく、**総合電機**、**OA機器**、**電子部品**、**民生機器**、**半導体製造装置**に分類できます。1980年の時点での営業利益の産業別構成比は、総合電機46％、民生機器38％、OA機器8％、電子部品8％、半導体製造装置1％でした。また、営業利益のトップ10は上から**パナソニック**、**日立製作所**、**東芝**、**ソニー**、**三菱電機**、**NEC**、**TDK**、**キヤノン**、**富士通**、**シャープ**でした。

●2021年度においては……

2021年ではどうだったでしょうか？　電子部品の営業利益の産業別構成比が8％から20％に上昇する一方、民生機器は38％から31％になったことが特徴的です。

営業利益のトップ10は、**ソニー**、**日立製作所**、**東京エレクトロン**、**村田製作所**、**パナソニック**、**キヤノン**、**三菱電機**、**富士通**、**日本電産**、**TDK**です。電子部品から**村田製作所**、**日本電産**、**TDK**の3社がトップ10に入っています。

なぜ、電子部品産業は躍進できたのか？　偉大な経営の存在に加えて、ハイテク産業における様々な変化も影響を与えたと考えられます。

●スマイルカーブ

スマイルカーブという言葉が一時期よく使われまし

ワンポイントコラム

【時間あたり付加価値】　日本は、製造業の生産性（＝時間あたり付加価値）は高い一方で、サービス産業やホワイトカラー職場の生産性が低いと言われます。世界レベルで競争している現在、競争相手は貪欲に努力をしており、私たちもテクノロジー等を駆使した不断の生産性改善が求められています。

た。上流（素材、電子部品）と、下流（ブランド、販売）が高収益で、その間の組立加工は付加価値が低い……ことを図にすると、人の笑顔に見えるからです。

　かつては、電子部品は下請けであり、社員の給料もセットメーカーより低いといったところが当たり前だったでしょう。しかし、電子部品がセットメーカーより地位が下である等と、誰が決めたのでしょうか？そんなことは決してありません。セットメーカーも部品メーカーも対等であるべきです。

　部品産業はセットメーカーより規模で大きくなることはありえません。セットメーカーは様々な部品を集めて、加工し、販売するわけですから。だからこそ、「収益性ではセットメーカーに勝ろう」という気概は必要です。セットメーカーにおいても、「電子部品は利益率が高いから、値下げを要請しよう」といった考え方は間違っています。部品に限らず、その価格はその製品が提供する付加価値によって決定されるべきものです。

日本のハイテク産業のサブセクター別営業利益額の推移

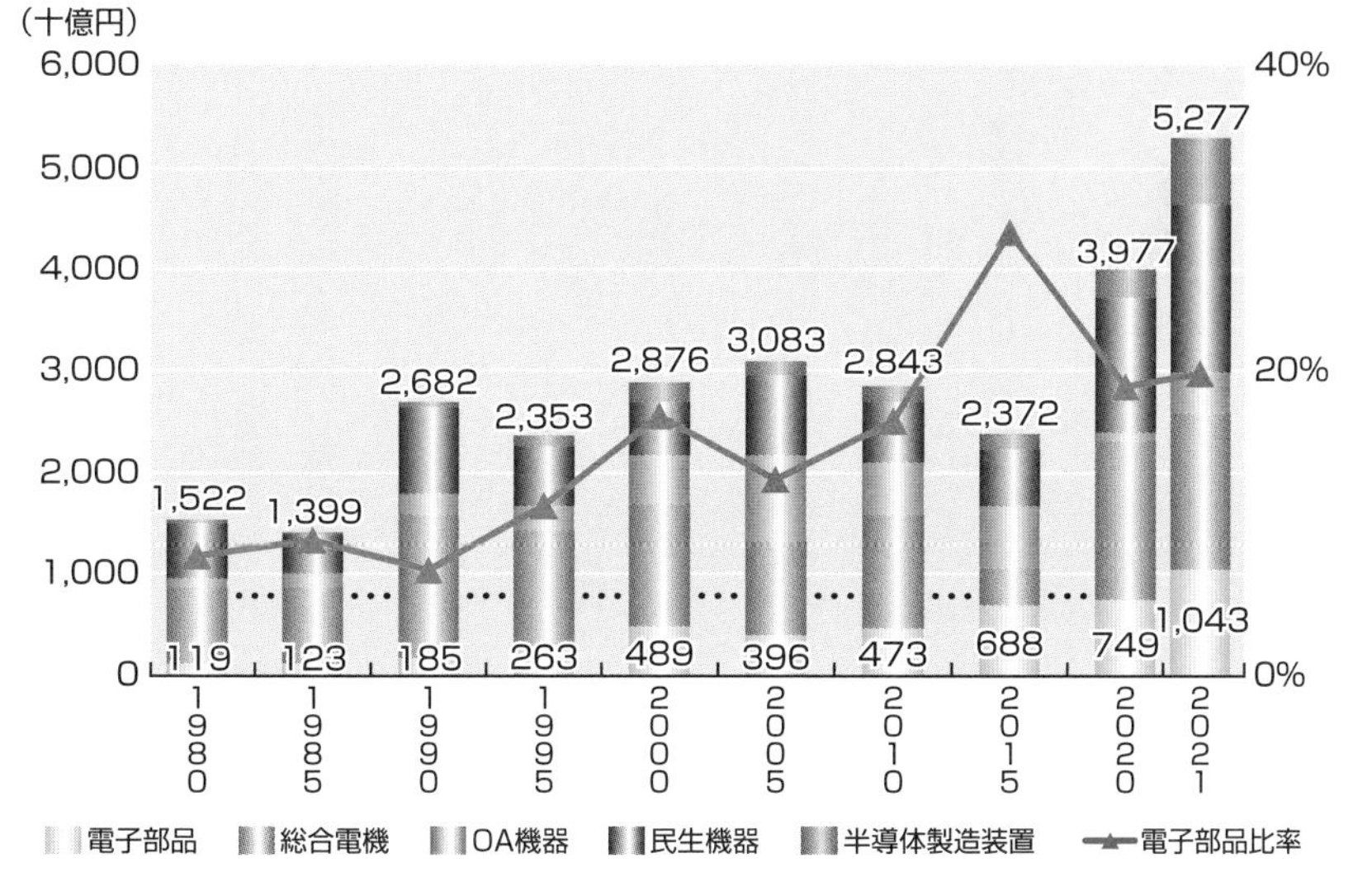

出所：各社 IR 資料

4 総合から分業へ

ハイテク産業で起きたこと①

社会が高度化するにつれて、専門家・分業化することは、どの産業においても必然と言えるかもしれません。ハイテク産業においても、特定製品・工程・技術に特化することで総合企業を駆逐した企業が現れました。

●産業の専門化

かつてハイテク産業においては、各企業が研究、開発、製造、生産、販売、アフターサービス等全工程を行っていました。また、テレビも携帯電話もパソコンも白物家電も多くの企業が手掛けていました。すなわち、工程（縦）においても分野（横）においても統合されていたのです。

しかし、産業、社会が高度化するにつれて、一つの企業が多くの工程、多くの事業を手掛けることが難しくなってきました。その結果、特定の工程、特定の製品に特化する企業が現れ、やがてそれぞれの領域において圧倒的な競争力を持つようになりました。

●工程の分化

工程の分化では、設計（たとえばARM）、半導体前工程（たとえばTSMC）、組立（たとえばホンハイ）等が台頭しました。

ARMは省電力回路の設計では他を寄せ付けない企業になりました。ARMとして公表された最後の年度（2015年12月期実績。当時の1ポンド＝177円換算）の業績は、売上高約1700億円、営業利益約720億円。2016年にソフトバンクがなんと3兆円で買収。孫正義（そんまさよし）社長は、ARMのチップはIoT時代に欠かせない部品であり、今後20年間で1兆個を出荷すると述べています。

TSMCは半導体集積回路の前工程（ウエハーに精

ワンポイントコラム

【専門性の追求】 社会が進歩するにつれ、最先端領域が高度化・細分化することは必然とも言えます。また、この変化は企業だけでなく私たち個人の技能についても求められると言えるかもしれません。

密な回路を描画）に特化し、売上高約6兆5800億円、営業利益約2兆7000億円（2021年12月期実績。当時の1TWD＝4・15円換算）の企業（営業利益率はなんと45％）になりました。もともと、NECや日立製作所等日本の半導体企業は、前工程に強みがあったので、日本企業であればTSMCになれたはずで、悔やまれるところです。

そして、シャープへの出資によって著名になったホンハイ。パソコンや携帯電話等電子機器の組み立て加工に特化し（**EMS***）、売上高は25兆円規模です。従業員は2022年6月時点で80万人を超えています。組立加工なので営業利益率は3％前後と高くないものの、圧倒的な**規模の経済**で高い競争力を誇ります。

●製品の分化

製品でも専門化が進みました。かつて、それぞれの企業が多くの事業に積極的に参入した結果、いわゆる**総合電機企業**が多く誕生しました。産業が拡大しているときには自然なことかもしれません。光ディスクが伸びると思えば誰もが、薄型テレビが伸びると思えば誰もが、携帯電話が伸びると思えば誰もが参入……しかし、ひとたび成長率が鈍化すると、激しい価格競争になり、誰も儲からない状況になってしまったのです。厳しい業績に直面した各社は「自分のアイデンティティはなんだろう？」と原点に立ち返り、自社が勝てない分野から撤退し、得意分野に集中したのです。

象徴的なのが三菱電機でしょう。かつては、パソコンもテレビも携帯電話も液晶も半導体も……とあらゆる事業をやっていましたが、多くの事業から撤退し、今はFA分野で確固たる地位を築き、売上高約4兆4800億円、営業利益約2500億円となっています（2022年3月期実績）。

社会、産業の高度化とともに、一企業があらゆる工程、製品の競争力を網羅的に有することは難しくなり専門家が台頭することは、ハイテク産業に限らず自然なことと言えます。

用語解説

＊**EMS**：Electronics Manufacturing Serviceの略です。電子機器の受託生産を担う産業のことを指します。

5

ハイテク産業で起きたこと②

ハードのデフレ

過去20年の電子機器の大幅な価格低下は特筆すべき事象でしょう。サービスで稼ぐ事業モデル、アジア企業の台頭、製造業から販売業との力関係の変化等がその要因です。

●著しい価格低下

筆者が学生の頃、電子機器はとても高価でした。ステレオ（今や死語ですが）でもパソコンでもローンで買うものといった認識であったほどです。しかし、今やどうでしょう。パソコンは最先端のものでも10万円以下で購入できますし、大画面テレビも数万円です。ハードの価格は著しく下落しました。これは日本国内で長く続いたデフレとは違う要因が主になっていると言えます。

●サービスによる回収、力の移動

一つには、ハードを安価で配り、サービスで回収するという事業モデルです。スマートフォンやパソコンがこれに相当します。パソコンは通常価格10万円でも、ネットサービスを2年契約すれば半額といった提示があります。もちろん、そのサービス収入の一部はハードメーカーに補填されるわけですが、消費者にはハードの**デフレ**を印象づけることとなります。

もう一つ大きな変化が「**力**」の移り変わりです。キッコーマンを国際企業に育て上げた茂木友三郎（もぎゆうざぶろう）氏は、産業界における力の変遷を喝破しています。茂木理論によれば、江戸時代から明治時代、最初に天下を取ったのは問屋でした。メーカーや小売は零細で問屋が牛耳っていたのです。ところが、20世紀に入ると、**産業革命**の帰結として、製造業が大量生産できるようになり、資本を蓄積し、メーカーに決定権が移りました。そして、戦後の**流通革命**で小売りが決定権を獲得

ワンポイントコラム

【価格低下の恩恵】 本文では価格低下の厳しさを書きましたが、技術革新による価格低下➡需要拡大は、ハイテク産業の変わらぬテーマとも言えます。象徴は半導体で、おおよそ年率30%で単位コストは低下しており、私たち消費者は同じ性能を持った半導体を20年前のわずか0.1%の価格で購入できます。

しました。すなわち、決定権は、問屋➡製造業➡小売りと変遷したというのが茂木氏の認識です。

　象徴的なのは**ウォルマート**、そして**アマゾン**でしょう。21世紀に入り、売上高63兆円超のウォルマートは巨大な購買力を武器に「**Everyday Low Price**」を掲げ、メーカーにとっては大変な脅威でした。今はアマゾン（売上高52兆円、2021年12月期実績）に代表されるネット価格が、製造業にとっては大きな脅威となっています。

● EMSの登場

　分業体制でも触れましたが、EMSの台頭も価格に大きな影響を与えたと言えるでしょう。かつては各メーカーが社内で組み立てを行っていました。そこに、組み立て加工だけを行う業態であるEMSが登場し、瞬く間に巨大化したのです。**EMSの大手5社***の売上高を合計すると39兆円です。規模の経済を追求し、受託価格を引き下げ、それが電子機器の価格低下をもたらしました。

　EMSの台頭は部品産業にとっても脅威でした。巨大な購買力を背景に、時に理不尽ともいえる取引条件を要求してきたのです。在庫リスクの転嫁、出荷後の価格変更、キャンセル自由といったものでした。当時、ある大手部品企業の社長は、「EMSの要求は酷い。村田さん（＝村田製作所社長）、もっと公の場で発言してくださいよ」と要請したと言われるほどです。

主要 EMS 企業の売上高合計推移

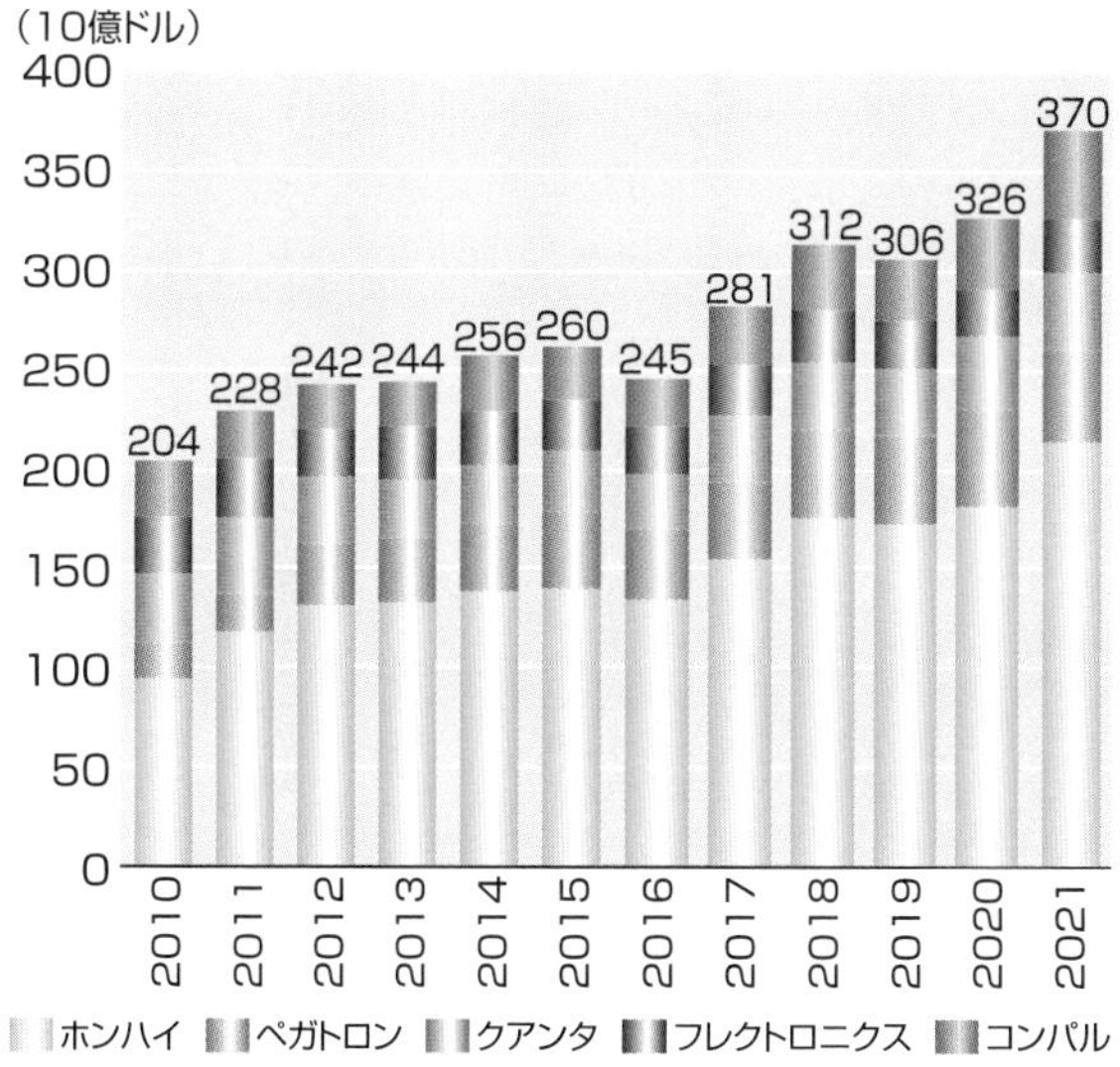

用語解説

＊**EMSの大手5社**：ホンハイ（台湾）、ペガトロン（台湾）、クアンタ（台湾）、フレクトロニクス・インターナショナル（シンガポール）、コンパルエレクトロニクス（台湾）。

6

ハイテク産業で起きたこと③

世界競争

かつて、ハイテク産業は日米欧の産業でした。1990年代になると、台湾、韓国から強い企業が続々台頭、日本企業は守勢に立たされました。

●アジアからの虎

1995年ぐらいまで、ハイテク産業は日米欧の産業であったと言ってよいでしょう。そして、日本は攻める側で、欧米は守る側でした。

しかし、1990年代半ばにまずは**サムスン電子**が台頭、そして、2000年代になると台湾勢が台頭しました。筆者は、1990年代半ばに韓国と台湾を訪問したときのことを鮮明に覚えています。韓国で驚いたのはサムスン電子でした。いくつかの企業を回ったのですが、他社はまだ、社員がスリッパをはいており、扇風機が回るオフィスでしたが、サムスン電子だけは冷房がきいた綺麗なオフィス、糊のきいたシャツとスーツで、英語（と人によっては日本語も）を流暢に話す社員さんたちでした。

一方の台湾では、会う経営者会う経営者、まくしてるように話します。「うちの技術は○○で、投資を○○ドルして、○○年後には売上高○○になる!」と。話半分で聞いていたのですが、その後の韓国、台湾企業の躍進はご存じのとおりです。

そう、日本は追う立場から追われる立場になったのです。一般に、追われる立場というのはつらいものです。

●次々と陥落。半導体、液晶パネル……

かつて、日本のハイテク産業は連戦連勝。あらゆる分野で先行していた欧米企業を駆逐すると同時に、自

ワンポイントコラム

【サムスンの海外駐在員】 サムスン電子の創業者である李秉喆（イ・ビョンチョル）氏は、早稲田大学を中退した知日派です。また、同社の日本法人の社員さんにも驚かされます。赴任して1年後には流暢な日本語を話します。同社社員は海外赴任の最初の1年間程度はその国の文化、言葉を習得するために、かなりの自由度が認められているようです。

ら新しい産業も興していきました。日本企業は学習者でもあったのですが、同時に開拓者でもあったのです。

しかし、1990年年代初めをピークにして、日本企業は後退してしまいました。日本のハイテク産業の奇跡を謳い上げた『電子立国　日本の自叙伝』が出版されたのが1991年。同書では、半導体産業が劇的に世界を変えたこと（半導体がなければ、パソコンもスマートフォンも存在しません）、また、その「革命」に日本人がどれほど貢献したかについて詳細に書かれています。高揚感に包まれていましたが、まさにそれがピークになってしまったのです。

● 躍進した企業

象徴的なのは、サムスン電子、TSMC、ホンハイの3社でしょう。TSMCとホンハイは2-4節で述べたので、ここではサムスン電子の直近業績を見ておきましょう。

同社は、半導体集積回路、ディスプレイ、携帯電話において世界1位であり、売上高27兆円、営業利益5兆円（2021年12月期実績。当時の為替で換算）。そう、サムスン電子は、日本最大の企業**トヨタ自動車**（売上高31兆円、営業利益3兆円、2022年3月期実績）の利益を大きく上回っているのです。韓国のGDPの20％をサムスン電子1社で稼ぐと言われるほどです。一国の20％。ありえない数字です。

● 人件費の差

アジア企業が躍進した背景に、かつては安い**人件費**がありました。わずか20年ほど前の中国の人件費は月1万円程度に過ぎませんでした。

しかし、廉価な労働力を背景に、かつて「世界の工場」と呼ばれた中国の状況は、経済成長に伴う物価上昇により様変わりしつつあります。JETROによる調査では、上海の平均賃金は2011年の1124元／月から2021年には7280元／月まで、実に6倍以上上昇し、生産性も加味した単位あたり労働コストでは日中のコストは逆転しつつあり、製造業の国内回帰の動きも出始めています。今後は、人件費の差を理由にできない、より高いレベルでの争いになるでしょう。

ワンポイントコラム

【世界初のマイクロプロセッサ】　世界初の商業用マイクロプロセッサ「Intel4004」の設計者の一人は日本人の嶋正利氏です。

7

ハイテク産業で起きたこと④

勝ち残った産業、企業

前節までに示した、産業構造の急激な変化に対して、どんなことを考えるべきだったのでしょうか? 解答は一つではありませんが、いくつかの仮説を提示します。

●思わぬ競争相手

もし、あなたが100メートル走者で、長く苦しい鍛錬の結果、世界1位に近づいたと思ったところに、突如ジャマイカからボルトが登場し、異次元の速さを見せられたとしたら……今では信じられないですが、かつて100メートルの日本記録が世界記録に肉薄した時代があったのです。

欧米企業に追いついた日本企業が、アジアの新興企業と対峙したときに感じたことは、たとえて言えばこのようなことであったでしょう。極端に安い人件費、迅速な意思決定、果敢な設備投資……異質の競争相手が登場し、勝利の方程式は崩壊したのです。

●かつての欧米にとっての日本

50年前、これと同じことを欧米企業は日本企業に対して感じたことでしょう。何をやっても日本には勝てない。日本企業の強さを賞賛した、エズラ・ヴォーゲルの『Japan as No1』が出版されたのが1979年。米国企業は自信を失い、日本製の自動車を叩きつぶすパフォーマンスが行われるほどでした。挙句の果てには、自由主義の国アメリカの企業が政府に頼るほどで、たとえば半導体産業においては、1986年に**日米半導体協定**が締結され、「日本で販売される半導体の20%を米国製にする」とされたのです。シェアを協議で決める等ありえないことです。

ワンポイントコラム

【GE】 かつて米国企業復活の象徴であったGEも、今では再度厳しい状況におかれています。企業経営の最大の目的は永続することですが、長期間にわたり輝き続けることの難しさを象徴しています。

●日本人に勝てなかったGEはどうしたか

上記のような米国の危機の中で復活した企業もありました。その1社である**GE**の**ジャック・ウェルチ**、彼はどのようにしてGEを立て直したのでしょうか？ウェルチは「**世界で3位以内**」に入れない事業からは撤退したと言われますが、別の視点も可能です。日本企業との競争をあきらめ、日本企業と競争しない事業（航空機、金融、放送等）を選択したのです。

孫子の兵法にもあります。「勝ち易きに勝つ」、これは決して後ろ向きなことでなく、賢明な戦略なのです。

●いくつかの選択肢

日本企業においても、「**競争しない**」という選択肢もあったでしょう。ボルトと競争することをあきらめ、ボルトを顧客にすればよいのです。すなわち、ボルトにシューズを売る、ボルトにトレーニング機械を売る、ボルトのスポンサーになる……といったことです。これを産業に当てはめれば以下になります。①競争相手に部品を売る、②機械を売る、③資金を提供する。

この戦略を実現した日本企業が**三菱電機**です。同社の直近期営業利益は約2500億円。2002年3月期には680億円の赤字であり、3000億円超も改善したのです。同社はかつて、液晶、半導体、携帯電話、パソコン、テレビ、オーディオ等を手掛けていました。これらの、アジア企業と競争する事業を大幅に縮小もしくは撤退し、現在の主力はFA事業になっています。すなわち、三菱電機は「製品を作る企業」から「製品を作る製品を作る企業」に変身を遂げたのです。

かつては日本も追う立場

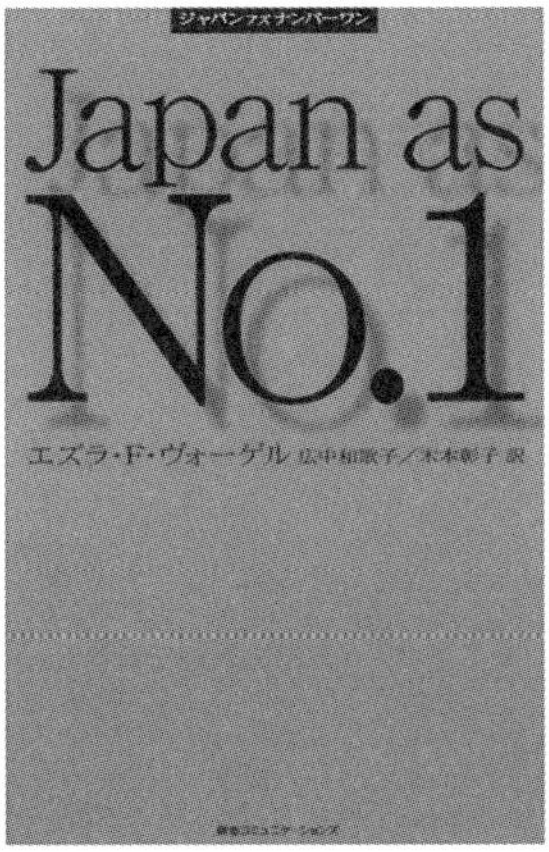

出所：CCC メディアハウス

8 需要の変化への対応

電子部品メーカーへの示唆①

部品メーカーにとって自ら需要を作り出すことは簡単ではなく、製品、顧客の動向に左右されるのは当然のことです。したがって、製品や顧客の動向を把握し、順応していく能力が極めて重要です。

●需要把握能力が重要

これまで、日本の部品メーカーは最終製品の隆盛とともに発展してきました。戦後のラジオから始まり、アマチュア無線➡テレビ➡VTR➡光ディスク➡PC➡携帯電話➡デジタルカメラ➡薄型テレビ➡スマートフォンです。しかし、光ディスクにしろ、薄型テレビにしろ、携帯電話にしろ、普及初期にはそれほど急激には普及すると誰も予想していなかったのです。

また、顧客の勢力図の変動も大きな影響を与えます。たとえば、携帯電話・スマートフォンを見てみると、覇者は**モトローラ➡ノキア➡サムスン電子➡アップル➡**中国企業、と変遷しました。

「テレビでは出遅れたが、ビデオでは成功した。しかし、携帯電話用部品ではシェアを取れなかった」といったことや、また、同じ携帯電話でも「モトローラには強かったが、ノキアにはあまり食い込めなかった」ということはよくあることで、電子機器および顧客の変動に常に追随することは容易ではありません。過去、その時々に旬な電子機器を常に捉え、また、顧客の浮き沈みを吸収し、継続的に発展した企業もありますし、ある時代には隆盛を極めたものの、その後伸び悩んでいる企業もあります。

たとえば、ブラウン管テレビでは偏向ヨークと呼ばれる部品が不可欠でしたが、液晶テレビでは不要になり、逆に**バックライト**や**光学フィルム**等新しい部品が必要になりました。また、携帯電話が棒状から折り畳みタイプになったとき、**ヒンジ**と呼ばれる開閉部品の

ワンポイントコラム

【ヒンジメーカーの顛末】 本文中のヒンジメーカーは、ストロベリーコーポレーションという、電子部品企業とは思えない可愛らしい社名でした。瞬く間に急成長して株式公開しましたが、その後、売上高は急減。上場企業アドバネクスが買収しました。

需要が急増しましたが、タッチパネルタイプになるとヒンジは一転して不要になり、同部品の企業の中には破綻してしまった企業もありました。

マーケティング能力

部品メーカーにとって自ら需要を作り出すことは簡単ではなく、製品、顧客の動向に左右されることは当然のことです。したがって、このように、製品や顧客の動向を把握し、順応していく能力――簡単に言ってしまえば「**マーケティング能力**」――が極めて重要であると言えるでしょう。

マーケティング能力の強化のためにはどうすればよいのでしょうか？ ①「顧客との密接な接触：顧客に頻繁に訪問し、顧客要望を逃さない」、②「顧客要望の蓄積：顧客訪問で獲得した知識をデータベース化」、③「センス：顧客要望に基づいた新製品にたどりつけるセンス」等、多くの組織能力が要求されます。これらはもちろん簡単なことではありません。

簡単な答え

しかし、これらの能力が必ずしも完璧でなくてもよい対応策が一つあります。

本章の冒頭でも述べましたが、「**1位**」です。ある技術、製品で1位であれば、顧客からまず真っ先に電話をもらえるでしょう。部品メーカー自ら最終製品のトレンドを把握することは簡単ではありません。しかし1位であれば、顧客から「今度、○○といった製品、機能を考えている。ついては、こんな部品ができないか？」と相談される可能性が高いです。産業特性上、ある程度能動的にならざるを得ない部品産業において、1位であることは極めて有意義です。

最終製品の変遷

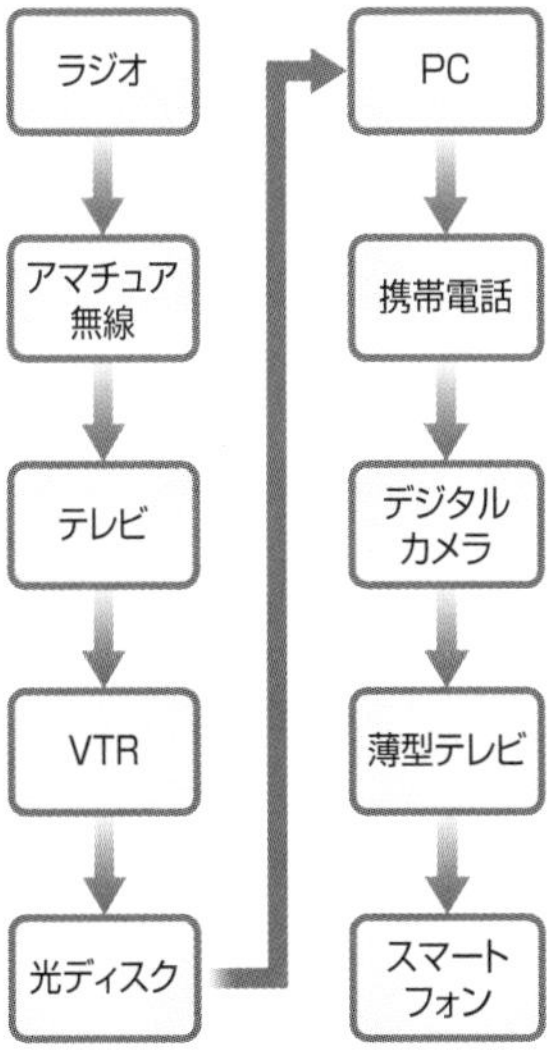

9

部品、入ってる?

電子部品メーカーへの示唆②

顧客の競争力に直接影響するほどの電子部品があれば、その企業はとても強いでしょう。しかし、部品産業はあくまでセットメーカーあってこそ。目立たず、しかし、なくてはならない存在感。そんな企業が最強でしょう。

●インテル入ってる?

「**インテル入ってる?**」。**インテル**が始めた、消費者が選択するときに、パソコンメーカーではなく、その部品であるCPUのメーカーで選択してもらうためのキャンペーンです。

ドイツの光学部品企業**カールツァイス**のレンズも同様の事例です。顧客であるデジタルカメラメーカーが、「**うちのカメラはカールツァイスのレンズを使っている(から性能が良い)**」と宣伝してくれるのです。

最終製品自体ではなく、部品が最終製品を選択させる。極めて強い競争力を持った部品でないと実現できないことです。

これらの事例のように、「○○社の部品が入っていて音が良いから、この音楽プレーヤーを選択した」「○○社の部品を使っていて画質が良いから、このテレビを選択した」と言われるほどの部品メーカーは、極めて高い競争力があるでしょう。

●表舞台に出る力がありながら、黒子に徹す

しかし、部品メーカーが目立ちすぎることは、長期的にはマイナスになる可能性もあり、熟慮が必要です。

筆者は、ある部品企業A社に起用いただき、A社をA社の顧客がどのように評価しているかを調査する

ワンポイントコラム

【アリアケジャパン】 調味料のもとのメーカーであるアリアケジャパンの業績は売上高527億円、営業利益107億円(2022年3月期実績)。国内シェアは45%とも言われますが、私たち消費者がアリアケジャパンを意識することはありませんし、アリアケジャパンが調味料そのものに進出することもないのでしょう。

プロジェクトを行いました。A社の顧客を訪問し、A社への評価を聞き、それを今後の経営に活用するというプロジェクトです。

そのプロジェクトで、ある顧客からの評価は興味深いものでした。

「弊社の製品開発に影響を与えるほどの提案をしてほしい。ただし、弊社の事業領域を侵さない範囲で」

たとえば、**デンソー**が自動車を製造することは十分可能でしょう。しかし、そうすることはないでしょう。部品メーカーは顧客の発展とともに自社があり、顧客の領域を侵犯することは慎まなくてはなりません。短期的には事業拡大になるとしても、長期的には悪影響を与える可能性があります。

部品企業の理想は、上記のような高い技術力を持ちながら、しかし、顧客を第一とし、目立ちすぎないことでしょう。

●他の産業での事例

電子部品企業でもその水準に達している企業がありますが、ここでは他の業界のユニークな事例を紹介しましょう。

食品を作る機械のメーカー**レオン自動機**です。同社は売上高266億円、営業利益11億円（2022年3月期実績）です。

同社がユニークなのは、顧客（食品メーカー）に対して、「こんな機械がありますよ」ではなく、「こんな新メニューはいかがですか？」と提案するのです。そして、その新メニューを顧客が採用してくれれば、その機械はレオン製になります。

顧客から「今度、こんな新製品を出したいと思っている。ついては、これを作る機械はないか？」と相談される場合は、おそらくは他社との相見積もりになり価格競争を強いられるでしょうから、その利益は能動的な需要創造とは雲泥の差になります。

ワンポイントコラム

【自転車部品のシマノ】　部品がブランドになっている他の事例として、シマノがあります。同社の自転車用部品は、自転車競技のプロや愛好家から強く支持されています。同社の自転車部品事業の業績は、売上高4,437億円、営業利益1,251億円です（2021年12月期実績）。

10

電子部品メーカーへの示唆③

飛び道具(買収)の活用

鉄鋼、セメント、都市銀行等、多くの産業において業界再編が著しく進みました。順調な発展を遂げてきた電子部品業界では、そのような守りの再編ではなく、産業変化への対応に備えた攻めの再編が起こりつつあります。

●相次ぐ買収

日本においては、**バブル崩壊**後の厳しい事業環境に対応するため、多くの産業で**業界再編**が進みました。20行以上存在した都市銀行が3メガバンクに集約された銀行産業が象徴的ですが、鉄鋼、セメント、損害保険等の産業も同様です。

一方、日本の電子部品産業は、バブル景気に踊らされることなく(不動産投資、金融投資に手を染めず)過大な負債を抱えなかったこと、また、世界展開の成功により、他産業で見られたような、やむにやまれぬ再編は起きませんでした。

しかし、ここ数年、49ページの図表にあるように買収や譲渡が相次いでいます。

買収は手段であり目的ではありませんし、自社で完結するのであればそのほうがよいでしょう。買収はいわば「**飛び道具**」であり、成功した場合の効果も大きい一方(たとえば、**TDK**による磁気ヘッドメーカー**SAEマグネティクス**(中国)やリチウム電池メーカー**アンペレックス・テクノロジー**(中国)の買収は、同社の発展に多大な貢献をしました)、異文化を取り込むことですから当然リスクもあり、諸刃の剣と言えます。

にもかかわらず買収が増えているのは、自社だけでは世の中の変化に遅れるかもしれないとの危機感の表れと言えます。いくつか代表的な動きを紹介します。

ワンポイントコラム

【海外企業のM＆Aでの成長事例】　ウエスタンデジタルも買収を有効に活用した企業と言えます。かつての同社は、HDD産業において下位メーカーでしたが、同業および部品企業の買収によって世界最大のHDD企業になりました。また、サンディスクを190億ドルで買収し、現在はフラッシュメモリーとHDDの双方を持つ企業に変化しています。

●村田製作所

電子部品業界の盟主となった村田製作所。特にセラミックコンデンサおよび高周波部品では他社を圧倒しています。今後の展望としても、電子回路の基礎部品であるセラミックコンデンサは着実な成長が、高周波部品はIoTの中でさらに成長が期待できそうです。

しかしながら、どんな事業も永続する保証はありません。その危機感からでしょう、極めて積極的な買収に出ています。センサー、電池、配線板材料、半導体……。既存事業の強化、事業領域の拡大、モジュール化への対応等、まさに王様の戦い方といったところです（6-1節参照）。

●TDK

最も大胆な行動をしているのがTDKでしょう。2016年、TDKは高周波部品事業を米国**クアルコム**に30億ドルで譲渡することを発表しました。日本企業が譲渡した額としては最大案件の一つといえます。一方、**トロニクス**（仏）、**ミクロナス**（スイス）、**インベンセンス**（米）、**アイシーセンス**（ベルギー）、**チャープ・マイクロシステムズ**（米）の5社を買収しており、これら5社の買収金額は合計2000億円近い金額になります。

3000億円で譲渡し、2000億円を買収に。これは、携帯電話が近く成熟する一方、自動車や産業機器向けのセンサーが今後主戦場になる、との読みと言えます。TDKの主力事業はこれまでも、フェライト➡磁気テープ➡コンデンサ➡HDDヘッドと大きく業態転換をしてきましたが、もう一度「**会社を変える**」決意の表れでしょう（6-3節参照）。

●日本電産

日本電産に限っては、かねてより企業発展の手段として企業買収を活用しています。1984年の米国企業の買収以来、すでに50社を超える企業を買収しており、特に2010年以降は加速し、1年に5社のペースで買収しています。売上高1兆円を達成した同社は、2030年までに10兆円企業になるとしており、買収はさらに加速しそうです（6-2節参照）。

ワンポイントコラム

【長期戦略としてのM＆A】　M＆Aを重要な戦略ツールとして活用する中で、特にM＆A巧者とされるのが日本電産です。目先の拡大でなく長期を見据え、必要な会社へアプローチします。日本サーボ（現日本電産サーボ）へは、16年にわたりアプローチしました。永守氏の頭の中には、2030年の目標である10兆円に必要なM＆Aの道筋が、すでにでき上がっているそうです。

●トーキン

2017年、NECトーキンは**トーキン**に社名変更しました。NECトーキンは、東北金属とNECの電子部品部隊が統合してできた名門企業です。一時期はNECの100%グループ企業でしたが、米国の電子部品メーカー**ケメット**の100%グループ企業になり、さらにその**ケメット**は**ヤゲオ**に買収されました。半導体産業においては、旧三洋電機の半導体事業が**オン・セミコンダクター**に、旧**エルピーダ**が**マイクロン**（米）にといった事例はありましたが、日本の大きな電子部品企業が海外企業になったのはこれが初めてです。

●海外の事例の紹介

海外の企業は日本企業と比較して、ドライに事業、企業買収もしくは譲渡を進めます。申し上げるまでもないですが、彼らのやり方が正しいと言うことではありません。国民性や、企業が活動する上での社会認識も違いますから、日本企業が欧米企業と違うのは当たり前なのです。

ただし、一つだけ確実に言えることがあります。競合企業はそのような派手な戦術を使ってでも勝ちにくるということです。それを踏まえた上で、日本企業は戦術戦略を考えなくてはいけないということです。

以下、**企業買収**を極めて効果的に活用して成功した海外企業の事例を二つ紹介します。

①テキサス・インスツルメンツ

世界有数の半導体メーカー。トランジスタを発明しノーベル賞を受賞したキルビーが在席した名門にして、直近業績は売上高2兆160億円、営業利益1兆63億円（2021年12月期実績）。超がつく優良企業ですが、一時期、業績が低迷した時代がありました。化学、パソコン、液晶等、半導体以外の事業に進出し失敗したのです。しかしその後、これら多角化事業を譲渡すると同時に、世界中からアナログ半導体企業の多くを買収し、今では**アナログ半導体**でも世界1、2位を争う企業になっています。

② シスコシステムズ

インターネット社会を支える通信機器の企業です。同社は1984年設立の新しい企業ですが、直近業績は売上高6兆円1671億円、営業利益1兆6717億円（2022年7月期実績。当時の為替で換算）、巨大企業に発展しています。

シスコはネット時代初期の**ルーター**製品で高いシェアを持っていましたが、日進月歩の技術変化があったインターネット産業において安泰でいられる保証はなかったのです。同社は、新技術、新分野の企業を多数買収、変化の激しい通信機器産業において確固たる地位を築いたのです。

電子部品企業による主なM&A

分野	出資側	契約先企業	発表・完了時期	内容
キャパシタ	京セラ	AVX	2020年	経営統合
	YAGEO	KEMET	2017年	資本提携を強化し、完全子会社化
実装技術	メイコー	NECエンベデッドプロダクツ	2020年	EMS事業の買収
	村田製作所	プライマテック	2016年	電子材料事業の買収
モーター	マブチモーター	Electromag	2021年	医療用モーター企業の買収
	日本電産	Secop Beteilligungs GmbH	2017年	コンプレッサー事業の取得
コネクタ	ミネベアミツミ	本多通信工業、住鉱テック	2022年	コネクター企業の買収
	TE Connectivity	Hirschmann Car Communication	2017年	自動車通信アンテナ事業の買収
センサー	ルネサス	Steradian Semiconductor	2022年	自動車向けセンサーメーカーの買収
	TDK	Chirp Microsystems	2018年	センサーメーカーの買収
電源、電池	古河電池	Maxcell（一部事業）	2021年	リチウムイオン電池事業の買収
	三社電機製作所	イースタン（一部事業）	2017年	電源事業の買収
	ニチコン	村田製作所（一部事業）	2017年	電源事業の一部取得
その他	村田製作所	ETA Wireless	2021年	ICメーカーの買収
	京セラ	SLD Laser	2021年	光源メーカーの買収
	ミネベアミツミ	エイブリック	2020年	ICメーカーの買収
	浜松ホトニクス	Energetiq Technology	2017年	半導体検査用光源事業の買収
	アルプス電気	アルパイン	2017年	経営統合

出所：筆者作成

ワンポイントコラム

【海外企業の日本企業へのM＆A事例】 日本の電子部品企業が海外資本を受け入れた他の事例としては、ボーンズ（米）による小松ライトの買収、シムテック（韓国）によるイースタンの買収があります。

column

産業変遷の中での会社選び

この本を手に取っていただく方には、現在就職活動中の方も多いでしょう。電子部品産業に興味を持っていただいている皆さんは、周りに流されず自らの軸で判断をされようとしている方々かもしれません。ただ、人生の大きな決断である会社選び、迷うこともあると思います。2章で言及したような花形産業の変遷も踏まえ、会社選びに迷ったら何を指針にすべきか、考えるヒントをご提供できればと思います。

まず、大前提として、入ったら安泰な会社、永遠に安心な会社というのは存在しません。過去の半導体、電機、銀行、インフラ等、優秀な学生がこぞって目指した業界がありますが、業界再編、事業再編等を通じて、まったく同じことを同じように行っている会社はもうないでしょう。今、業績が良いことは、将来にわたって良いと同義ではないのです。

では何で選ぶのか。それは「**会社として目指す大義**」のために、「**変化に対応するDNA**」を持っているかどうかです。創業者の経営理念とそれが（特に困難なときに）どう実践されてきたかの歴史を知ることが重要です。共感できるか、自らもその一員として変化していこうと思えるか、考えてみてください。

多くの会社を受けることになる就職活動では、すべての会社に同様の時間をかけ、力を割くことは難しいでしょう。3章では今では大企業となった各社の創業期について紹介しますし、6章でも各社の歴史に触れています。また社長のインタビューや特集記事等、就活生向けでない情報もスマートフォンでチェックできるはずです。志望度の高い会社について多面的な情報から知ることは、最終的にその会社に入社しない場合でも役に立つはずです。

最後は逆説的ですが、入った会社を好きになることもまた重要です。電子部品に限らずですが、扱う製品、サービス、それを支える業務はそれぞれ奥深いものです。石の上にも3年とは言いませんが、奥深さに触れることが仕事の楽しみにやはり繋がります。

皆さんの社会人人生が実りあるものとなることを願っています。

第3章

経営者と理念

1頭の狼が率いる10頭の羊と、1頭の羊が率いる10頭の狼。前者は後者に勝るでしょう。また、企業においても最も重要なのは経営理念です。本章では、電子部品産業が輩出した偉大な経営者とその理念について書きます（紙面の制約上、9名、創業順で記載をしています）。

How-nual
図解入門
業界研究

1 経営理念

人の性格と同じように、企業にも性格があります。企業の性格を象徴するのが経営理念です。経営理念とは、その企業が存在している理由であり、企業の哲学、文化、考え方、社風を表す最も重要なものと言えます。

●企業には性格がある

人には性格があります。慎重な人も、大胆な人も、陽気な人も、物静かな人もいます。人と人の付き合いでは、合う・合わないがあります。とっても良い人でもどこかしっくりこないことはありますし、逆に、ちょっと変わった人なのだけれども気が合うということがあります。性格や考え方は「**良い・悪い**」ではなく、「**合う・合わない**」なのです。

同様に企業にも性格（社風）があります。読者の皆さんも日々感じておられるのではないでしょうか。たとえば、ある人にとっては百貨店Aのほうがなんだか合うな、好きだな、となりますし、別の人にとっては百貨店Bのほうが良いなと。航空会社C社が好きな人がいれば、航空会社D社のほうが好きな人もいるでしょう。

この本を就職活動で使う学生の皆さまにとっても、また、企業と企業との取引においても、社風は極めて重要です。そして、社風は創業者の性格、考え方が色濃く反映されます。社歴100年未満の若い企業が多い電子部品産業ではなおさらです。

●最高の資料は社史

社風を知る最良の手段は**社史**です。社史とは、企業がどのように考え、行動してきたかの歴史です。

同じ状況に置かれても、人によって取る行動は違います。同様に、同じ事業環境に置かれても、企業によって行動が違います。社史を読むと、過去その企業

ワンポイントコラム

【図書館の活用】 社史は国会図書館でも保存されています。また、神奈川県立川崎図書館は、1958年の開館当初から社史の収集を始め、現在では約20,000冊を所蔵しており、日本屈指の社史コレクションとして知られています。

が何を考え、どのように反応してきたかを学ぶことができます。

特に逆境のときの対応は、企業の本質を表すかもしれません。苛烈な固定費削減を従業員に求め、将来をも失ってしまう経営者、逆に、逆境を新しく生まれ変わる機会に変えてしまう経営者……。そういった一連の過去の企業行動を見て、「この企業はすごいな」と感動できたり、「自分の判断と似ている」と感じることができれば、その企業はあなたに近いと言えます。

また、創業者や社長に関する書籍も有用です。企業自身が執筆し、正確性と網羅性に魅力がある社史に対し、ジャーナリストやアナリスト等外部の人物による書籍は、客観的な観点で書かれ、また、物語として楽しむことができます。

●経営理念は社を表す

社史は入手できないこともありますが、その場合、最も簡単な方法は、企業のホームページに行き、**経営理念**を確認することです。特に、創業者の考え方は重要です。**井深大**（いぶかまさる）氏が、**盛田昭夫**（もりたあきお）氏とともにソニーを設立したときに作成した『東京通信工業株式会社設立趣意書』はよく知られています（ソニーの設立時の社名は東京通信工業）。この設立趣意書は7000字以上の長いものですが、特にこの一文は心に響きます。

「真面目なる技術者の技能を、最高度に発揮せしむべき自由豁達（かったつ）にして愉快なる理想工場の建設」

今ではソニーも巨大企業になりましたが、ソニーをよく表していると筆者は感じます。ソニーはトランジスタラジオ、ウォークマン、トリニトロンテレビ等、独創的な技術、製品を次々に生み出しました。電子部品企業の取材をしていても、新しい技術を最初に使ってくれるのはソニーが多かったと聞きます。

経営理念はお題目、お飾りになってしまうことも多いのですが、だからこそ、経営理念の浸透へ継続的に努力することが必要なのです。バブルに踊ったり、不正に手を染めたりしてしまうのは経営理念がない企業なのです。

2 TDK創業者 齋藤憲三氏

齋藤憲三氏はスケールの大きな人です。ドラマ化された際、齋藤氏を演じたのが藤岡弘、さんと言えば、印象が伝わるでしょうか。TDKは、技術者でも経営者でもない齋藤氏が、私利私欲でなく、ただただ故郷・秋田を救うために、日本国家の発展のために、設立された企業です。

●故郷・秋田を救うために

今の若い方々には信じられないでしょうが、それほど遠くない過去、天候不順等で農作物が不作になると、東北では娘売りが現実に行われていたと言います。秋田出身の**齋藤憲三**氏は故郷の苦境に心をいため、産業を興そうと誓ったのです。今で言えばベンチャーということになるのでしょうが、志は大きく異なります。

しかし、経営者でも技術者でもない齋藤氏は、様々な事業を手掛け失敗します。たとえば、秋田の高級魚ハタハタ漁、養豚、アンゴラ兎の販売（1930年代の繊維産業は高成長花形産業でした）等々……。ハタハタ漁は、巨大なパイプで海からハタハタを吸い上げるという何とも大胆な事業です。

●世紀の材料　フェライトとの出会い

起業に試行錯誤する日々の中、東京工業大学の加藤与五郎博士と武井武助教授との出会いが齋藤氏の人生を変えることとなります。加藤博士から「日本の工業は借り物でしかない、日本人独自の技術が必要だ」と言われました。齋藤氏が「それでは独創的な製品とは何か」と聞いて、加藤博士が見せたのが**磁性材料（フェライト）**です。加藤博士が世界で初めて開発した新素材でした。ただ、その時点では博士でさえ、フェライトがどのように応用されるのかは不明でした。しかし、齋藤氏はその材料に賭けることにしたのです。このとき出資してくれたのは、当時日本最大級の企業であった**カネボウ**の津田信吾（つだしんご）社長でした。

●フェライト技術を核に事業拡大

創業後数年間は鳴かず飛ばずでしたが、松下電器産業（現パナソニック）からの大型受注で経営は軌道に乗ります。その後、TDKはフェライトの可能性を次々と引き出し、フェライト材料、コイル、オーディオテープ、HDDヘッド……と、世界企業へと飛躍することになります。オーディオテープで成功したことで、TDKは部品会社の中では珍しく、消費者からの知名度も高い企業でした。

●その後、衆議院議員に

齋藤氏は、TDKの社長を49歳で退任した後、「日本の復興には科学力が必要だ」と考え、衆議院議員になり、科学技術庁の発足に奔走し、初代長官に就任。豪快な人柄ゆえ、敵も多かったそうですが、一企業では収まりきらない視野を持っておられたのでしょう。

TDKの社是

夢	常に夢をもって前進しよう。 夢のないところに、創造と建設は生まれない。
勇気	常に勇気をもって実行しよう。 実行力は矛盾と対決し、 それを克服するところから生まれる。
信頼	常に信頼を得るよう心掛けよう。 信頼は誠実と奉仕の精神から生まれる。

ワンポイントコラム

【大手企業と大学の支援でベンチャー成長】　東のTDK（最初の大型発注社＝松下電器産業（現パナソニック）、技術指導＝東京工業大学、画期的な新素材＝フェライト）、西の村田製作所（島津製作所、京都大学、チタン酸バリウム）は、それぞれ画期的な新素材を大手企業とアカデミアに鍛えられる形で製品化し、今日の成長の礎となりました。

3 ヒロセ電機 コネクタ事業の創始者 酒井秀樹氏

2006年逝去した酒井秀樹氏は創業者ではありませんが、社員数十人の企業を高収益企業に発展させた「もう一人の創業者」と言えます。「見えている」と感じさせる経営者でした。

●演出家としての経営者

筆者は、創業者**廣瀬銈三**氏にお会いしたことはなく、**「もう一人の創業者」**とも言える**酒井秀樹**氏を紹介します。

酒井氏がヒロセ電機に入社したときの社員はわずか30人でした。酒井氏は廣瀬氏の薫陶を受け、26歳で技術部長、37歳で社長に就任、今では営業利益400億円超の企業になっています。

経営者は演出家と言ってもよいでしょう。経営とは、人、モノ、金等経営資源を演出することに他ならないからです。高校時代、演劇部の座長であった酒井氏は、売上高数兆円の企業の内定を断り、ヒロセ電機を演出することを選択したのです。

●「英知をつなぐ」

酒井氏は、「企業の差別化は『知』によってのみ実現される。しかし、一企業の知には限界があり、外部の知をつなぐことが重要である」と考えていました。この思想に基づき、自社は差別化できることに特化すると同時に、自社にない能力を持つ企業との協力関係も構築しています。すなわち、酒井氏は社外の経営資源をも演出していると言えます。

●長期視点

筆者が酒井氏に取材をしたとき、時間配分について質問しました。氏の回答は、30%を勉強、30%を来客対応・会議、40%を執務でした。酒井氏は、「経営者の

ワンポイントコラム

【CI(コーポレート・アイデンティティ)】 上記の「英知をつなげる小さな会社」は、同社が東証二部上場を期にスローガンとして制定したものです。その後東証一部上場の際、CIとしてスローガンを「英知をつなげるエレクトロニクスの会社」に変更しました。しかし近年同社は社内的にこの表現を自らの原点である「小さな会社」に戻したということです。

仕事は長期的な舵取りである」と述べ、大きな方向性を見失わないようにしているのだと感じさせられた、数少ない経営者です。

●誇りと謙虚

　高利益率企業が多い部品産業の中でも、ヒロセ電機の利益率は高く、かつ、長期にわたって維持されていることは特筆されます。これは、廣瀬氏の言葉「なあ、酒井。銀行に預けても10％の利子がつく。苦労して10％の利益率でどうする」、また、酒井氏自身、「**中小企業が自身を際立たせるための方法**」との考えに基づき、経営してきた結果です。もちろん、思いだけでは高利益率は実現できず、組織能力として特筆されるのは、新製品比率30％以上を目標に持続的に新製品を投入する研究開発力です。

　同時に、酒井氏は「部品企業は謙虚でなくてはならない」と自身を戒(いまし)め、表舞台に出ることはほとんどありませんでした。

ヒロセ電機の不変の理念

英知をつなげる小さな会社

※小さな会社、すなわち“スモールの思想”は、同社の基本的な哲学です。自らを「小さな会社」と捉えることで、驕る気持ちを戒め、素直な心で謙虚に学ぶ姿勢、また現状に満足せず明日はより大きく、という飛躍への思い、さらにはいたずらに規模の拡大を追うのではなく、利益＝高い付加価値へのこだわりを目指すことが込められています。

ワンポイントコラム

【演出家と俳優】　すべての人が演出家を目指す必要はありません。酒井氏が、演出家が、ぜひ演出したいと思う俳優（技術者、営業）になる道もあります。演出家と俳優は優劣ではなく違う機能です。

4 村田製作所 創業者 村田昭氏

幼少期の長くを病床で過ごした村田昭(むらたあきら)氏。その過酷な体験が他人への感謝となったのでしょう、優秀な人材が氏の元に集い、また、氏の「模倣をしない」意思と「科学的管理」によって、村田製作所は今や世界最大の電子部品企業となりました。

●他人への感謝

村田昭氏は、幼少の頃、病気のデパートと呼ばれるほど病弱で、病床で文学書、宗教書、子供向けの科学書『子供の科学』等を読んで過ごしました。

人の支援の重みを実体験した昭氏は、一人でできることは限られていることを悟られたのでしょう、社是「**これをよろこび　感謝する人びとともに**」に現れています。支えてくれた人々への感謝がちりばめられた氏の著作からも、穏やかで誠実な氏の人柄が偲ばれます。

●人を模倣しない、独自製品

18歳になって体調が落ち着くと、昭氏は家業(**碍子**(がいし)*等の焼き物の製造販売)を手伝うようになりました。仕事に慣れてきた昭氏は、父に事業拡大を提案します。ところが、父は「馬鹿者。同業者の仕事を横取りしてどうする。皆が不幸になるではないか」と許してくれません。

そんなとき、昭氏は**特殊窯業製品**を知ることとなります。同じ焼き物でも産業用途の新しい焼き物です。昭氏は「新しい分野なら同業に迷惑をかけることはない」と主張、父も「独自製品なら」と許可しました。村田製作所が独自製品を産み出し続けているのは、創業

用語解説

＊**碍子**：碍子（がいし）とは、固形の絶縁体で作られた電線等を絶縁した状態で固定するために用いられる器具を言います。素材は主にセラミックスが用いられ、森村グループの日本ガイシが世界最大手です。

者の父の教えに由来する根本的なものなのです。

●科学的管理「マトリックス経営」

村田製作所は世界最高の技術力とともに緻密で論理的な経営管理でも知られます。昭氏が若かりし頃、妥当な価格設定について悩んだことがきっかけになっています。

同社は、製造工程を製品と工程の2軸で分類し、その管理単位は数千にもなります。同時に、部分最適に陥らないように、工程別、製品別に通しの管理を行い、さらに本社を加えた3軸での管理をもって、同社は**マトリックス経営**と呼んでいます。

●電子部品産業の地位向上

かつて電子部品産業は下請けとの位置づけで、セットメーカーからの要求は厳しいものでした。昭氏は、**「良い機器には良い部品が欠かせない」**との信念のもとに、部品産業の地位向上を訴え、また、社員の待遇改善に尽力してきました。

村田製作所の経営理念

技術を錬磨し
科学的管理を実践し
独自の製品を供給して
文化の発展に貢献し
信用の蓄積につとめ
会社の発展と協力者の共栄をはかり
これをよろこび
感謝する人びとと
ともに運営する

ワンポイントコラム

【マトリックス経営】　同社経営幹部による著作『「利益」が見えれば会社が見える―ムラタ流「情報化マトリックス経営」のすべて』には、同社の経営管理手法が細かく書かれています。

5 ミネベアミツミ 中興の祖 高橋高見氏

社員55人の企業を引き受け、わずか30年で世界的企業に育て上げた風雲児。その積極的な拡大策は世間の耳目を集めましたが、その根底にあったのは既得権益への強烈な反骨精神でした。

●わずか30年で世界企業に

ミネベアミツミは、日本航空の技術者富永五郎氏等が、航空産業に不可欠な高精度なベアリングの国産化を目指し、日産自動車の初代社長鮎川義介氏のアドバイスを受けながら設立した企業です。創業初期は順風満帆ではなく、事業家として成功を収めていた高橋精一郎氏が資金援助。しかし、精一郎氏は製造業の知見がなく、子息**高橋高見**氏に経営が委ねられることになりました。

高見氏は、父にも影響されたのでしょう、少年時代から「**寝ないで働くような実業人の生活をしたい**」と考えていました。大学時代には応援団長をつとめながら事業を興し、学生としては小さくない利益を上げています。卒業後、**カネボウ**（当時は日本を代表する巨大企業）に就職し、幹部候補生として10年ほど勤めたところに、父から企業再建を依頼されたのです。氏の入社時、社員55人、売上高4000万円の小企業でしたが、60歳で早逝されるまでのわずか30年で、売上高2000億円、**ミニチュア・小径ボールベアリング**で世界1位の企業に発展させたのです。

●旺盛な事業意欲

高橋氏は企業規模の拡大に貪欲で、ボールベアリングおよびその派生製品のみならず、半導体、キーボード、磁気ヘッド、自動車部品、さらには高級家具、化粧品、養豚等、多くの事業を手掛けています。特に、当時年間数百億円の投資が必要なDRAM（半導体の

ワンポイントコラム

【迎賓館】 ミネベアミツミのマザー工場がある軽井沢には、顧客をもてなす迎賓館があります。招かれた人すべてが驚嘆する設備だそうで、ある方は「すべてが一貫している。全部が絵であり、彫刻である」と表現しています。

一種）事業への参入に世間は驚きました。

氏は常に「時間がない」と焦燥感を持っていたそうです。「人生は何も成さぬには長すぎるが、何かを成すには短すぎる」を思い出させます。

●反骨精神

事業の拡大には企業買収も活用し、24社を買収しています。積極策は世間の耳目を集め、紙面では「**買収王**」と称されることもありましたが、他人の資産を**買収**して安易に利を得るようなものではなく、既存エスタブリッシュメントへの反骨精神の現れでした。

象徴的なエピソードがあります。昭和40年代、ミネベアミツミが小さな企業ながら急成長を始めていた頃、日本を代表する巨大企業の社長から料亭に招待されました。芸者30人の歓待に驚きながら高橋氏が自分の思いの丈を訴えると、相手は「自分の言いたいことだけを言うな」と。急成長を始めていたミネベアミツミへの圧力でした。

摩擦をも恐れぬ拡大策は、「**伝統**と戦うためには、自身も力をつける必要がある」と実感したこと、また、「歴史に安住する企業があれば、自身が経営すればより社会に貢献できる」という思いであったのでしょう。

●相手の地位によらず正論を主張

２０００年代になって実質的に経営破綻したカネボウですが、高橋氏はその50年前の社員時代に腐敗を感じとり、経営幹部にも失望し、上司にも数々の直言をしました。

高橋氏は労働組合の幹部をつとめた時期もあり、近隣で発生した著名な労働争議**近江絹糸争議**にも労働者側で関与しています。昭和30年代の日本はまだ階級社会で、カネボウにおいても高橋氏のようなエリート社員と工員の間には大きな心理的壁がありましたが、高橋氏がカネボウを退職し東京に戻る電車には、１０００人近い見送りの人であふれたそうです。

6 浜松ホトニクス 共同創業者 晝馬輝夫氏

晝馬輝夫氏は、経営者であると同時に、「サイエンスとは真理の追究である」と考える哲学者でもあります。氏は、2017年12月に取締役からの退任が発表され、2018年3月に逝去されましたが、スケールの大きな経営者でした。

●未知未踏

浜松ホトニクスは、世界で初めて電子式テレビジョン受像に成功し、「テレビの父」と言われる**高柳健次郎**博士の門下生たちによって創業された企業です。「光」を究めることを事業目的としており、会社のロゴの下には「photon is our business」と添えられています。

晝馬輝夫氏は、真理の追究は、「人類には未知未踏が無限にある」ことを自覚することから始まるとしており、同社のビジョンになっています。無知の自覚が森羅万象に興味を持たせ真理を求め続けることになるのです。浜松ホトニクスはもちろん利益を追求していますが、晝馬氏にとっては、利益は目的ではなく真理追求の結果なのです。

●哲学者

晝馬氏によれば、**サイエンス**とは「芸術、宗教、哲学と同じように絶対真理を求めること」。晝馬氏の同世代にあたる小柴昌俊博士の研究室にも宗教画が掲げられていたそうです。晝馬氏の関心は、**光通信**、**光医療**、**生命科学**、**宇宙**、**核融合**に加えて、**心と精神**にも向かっています。同じく浜松市に本社のあるスズキの鈴木修元社長は、晝馬氏を評して「哲学の素養が相当ある人」と述べています。

晝馬氏は「日本の製造業はこれまでは欧米の真似事だった」と公言する方ですが、同時に日本の力を信じ

ワンポイントコラム

【初めて映った一文字】 世界で初めてのブラウン管テレビに映し出された映像は「イ」の文字でした。テレビのクイズ番組で取り上げられることもありそうです。

ており、「今後は東洋から新しい真理、技術を創出したい」と考えています。西洋は弁証法的な考え、すなわち、テーゼとアンチテーゼの葛藤の結果として新しいテーゼが生まれる。一方、晝馬氏は、聖徳太子「和とは足すことなり」を引き合いに、対立的ではなく和的な発想が重要だとしています。

●スケールの大きい発想

晝馬氏は、日本が豊かになれないのは、①土地が高い、②資源がない、③エネルギーが高いためであるとしています。そのため、浜松ホトニクスは**核融合発電**にも使用可能な**大出力レーザ**の開発に挑戦しています。

太陽が膨大なエネルギーを数十億年にわたり供給できるのは核融合によるものですが、核融合は1億℃といった想像を絶する超高温が前提になります。実現したとしたならば、世界のエネルギー問題等一夜にして解決してしまう夢の技術ですが、一企業が**研究開発**でやるようなものではありません。浜松ホトニクスはこのような超長期の研究にも資金を投じている稀有な企業なのです。

浜松ホトニクスのスピリッツ

私たちの知らないこと、できないことは
無限に存在する。

（前代表取締役会長兼社長 晝馬輝夫氏の言葉）

ワンポイントコラム

【米の五期作】 食糧の工業生産も、今では一般的に言われるようになりましたが、晝馬氏はその嚆矢です。レーザ光を使って米を70日で収穫できる、すなわち五期作が可能であることを実証しています。今の日本の電気代であれば、レーザ光の電気代が高く商業にならないが、上記の核融合と組み合わせれば、日本の美味しい米が安い価格で生産可能だと主張しています。

7 マブチモーター 創業者 馬渕健一氏、隆一氏

実直、真面目、勤勉、克己。マブチモーターの創業者馬渕兄弟のイメージです。表舞台に出ることを好まず、地道で着実な発展を志向。世界有数のモーター企業に発展させた強靭な意志。

●創業と発展

1946年に**馬渕健一**氏が香川県に開所した関西理科研究所が母体。翌年、同氏は、世界初の馬蹄型永久磁石モーターを開発。玩具向けモーターで礎を築いた後、健一氏と弟の**馬渕隆一**氏はエンジニアとして新型のモーターを次々に開発すると同時に、経営者としては「**標準品の大量生産、部品と生産設備の内製、（製品と経営の）高信頼性**」を競争力として、世界的なモーターメーカーを作り上げました。

●経営理念への思い

馬渕兄弟は、短期的な高成長よりも着実で長期的な発展を志向しています。マスコミへの露出も少なく、優れた経営成績ほどには知名度もありません。堅実、真面目、安定、家族主義がマブチモーターの社風と言えます。

事業が順調に拡大していた創業10年後、社内で問題が発生しました。このとき、馬渕兄弟は、「**何のためにみなが汗して働くのか**」という志と目的が共有されていなかったためであると痛感し、策定された理念が左記のものです。以後、同社においてはこの理念に適っているかどうかが判断基準となり、隆一氏は「**この理念を心から理解し実行することが社長の条件**」と述べています。

●経営理念に基づく判断

経営理念に基づく判断を紹介しましょう。完全な売

ワンポイントコラム

【予防の哲学】「引き潮時には海岸のゴミが見えるが、潮が満ちゴミを隠すと、人は問題を忘れる」――隆一創業者は、人間の健康と同じように、企業経営においても「病気」になってから対処するのは苦しく、病気にならないための日常の心構えが重要であると説いています。

り手市場で大幅な値上げが可能な状況であっても、馬渕兄弟は「**原価＋適正利益**」を基本思想とし、一時的な浮利を追うことはありませんでした。これは理念に基づくものですが、経営的にも適った発想と言えます。

すなわち、低価格であれば用途が拡大し、さらに業容が拡大する。また、常にコスト削減に努力するようになり、結果として企業を強くする。逆に、一時のブームにのって価格を上げれば、短期的には利益を増やすことになるが、市場の発展を阻害する。加えて、新規参入を誘引することになるでしょう。

また、モーター製造のための部品を同業他社よりも大幅に高い価格で購入していたことが判明し、自社生産に着手したときも、馬渕兄弟は、**決して力関係で値下げを要求してはならない、お互い切磋琢磨し、社外、社内のより優れた方を使う**方針を徹底させました。

マブチモーターの経営理念

経営理念

国際社会への貢献とその継続的拡大

経営基軸

1.より良い製品をより安く供給することにより、豊かな社会と人々の快適な生活の実現に寄与する
2.広く諸外国において雇用機会の提供と技術移転を行い、それらの国の経済発展と国際的な経済格差の平準化に貢献する
3.人を最も重要な経営資源と位置付け、仕事を通じて人を活かし、社会に役立つ人を育てる
4.地球環境と人々の健康を犠牲にすることのない企業活動を行う

ワンポイントコラム

【競争を楽しむ】　創業者馬渕隆一氏は、経営のストレスで胃潰瘍、体重の激減、薬の日常的服用……といった時期もあったそうです。しかし、あるとき、「問題は自分が成長するための糧である」と悟り、その後は「競争を楽しむ」ことができるようになったそうです。

8

ローム 創業者 佐藤研一郎氏

2020年に逝去された佐藤研一郎（さとうけんいちろう）氏は、2010年に一度取締役を退任し名誉会長に就くも、16年に取締役会の要請を受け再び就任し、ずっと第一線で活躍されていた経営者でした。自宅の風呂場から興した企業は、世界的な企業になりました。また、佐藤氏は芸術のよき理解者でもあり、氏が設立した音楽財団は芸術家の支援を続けています。

●強靭な精神

佐藤研一郎氏は立命館大学で学んだエンジニアです。同時に、学生時代には日本を代表するコンクールで準優勝するほどの技量をもったピアニストでした。しかし、ピアニストでは1位になれないと判断、ピアノに鍵をし、その鍵を川に投げ捨て起業をしました。コンクールで準優勝するだけの才能に決別し、別の道を選択した氏の決断に、筆者は驚かざるを得ません。

佐藤氏は自身の持ち株を活用し、財団法人ロームミュージックファンデーションを設立しました。佐藤氏は自身がピアニストになることは断念したのですが、音楽家を支援、育成する立場になったのです。

●巨大企業との大勝負

大学卒業後、自宅の風呂場で**抵抗器**の開発を開始。凡人では耐えられない激務を乗り越え、抵抗器で成功をおさめますが、現在抵抗器は全社売上高の5％未満になっています。1950年代、**半導体**が登場し、抵抗器を代替するのではないかとの見方がありました。そのとき佐藤氏は、「半導体という暴風雨が襲ってくる。頭を低くしていても将来はない。この暴風雨に立ち向かうしかない」と社員を鼓舞します。半導体は電子部品に比べると設備投資の大きさが桁違いで、その

ワンポイントコラム

【話し方教室】 技術者、芸術家にしてシャイな佐藤氏は、人と話すことが得意ではありませんでした。しかし、人の上に立つ経営者になってからはそうも言っておられず、話し方教室に通ったそうです。偉大な経営者が話し方教室に通っていた事実に、勇気づけられる人もいるのではないでしょうか。

ため手掛けようとしていたのは日立製作所、NECといった巨大企業でした。しかしロームは暴風雨を追い風に変えて、電子部品のみならず半導体でも主要な企業の一つに飛躍したのです。

●顧客志向

佐藤氏はエンジニアですが、ロームは顧客志向が強い企業でもあります。同社に訪問したり、電話をかけてみればすぐにわかります。他社にはない丁寧で気持ちの良い対応をされます。

●シャイな経営者

偉大な業績を残した経営者であれば、その結果を誇りたくなるのは当然のことですが、佐藤氏はとてもシャイで、マスコミ対応も皆無です。

しかし、社内では「ケンさん」の愛称で慕われ、若手を誘って飲みに行くことも珍しくありませんでした。社内にマクドナルドがあったり、また、年に一度の社員表彰会はショーのような催しにする等、遊び心のある経営者でした。

ロームの経営基本方針

- 社内一体となって、品質保証活動の徹底化を図り、適正な利潤を確保する。
- 世界をリードする商品をつくるために、あらゆる部門の固有技術を高め、もって企業の発展を期する。
- 健全かつ安定な生活を確保し、豊かな人間性と知性をみがき、もって社会に貢献する。
- 広く有能なる人材を求め、育成し、企業の恒久的な繁栄の礎とする。

9 京セラ 創業者 稲盛和夫氏

稲盛和夫(いなもりかずお)氏は、戦後日本において最も優れた経営者の一人に数えられることでしょう。京セラを世界的な企業に育て上げただけでなく、製造業の枠を超えて、DDI(現KDDI)を創業。2022年8月に永眠された氏は、経営の枠をも超えて、社会にも大きな影響を与えてこられました。

●哲学を語る経営者

会社のホームページに「**哲学**」(経営哲学ではなく)のコーナーがある企業は珍しいでしょう。**稲盛和夫**氏は50冊もの著作があり、その累計出版部数は2000万部を突破。経営書で1冊だけ選択するならば『京セラフィロソフィ』ですが、作家の五木寛之氏(『何のために生きるのか』)、文化人類学者の梅原猛氏(『新しい哲学を語る』)らとの共著も読み応えのあるものです。

●国と戦った経営者

国の独占事業であった通信産業が1985年に自由化された際に参入したDDI(現**KDDI**)は、実質的に稲盛氏が設立した企業です。当時の京セラは今ほどの大企業ではなく(売上高2000億円規模)、通信事業に乗り出すのは無謀と言われました。しかし、稲盛氏は「**動機善なりや、私心なかりしや**」と自問を繰り返し、参入を決断。京セラがKDDIの株式の14・54%(2022年3月時点)を保有しているのは、このような経緯によるものです。**JAL**(日本航空)の再生を主導したのも稲盛氏です。同じように、JALの株式を1・74%(同上)保有しているのは、この経緯によるものです。

ワンポイントコラム

【人間万事塞翁が馬】 稲盛氏は医者になるつもりで受けた医科大学の受験に失敗しています。もし合格していたら京セラは存在していないでしょう。運命は不思議なものですし、また、受験の失敗等たいしたことはないと思えます。

●国を思う経営者―盛和塾と京都賞

稲盛氏は私塾**盛和塾**（せいわじゅく）を主催していました。盛和塾は、京都の経営者たちの依頼で始まったもので、2019年の閉塾時には1万5000人以上の経営者が参加、その中には上場企業の社長も含まれています。

また、稲盛氏は私財200億円を投じ稲盛財団を設立、①**京都賞**、②研究助成、③社会啓発の三つの事業を行っています。驚くことに、これまでに京都賞の受賞者のうち8人が後にノーベル賞を受賞しています。

●根本に立ち返る『実学』

若くして創業した稲盛氏には経営の知識等皆無でしたが、理詰めで本質を突き詰めていきました。「**売上高から経費を引いたものが利益**」「**会計上の利益には意味がない、現金こそ重要**」等です（『**実学**』）。難解な経営学よりも、稲盛氏の著作に立ち返ったほうが有意義だと思うことがしばしばです。

京セラの社是

敬天愛人

常に公明正大　謙虚な心で　仕事にあたり

天を敬い　人を愛し　仕事を愛し

会社を愛し　国を愛する心

10

日本電産 創業者 永守重信氏

壮大な目標、夢を掲げ、親交のあるソフトバンク創業者の孫正義氏、ユニクロ創業者の柳井正氏と併せて「ほらふき三兄弟」と自らを定義。掘立小屋から始まったベンチャーは売上高1兆円を達成、次は10兆円です。

●創業

大学時代にモーターの研究に没頭。卒業後、大手企業に就職。27歳で取締役になるほど出世しましたが、予定していた創業資金2000万円が貯まったこともあり、3人の仲間と独立。独立のときに最も留意したのは「志」だったそうです。

●戦う経営者

永守重信氏ほどエネルギーあふれる経営者を探すことは困難です。1年で365日働く猛烈社長（1月1日だけお参りでお休み）。日本電産社内には多くの絵画が飾られていますが、その多くは、馬、太陽、力強い色（赤、黄色）です。永守氏の机は、常に太陽に向いている必要があります。もちろん、太陽は回転していますので、永守氏の机も回転。そのため、若かりし頃のあだなは「**ひまわり**」。少しでも長く経営者でいるため、煙草も酒もやりません。ただし、「**知的ハードワーク**」となっているように、単に精神性だけを要求する社長では決してなく、最近では働き方改革に取り組んでいます。

●1位以外はびり

「**1位以外はびり**」が口癖で、どんなことでも1位以外は許されません。電車に乗っても座席番号は1。若かりし頃、銭湯に行って、靴箱も一番でなくてはなりませんが、一番にすでに靴が入っているときは、その一番の棚の上に置いたそうです。京都の本社ビル

ワンポイントコラム
【企業の色】 日本電産のコーポレートカラーは緑。永守氏は緑色以外のネクタイをすることはありません。

は、それまで京都で最も背の高いビルであった京セラ本社ビルを1メートル上回る高さです。

●掘立小屋と10兆円

　創業当時の苦しい時代を支えたのは、**オムロン**の創業者**立石一真**（たていしかずま）氏。ベンチャーに資金提供をしていた立石氏が工場を見に来ました。掘立小屋のような工場に落胆されることを覚悟していたところ、「永守さん、立派なもんや、私の創業時はもっとひどかった」と言って資金提供をしてくれたことが勇気となったそうです。掘立小屋から出発した企業が、売上高1兆円の目標を達成。次の目標は10兆円です。

●人の能力に差はない

　永守氏は、「人の才能の差は2、3倍の違いしかないが、やる気、意欲、意識の差は百倍の開きがある」と述べており、才能の差があったとしても、意欲・意識さえあれば超越できると考えています。

日本電産の三つの経営基本理念と三大精神

三つの経営基本理念

①一番にこだわり何事においても世界トップを目指すこと
②世の中でなくてはならぬ製品を生み出すこと
③最大の社会貢献は雇用の創出であること

三大精神

情熱、熱意、執念
知的ハードワーキング
すぐやる、必ずやる、出来るまでやる

column

京都と電子部品

電子部品というと京都というイメージがあります。京都には、村田製作所、京セラ、ローム、日本電産があるためでしょう。ただ、京都は電子部品以外でも成功しており、起業家を生む風土があるのかもしれません。

京都府に本社を置く製造業の会社は非常に多く、**任天堂**はゲーム、**ワコール**は女性用下着、**オムロン**は制御機器、**島津製作所**と**堀場製作所**は計測機器、**GSユアサ**は自動車および産業用電池、**SCREEN**は半導体製造装置、**ユーシン精機**は自動機……等、事業領域はバラバラです。電子部品以外でも成功している企業が多いことがわかります。

かつてのシリコンバレーが半導体関連企業の集積地、秋葉原は家電量販店の集積地、福井は眼鏡の集積地……であるように、同じ事業の会社が集積し切磋琢磨することで、各企業、ひいてはその地域が成功するということがよくあります。

しかし、京都はむしろその逆ではないかと思っています。京都には「**一芸さん**」が尊敬される風土があります。一芸さん、すなわち、何かしらの分野で秀でた人です。逆に言えば、模倣することを嫌う文化があるのです。

たとえば、任天堂が象徴的ではないでしょうか？　16ビット、32ビット、64ビット……とゲームが高性能化を競っているときに、技術面では革新的ではないものの、まったく新しい視点でWiiを発想しました。

また、京都以外の地方の企業、特に関西の企業は本社を東京に移すことも多いのですが、京都企業は決して京都から出ません。天皇陛下も「東京に（一時的に）お出かけあそばされている」という思いでしょう。

このような、人と違うことが評価される文化が、ひいては、個性的で高収益の世界的な企業を産み出したと考えられ、その業種は必ずしも電子部品である必然性はなかったと筆者は考えています。京都企業の強さについては、財部誠一著『京都企業の実力』（実業之日本社）、堀場厚著『京都の企業はなぜ独創的で業績がいいのか』（講談社）、日本経済新聞社編『京阪バレー—日本を変革する新・優良企業たち』（日本経済新聞社）等でも解説されています。

第4章

主な電子部品と技術

スマートフォンで用いられる映像、音声、通信……と、各機能の実現に多くの電子部品が用いられています。そして、これらを支える汎用的な部品も存在します。LCRと呼ばれる受動部品、部品を設置する土台となる基板、基板を接続するコネクタ等です。機能部品から汎用的な部品まで、多くの部品で電子機器は成り立っています。

本章の前半では多種多様な電子部品のうち、産業規模の大きい主要製品に焦点を当て、その機能や性質、用途等を紹介します。また後半では、驚愕の電子部品技術についても、いくつか紹介したいと思います。日本の電子部品はノーベル賞にも貢献しているのです。

How-nual
図解入門
業界研究

コンデンサ

コンデンサは電気を蓄える働きをする電子部品です。その働きで電圧の安定やノイズ対策等、いわば電子機器の血流を整える役割を果たしています。村田製作所をはじめ日系企業が強い電子部品の代表格です。

●コンデンサは電気を蓄える

コンデンサは英語では**Capacitor**と呼ばれ、語源の「容量」からもわかるように電気を蓄えることができる（より正確には直流電流は流れずに蓄える、逆に交流電流は流す）部品です。テレビ、PC、携帯電話、エアコン、冷蔵庫等、あらゆる電子機器を動かすためには、それぞれの回路に応じた電気を供給することが必要です。コンデンサはその特性を応用して、電子回路に電気を適切に供給する役割を果たしています。**コイル**、**抵抗**と並び、**LCR**の要素の一つです。

また電気の供給以外にも、ノイズ対策やフィルタ等の用途にも用いられます。

●電気を供給するとは

電気を供給するとはどういうことか、もう少し説明します。たとえばカメラのフラッシュ等、一時的に大電流が必要になることがあります。この場合、コンデンサに蓄えられた電気を放出することでランプを発光させます。このように蓄えた電気を適切な形で放出し、瞬間的に必要な電気を供給することが、コンデンサによる電気の供給の仕方の一つです。

また**整流**された（電圧等の安定したきれいな）電気を供給させるためにも使用されます。コンセントや電池等から供給される電気は、常に安定したものではなく、変動することもあります。精密な回路では、この電気の変動が誤作動や故障の原因になってしまいま

ワンポイントコラム

【コンデンサの単位】 コンデンサが電気を蓄える能力を静電容量と言い、単位はF（ファラッド）で表します。1Vの電圧をかけたときに1C（クローン）の電荷を蓄えられるコンデンサの静電容量が1Fとなります。

コンデンサの例

● リード

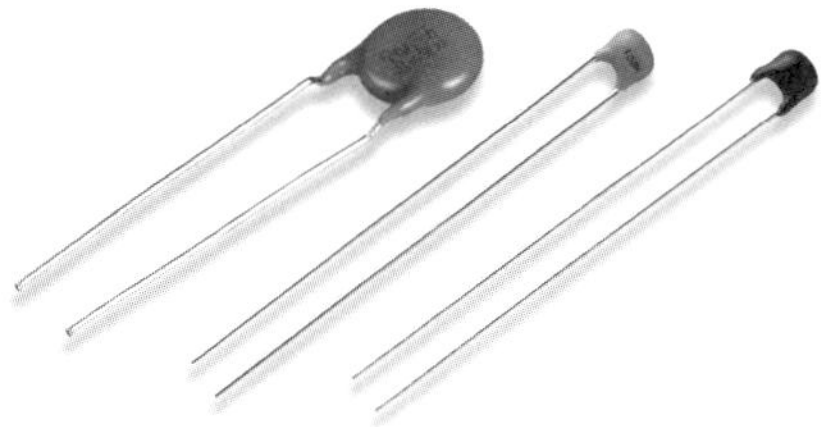

● チップ

出所：村田製作所

コンデンサの模式図

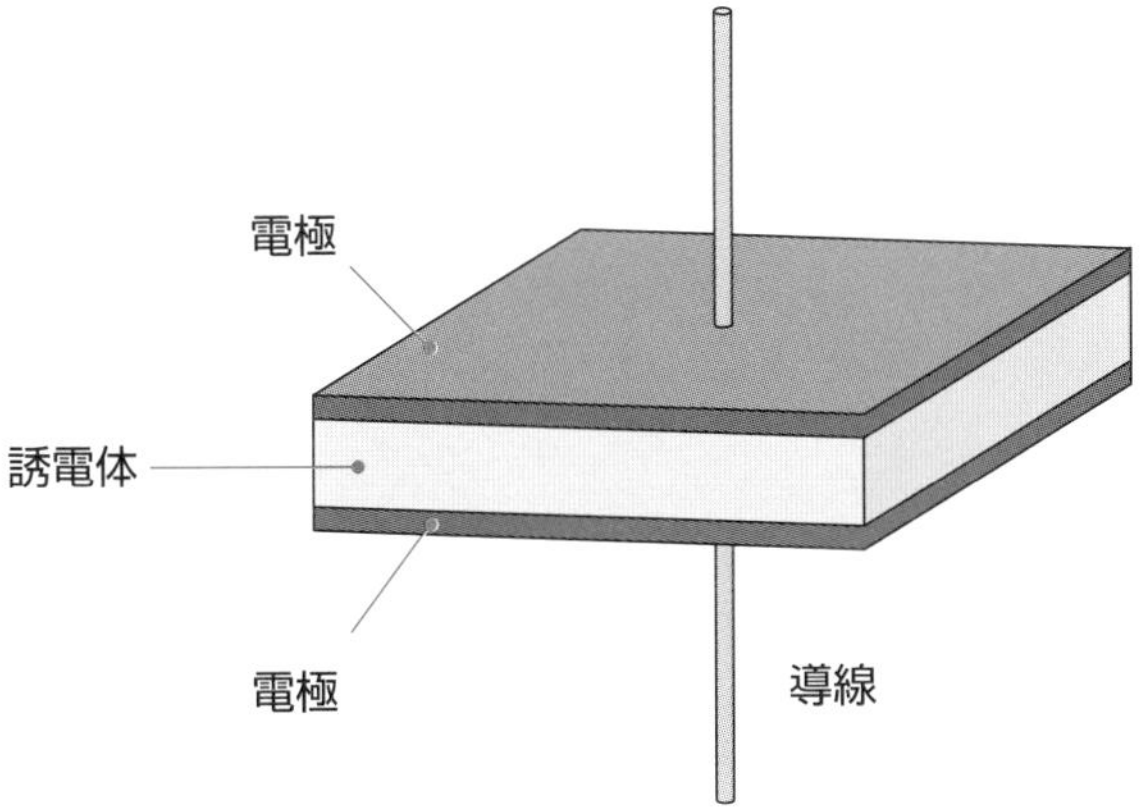

ワンポイントコラム

【コンデンサは血管の役割】　コンデンサは、人間で言えば血管にたとえることができるかもしれません。各部品（細胞）が機能するための電流（血液）を供給する役割です。

す。電源から供給される電気が変動した場合に、コンデンサが電気を充電、放電させることでクッションとして機能し、目的の回路への電気の供給を安定させているのです。電圧、電流の意図せぬ変動に対して、充放電を通じて整流化することが、コンデンサの主要な役割です。

●2枚の金属に電気を蓄える

コンデンサはどのような仕組みで電気を蓄えているのでしょうか。一般的なコンデンサは**絶縁体**を2枚の金属板や金属箔（**電極**と言います）で挟む構造になっています。一面にプラスの電気、もう一面にマイナスの電気がたまることになります。

コンデンサには、**温度特性**、**高周波特性**、そしてもちろん**コスト**等様々な特性が要求されますが、一番重要なのは体積あたりに蓄えられる**電気の容量**で、この技術革新を競っていると言えます。

●用途、目的で使い分け

コンデンサには、いくつかの種類があり、使用される用途、目的に応じて使い分けられます。**積層セラミックコンデンサ***（以下MLCC）は、電気容量は少ないものの、小型、周波数特性の良さ等から、スマートフォン等で主に用いられます。**アルミ電解コンデンサ**は、アルミ箔を巻く形の構造特性上、小さくすることは難しいですが、多くの電気を蓄えることができ、エアコンや自動車等多くの電気を必要とする用途で主に用いられます。**タンタルコンデンサ**は、特性的に両者の中間に位置づけられます。ただし近年は、これら異種コンデンサの事業領域が重なる分野も出てきています。

●MLCCをはじめ大きく成長

コンデンサの市場規模は、2020年に世界で2兆6000億円（産業情報調査会調べ）。そのうちMLCCが最も大きく1兆7000億円、アルミ電解コンデンサが6000億円、タンタルコンデンサが2000億円と推定されます（上記三つ以外のコンデンサもあります）。

スマートフォン等の高機能化を背景にMLCCが

用語解説

＊**積層セラミックコンデンサ**：Multi-Layered Ceramic Capacitorの略称を用いて「MLCC」と呼ばれることが一般的です。4-11節でも解説します。

特に成長をしています。MLCCは携帯電話（いわゆるガラケー）では1台あたり300個前後、現在のスマートフォンの高機能モデルでは1000個近く使用されています。車載用のMLCCでは、1台あたり6000個前後であるものが、近い将来には、10000個まで増える見通しです。5G関連市場が立ち上がったことと、車載の電装化によるコンデンサ需要により需要は増加しています。

●主要企業には日系企業が多い

コンデンサは日系企業が多く、世界をリードしています。MLCCでは世界シェア1位に**村田製作所**、2位は**サムスン電機**（サムスングループ、韓国）、3位に**太陽誘電**となっています。アルミ電解コンデンサでは、**日本ケミコン**、**ニチコン**、**ルビコン**等、タンタルコンデンサでは**ケメット**（米）、**KYOCERA AVX**（米）（京セラのグループ会社）、**パナソニック**等が主要企業となっています。

コンデンサの分類

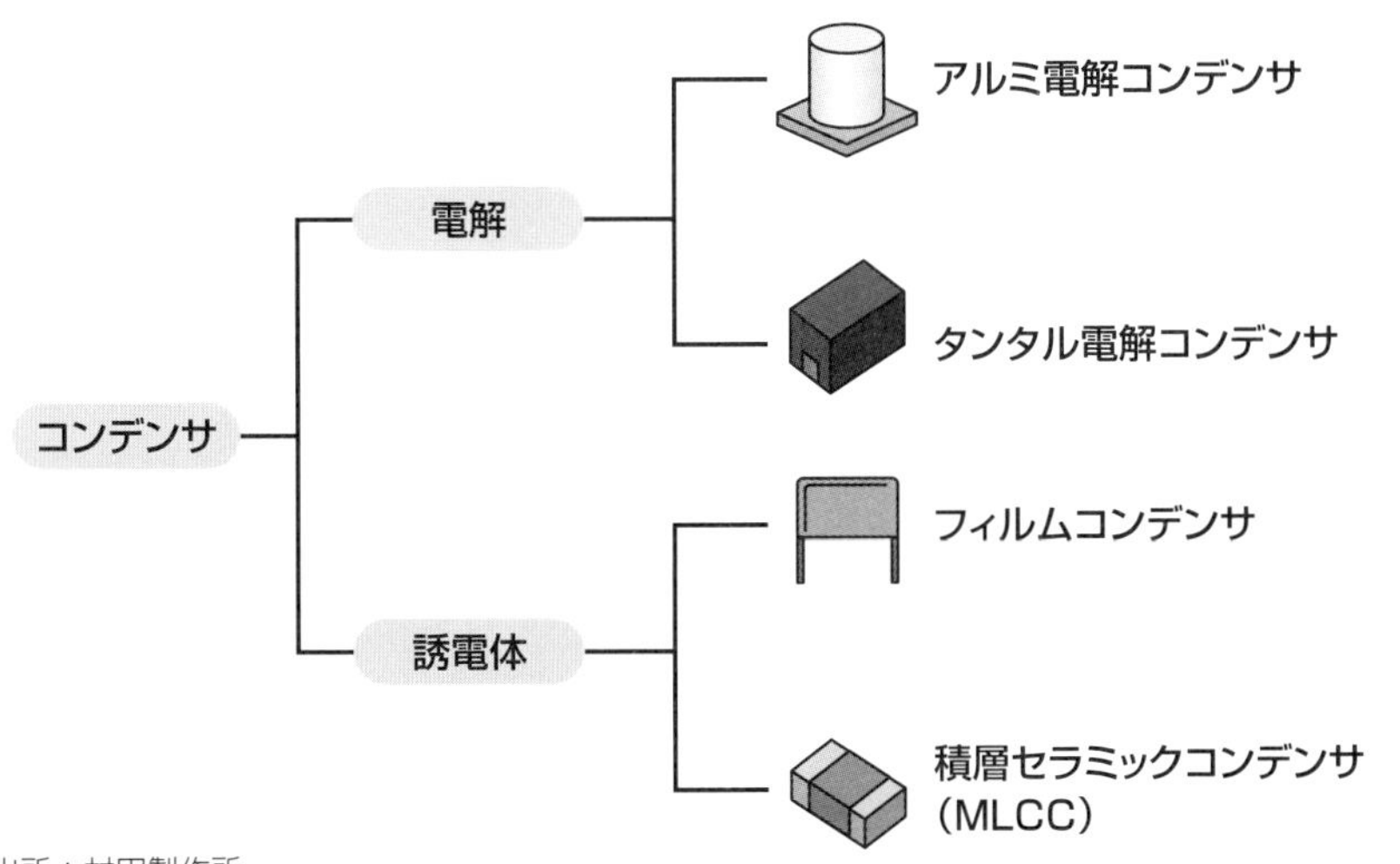

出所：村田製作所

ワンポイントコラム

【原料でも日本企業が強い】 MLCCの原料で最も重要なものの一つはニッケル微粉末です。粒度分布が整ったニッケル微粉末を製造する技術的難易度は極めて高く、JFEミネラル、昭栄化学工業の2社が高いシェアを誇ります。また、誘電体を研磨するジルコニアボールといわれる製品ではニッカトーが世界1位です。

2 コイル

コイルは電線をらせん状に巻いた構造の電子部品です。電気と磁気の橋渡しを行う製品で、電圧の平滑化や交流電圧の変化等、電源、スピーカー、ICカード等多様な製品で活躍しています。

●コイルは電気と磁気を橋渡し

コイルは、針金のような細い金属（**導線**）をらせん状に巻いた構造の電子部品です。巻かれた導線に電流を流すことで磁界が発生し、逆に磁界を加えると電流が流れます。このコイルが電気と磁気を相互に作用させる度合を**インダクタンス**と呼び、インダクタンスを利用した電子部品を**インダクタ**と呼びます。コイルは非常に様々な特性を有しており、使い方を工夫することで多彩な役割を担っています。

●特性を活かして様々な役割

コイルの役割の一つは「**電流を安定させる**」ことです。コイルは回路周辺の磁界や導線に流れる電気が変化した場合に、その変化を妨げる方向に電気が発生するという性質（**レンツの法則**）を持っています。コンデンサ等と組み合わせながら、電流の波をなだらかにするために使用されます。

二つ目は「**電圧を変化させる**」ことです。これはコイルの持つ**相互誘電**作用（二つのコイルを近づけることで片方の電力を他方のコイルに伝える）を利用したものです。二つのコイルの巻き数の比によって、出力側の取り出せる電圧を調整（変圧）できます。ACアダプタ等の電源内で行われているのがこの変圧です。単独で機能するコイルをインダクタ、複数で機能するようにコイルを用いる場合には**トランス**と呼び、区別されることが一般的です。

コイルはその他にもいろいろな働きが可能であり、

コイルの例

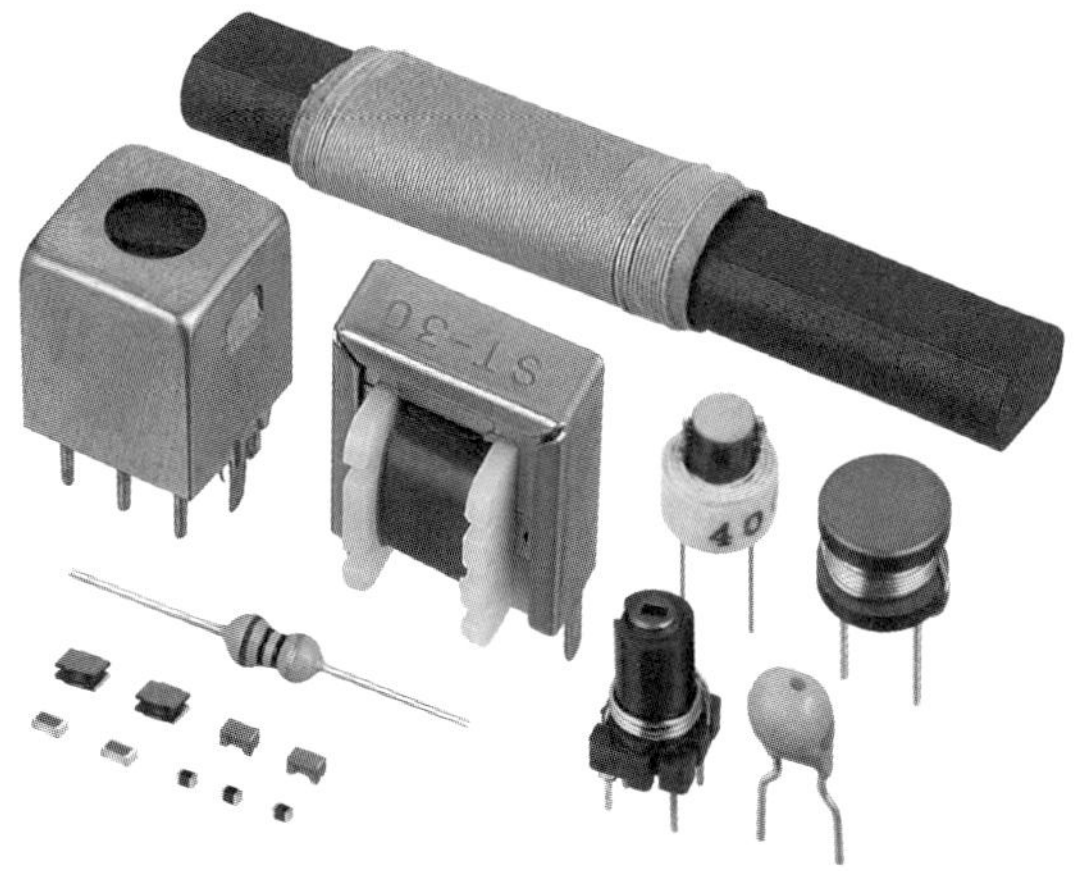

出所：村田製作所

コイルの分類と主な用途

分類	名称	機能	主な用途
コイル（インダクタ）	バーアンテナ	電波を受信する	ラジオ、無線回路
	RFチョークコイル	不要な高周波信号を通さない	ラジオ、無線回路
	同調／共振コイル	特定の周波数の信号を取り出す	無線回路、オーディオ回路
	電源用コイル	電流の安定化、ノイズ除去、昇圧	電源回路
トランス	IFT（中間周波トランス）	中間周波信号を取り出す	ラジオ、無線回路
	オーディオトランス	音声周波信号を変換	オーディオ回路
	電源トランス	電圧を変換	電源回路

出所：SPEEDA

スピーカー、マイク、ICカード等、様々な形で暮らしの中で活躍をしています。

構造、材料で多様な種類

コイルは材料や構造でも多くの種類があり、求められる特性や性能に応じて、使い分けられています。

製造方法としては**巻線**、**積層**、**薄膜**等があります。一般にコイルと呼ばれイメージする巻線は、比較的大きな電流を流す用途でよく用いられます。巻線は小型化が難しいため、電子機器の小型化に対応して積層や薄膜等が考え出されました。積層はフェライト等でできたシートの上に重ねてコイルとなる形で金属材料を印刷し、それを何層にも重ね作られます。薄膜は半導体製造等でも用いられる技術を使い、印刷よりもさらに薄い金属膜でコイルを形成したものになります。一般的に積層は印刷技術を応用しており相対的に安価、薄膜は高性能ですが高価という特徴があります。両者は小型化が容易で、基板上での高密度実装を可能にしています。

通信、自動車で市場は成長見込

コイルの世界市場は、2021年に1兆7836億円となっており、2026年には2兆6364億円まで成長すると見込まれています（産業情報調査会調べ）。スマートフォン等の通信機器や車載での増加が大きな要因です。スマートフォンでは高機能化を支えるために**員数**＊が増加、車載においても**ADAS**＊（**先進運転支援システム**）向け等電装化が進み、成長のけん引役となることが見込まれています。

スミダ、パナソニック等が主要企業

コイル、トランスの主要企業は、**スミダコーポレーション**、**パナソニック**、**太陽誘電**、**TDK**、**タムラ製作所**等です。

用語解説

＊**員数**：員数とは、各製品に搭載される部品毎の数を言います。LCR等の受動部品は1個だけ用いられるということはまずなく、員数が100個や1,000個といった数になります。

電源トランスの仕組み

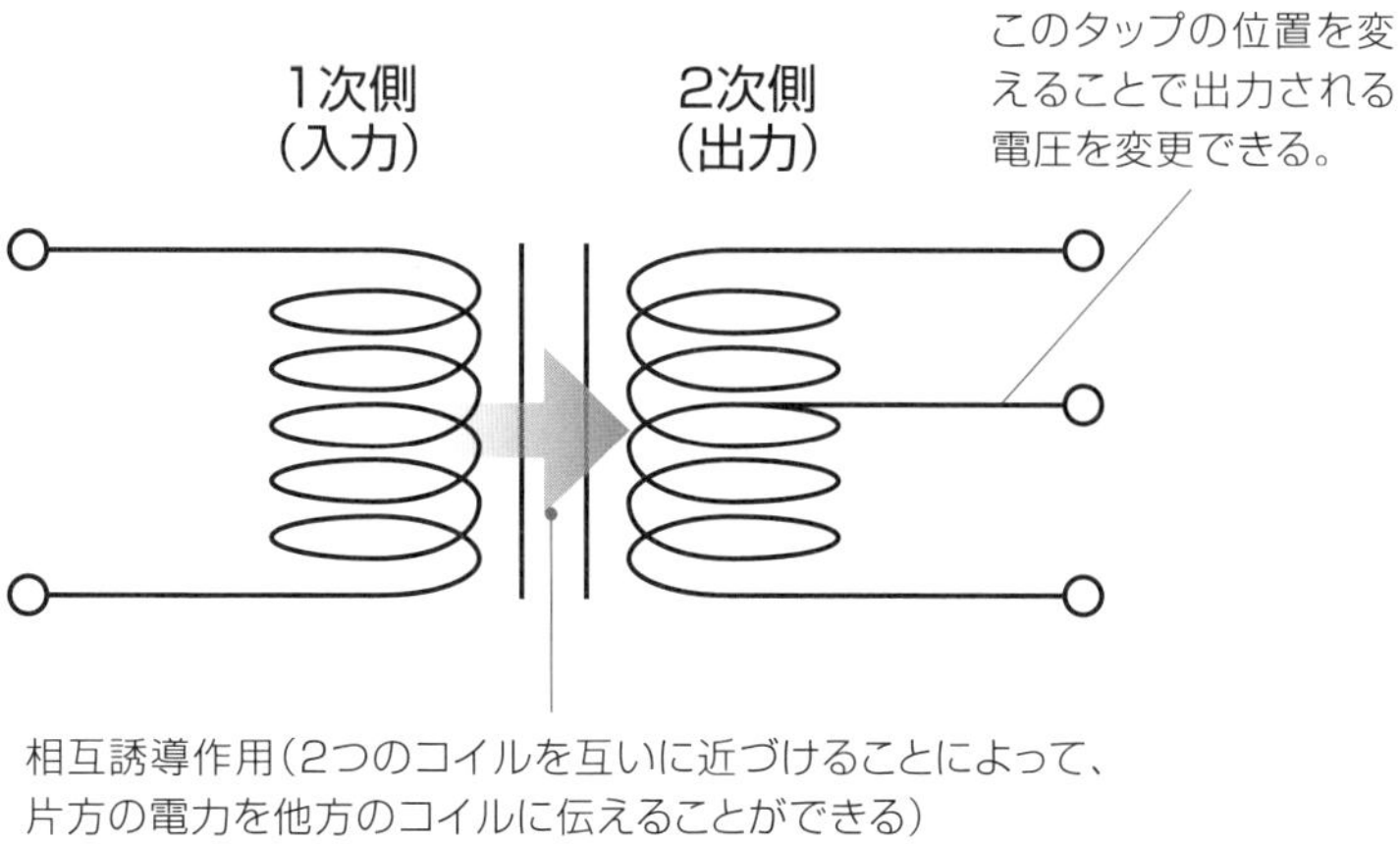

出所：MONOist

インダクタの模式図

● 巻線インダクタ

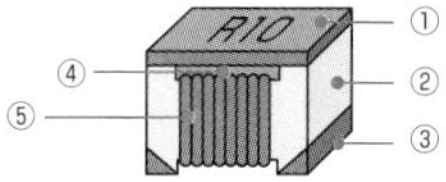

①	フラットトップフィルム	Flat top film
②	セラミックコア	Ceramicore
③	電極	Electrode
④	インナーコート	Inner coating
⑤	マグネットワイヤ	Magnetic wire

● 積層インダクタ

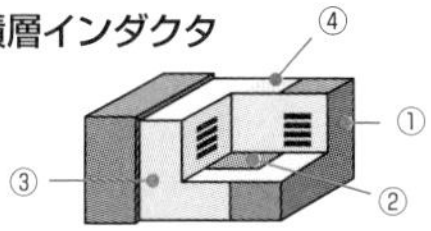

①	外部電極	Electrode
②	内部電極	Inner electrode
③	フェライト	Ferrite
④	方向性マーク	Direction mark

● 薄膜インダクタ

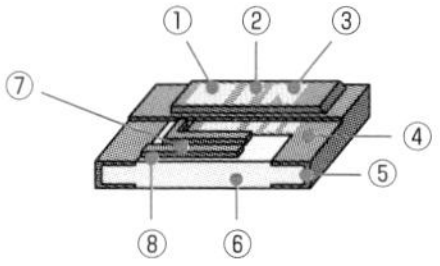

①	方向性マーク	Drection Mark
②	保護膜	Protective coating
③	表示	Marking
④	内部電極	Inner electrode
⑤	外部電極	Electrode
⑥	セラミック	Ceramic subStrate
⑦	コイルパターン	Coil Pattern
⑧	絶縁膜	Insulation film

出所：KOA

用語解説

＊**ADAS**：ADAS(先進運転支援システム)とは、Advanced Driver Assistance Systemsの略で、自動車のドライバーの運転操作を支援するシステムの総称です。5-7節でも解説します。

3 抵抗器

抵抗器とは、電気を流れにくくするための電子部品です。流れる電気の量を制限、調整することで、電子回路を適正に動作させる役割を果たしています。

●電気を流れにくくし、電気を調整

抵抗器とは、電気を流れにくくする、より理想的には、電気を流さないための電子部品です。電気エネルギーを熱エネルギーに変換し、放出していると言うこともできます。

電子回路の設計者は、抵抗（および、コンデンサー、インダクタ等）の配置を工夫することで、電子回路における電流や電圧を所望の値に制御しているのです。

●幅広い分野で使用される

電子回路の基礎部品LCRの一つとして、抵抗器は家電、AV機器、パソコン、通信機器、産業用機器、自動車等、あらゆるもので用いられています。そのため、他の部品と比較すると特定用途への依存度が低く、また、需要変動も小さい部品と言えます。比較的大きな用途はやはりスマートフォンで、1台あたり200個を超える抵抗器が用いられています。

他の電子部品と同様に導線が出ている**リード**、導線はなく面で実装する**チップ**、いずれもありますが、主流はチップ型です。また、抵抗の大きさを変えられない**固定抵抗器**、変えられる**可変抵抗器**が存在しますが、多くは固定抵抗器となっています。技術的には他の電子部品と同様、電子機器の小型化に対応するため、高精度化と小型化が求められています。

ワンポイントコラム

【抵抗の単位】 1Vの電圧をかけたときに1Aの電流が流れる電子部品の抵抗が1Ω（オーム）となります。

材料の配合で機能を調整

抵抗を材料によって分類すると、金属系、炭素系、その他で分類されます。最も多いのは、**メタルグレーズ**と呼ばれる金属やガラスを混ぜて必要な電気の流れやすさに調整をした合金です。各素材に固有の流れやすさ、発熱度合等があり、その抵抗が使われる環境、求められる条件を踏まえて製品を選択することになります。

パナソニック、ローム、KOAが大手

最も一般的なチップ固定抵抗器では、**ビシェイ・インターテクノロジー**（米）、**ヤゲオ**（台湾）、日系企業では**KOA（コーア）**、**ローム**、**パナソニック**等が、可変抵抗器に関しては、日系企業では、**東京コスモス電機**、**アルプスアルパイン**、**帝国通信工業**等が有力企業です。

抵抗の模式図

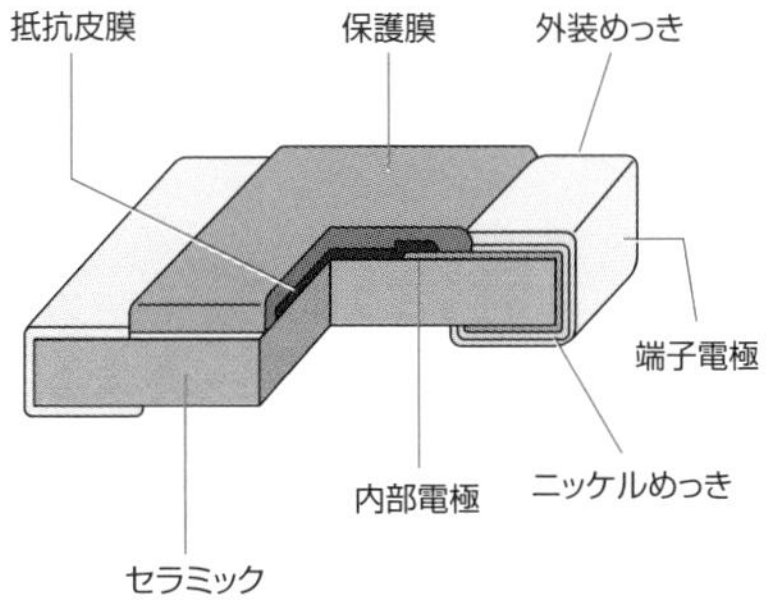

出所：CQ出版『抵抗＆コンデンサ活用ノート』

抵抗の例

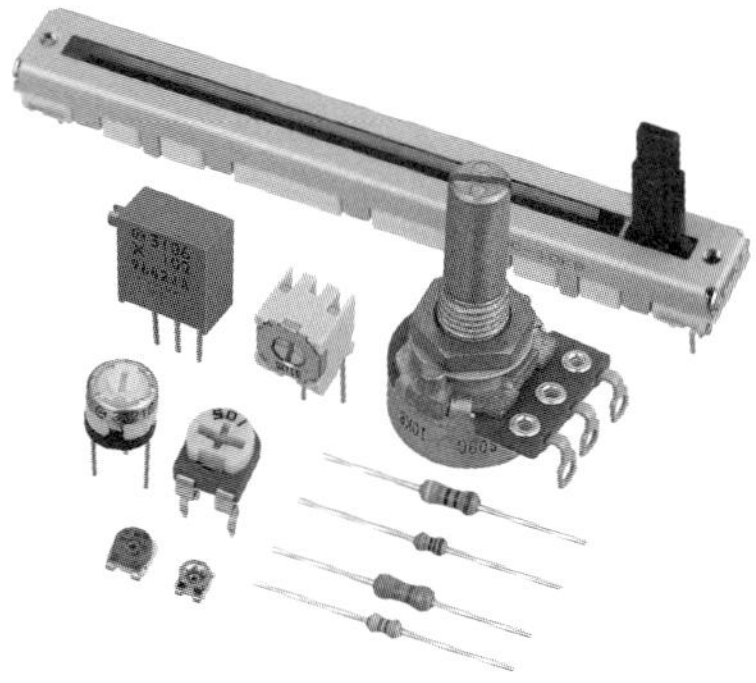

出所：村田製作所

小型モーター

モーターは電力エネルギーを動力エネルギーに変換する装置です。動くものすべてで使われていると言っても過言ではありません。日本電産、ミネベアミツミ、マブチモーター等、日本企業が非常に強い電子部品です。

●動くものすべてで使われる!?

モーターとは、電界と磁界の相互作用を利用して、**電力エネルギー**を**動力エネルギー**に変換する装置です。モーターは、動くものすべてに使用されていると言っても過言ではありません。白物家電の冷蔵庫、洗濯機等、社会インフラでは自動ドア、エレベーター、電車等で広く用いられますし、ハイテク機器ではスマートフォンの振動機能もモーターによるものです。ガソリンで動く自動車でも、ミラーの格納用、ヘッドライトの角度調整、ブレーキ等、多くの機能に使われ、高級車では100個以上のモーターが採用されています。

●モーターの分類は多種多様

モーターの種類は、**直流・交流**、**回転原理**、**制御方法**等多岐にわたります（左表）。分類の一つが制御方法によるもので、モーターの制御を行うブラシと呼ばれる部品の有無により、**ブラシ付モーター**と**ブラシレスモーター**に分類されます。ブラシ付モーターは、安価で実績もあり高い信頼性が特徴ですが、ブラシが摩耗するため耐久性、メンテナンス性に課題があります。ブラシによる機械的な接触部を取り除き、電子回路で制御する方式にしたのがブラシレスモーターです。コスト面ではやや高価なものの、耐久性や放熱性、小型、薄型化といった優れた特性を有しています。

ワンポイントコラム **【モーターと発電機】** モーターとは逆に、動力エネルギーを電力エネルギーに変換することも可能で、こちらは一般に発電機と呼ばれます。

●モーター市場は今後も力強く成長

小型モーターの世界市場は、2018年時点で、約1兆5000億円です（富士経済調べ）。2025年には1兆8600億円へと増加する予測です（同）。これはPC等の需要が減少する一方で、自動車、高級家電等での員数増加や高付加価値化の影響です。長期で見ると、最も期待されるのは、自動車を動かす動力源としてのモーターです。自動車の電動化により、自動車の動力源が現在の内燃機関（エンジン）からモーターに代わることが期待されています。

●日系メーカーが非常に強い

国内では専業メーカーが中心であり、各社とも特定分野で高いシェアを獲得しています。ブラシ付モーターでは、**マブチモーター**、**ジョンソン・エレクトリック・ホールディングス**（中国）、ブラシレスモーターでは、**日本電産**、**ミネベアミツミ**、**アメテック**（米国）等が主要企業となっています。

モーターの例

出所：日本電産

モーターの分類と主な用途

大分類	中分類	主な用途
DC(直流モーター)	ブラシ付モーター	自動車関連、携帯電話・プリンターなど事務・情報関連、CD・DVDなどの音響・映像関連
	ブラシレスDCモーター	HDD、DVD-ROM/RAMなど事務・情報関連
	ステッピングモーター	DVD-ROM/RAM、プリンター・MFPなど事務・情報関連、音響・映像関連
AC(交流モーター)	誘導モーター	扇風機、換気扇、エアコン、冷蔵庫 等
	同期モーター	

出所：SPEEDA

ワンポイントコラム

【モーターの電力消費】 世界の電力消費量の半分近くはモーターで消費されているといわれ、モーターの効率化はエネルギー問題にも非常に重要なテーマとなっています。

5 プリント基板

プリント基板は、基板上に電子部品を配置、配線し動作させるキャンバスの役割を果たします。海外メーカーも台頭していますが、日系メーカーは高付加価値品で高いシェアを有しています。

●プリント基板上に電子部品を配置

プリント基板とは、コンデンサ、抵抗等の電子部品を、設計した**回路図**に基づいて配置、配線するためのキャンバスの役割を果たす電子部品です。プリント基板自体は、特定の役割を担う製品というよりは、電子回路が意図した通りに動作をするように電子部品同士を繋いだり、逆に干渉しないようにしたり、部品の配置と固定を行うために用いられるものです。

●多層構造やフィルム状等の形態も

回路の**配線**を行う面は当初片面だけでしたが、電子機器の高度化に対応して、両面、さらには**多層基板**（配線した基板と絶縁体を交互に重ねたもの）へと進化をしていきました。高機能サーバー、スーパーコンピューター等のハイエンド用途では、50層を超えるものも存在します。

プリント配線板は、折り曲げられるかどうかで**リジット基板**と**フレキシブル基板**に分類されます。前者は**ガラスエポキシ樹脂**等でできた固い板状の基板で、後者は**ポリイミド**等の柔らかい素材でできたフィルム状の基板です。これらの基板に銅等で回路パターンを形成します。

●市場は拡大、海外への移転進む

2020年のプリント配線板の世界市場規模は639億8千万米ドルです（株式会社グローバルインフォメーション調べ）。世界の電子機器や自動車の生

ワンポイントコラム

【プリント基板の色】 プリント基板の色は、基材の上に塗布されるソルダーレジストの色で、緑色が一般的です。しかし、ある米国の顧客は黒色を要請しました。これは、同社の創業者のこだわり（内部の色までこだわる）とも、黒いレジストにして配線を見えなくするためとも言われます。

産が伸びることにより、プリント基板も伸長が見込まれます。日本国内でのプリント基板生産は、2010年7251億円から2016年4593億円に減少傾向が続いていましたが、2021年には、6482億円まで回復しています（経済産業省生産動態統計）。

プリント基板はメーカー要求に合わせて開発、設計されるため、原則として**受注生産***です。近年、PCや家電等の生産は、メーカーの**海外生産シフト**や台湾のEMS等の活用が進み、同時にプリント基板の調達も海外に移転、その結果、日本国内での生産が減少していましたが、近年の5GやEV需要を背景にニーズが高まっています。

●日系メーカーは高付加価値に注力

日系メーカーは高い安全性や技術力が要求される分野では依然高いシェアを有しており、リジットプリント配線板では、**イビデン**、**メイコー**、**日本シイエムケイ**等が、フレキシブルプリント配線板では、**日本メクトロン**（**NOK**グループ）、**フジクラ**、**住友電工**等が主要企業となっています。

プリント基板の例（リジット、フレキシブル、混合）

●リジット基盤

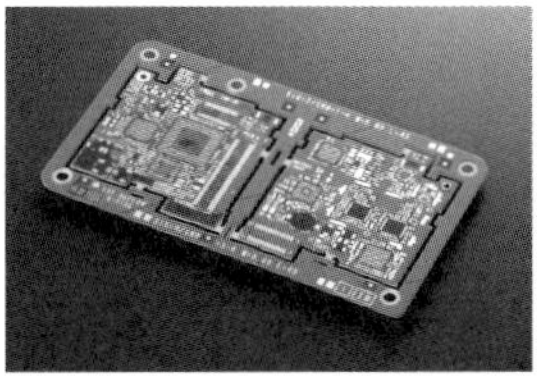

●フレキシブル基盤

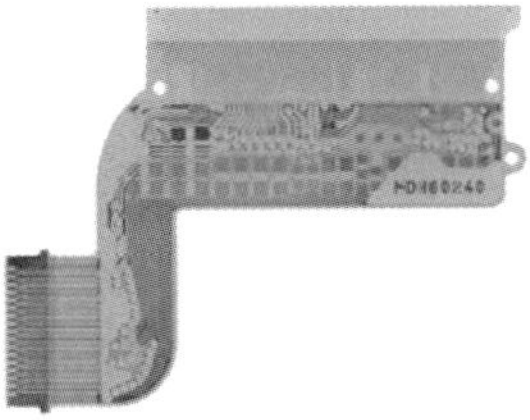

●混合基盤

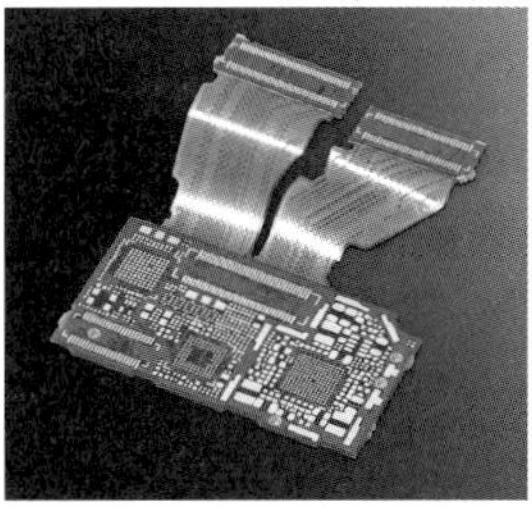

出所：イビデン

用語解説

＊**受注生産**：受注生産とは、顧客から注文を受けてから生産、出荷する生産方法を言います。プリント配線板はメーカーの要求に合わせて開発・設計されるため、あらかじめ在庫として保有することができず、受注生産になります。

6 水晶部品

水晶は、力を加えると表面に電気が発生する、逆に電気を加えると歪みが生じる性質を有しています。この性質を元に高精度の安定した周波数が得られるため、幅広い産業で基準信号等に利用されています。

●水晶の神秘（圧電、逆圧電）

アクセサリーのイメージが強い**水晶***ですが、電子機器の世界でも様々かつ重要な役割を果たしています。水晶の持つ、圧力を加えると電荷を発生させる**圧電現象**、逆に、電圧をかけると一定のリズムで振動するという**逆圧電現象**という性質を利用したもの等です。圧電、逆圧電自体は他の物質でも発生する現象ですが、水晶はその精度が極めて高いため、幅広い産業で用いられています。

●電気信号の調律を担う

水晶部品の担う役割の一つは、電子機器の**基準信号**を作り出すメトロノームのような役割です。電子機器には様々な役割を担う電子回路が含まれていますが、これらの作動のタイミングが正しくなければ目的の動作はできません。その指示を行うための基準となる信号を作り出しているのが水晶部品です。

また、**周波数**を安定、維持する役割も果たしています。水晶部品は一定の周波数を正確に維持するため、基準として用いることで正確な周波数での送受信が可能となるのです。

主な製品としては、**水晶振動子**、**水晶発振器**（水晶振動子に発振回路を付加したもの）、**TCXO**（温度が変わっても正しく動作するための電子回路が付加されたもの）があります。振動子は民生用途を中心に幅広い産業で用いられています。一方、TCXOは、ドローン向けGPS等新しい用途も増えつつあるもの

用語解説

＊**水晶**：水晶はケイ素（Si）と酸素（O）からなる石英の単結晶（SiO_2）です。

の、スマートフォンへの依存度が高い製品です。

●世界市場は20億6000万米ドル

水晶部品の世界市場は、2020年に約20億6000万米ドルとなっています（モードーインテリジェンス社調べ）。経済産業省の生産動態統計によれば、水晶振動子（時計用を除く）の国内生産金額は、2010年の668億円から2016年には435億円と大きく減少したものの、2021年には610億円まで回復しています。プリント基板等と同様に、**海外生産シフト**により、減少していたものの、スマホの普及や自動車の高機能化で回復傾向にあると考えられます。

●主要企業の動向

水晶部品の主要企業は、**日本電波工業**、**エプソン**、**京セラ**、**大真空**、**リバーエレテック**、**TXC**（台湾）等です。かつては、日本企業が世界の7割のシェアを誇っていましたが、新興企業との競争は厳しくなっており、直近では、5割を下回っています。各社、自動車向けの強化、**モジュール化**（他の部品との組み合わせ）や、**パッケージレス**（最も高価な部材であるセラミック・パッケージを使用しない構造の開発）等、競争力改善に取り組んでいます。

水晶部品の例

●水晶振動子

●TCXO

出所：京セラ

【水晶の他の用途】　水晶の用途は幅広く、本文で説明した用途以外でも、複屈折性と呼ばれる光線を分けたり光の進行方向を変えたりする性質を利用し、CDやDVD等からデータを読み取る光ピックアップ等にも用いられています。シリコンを用いたMEMS発振器等も市場に投入されています。

7 高周波フィルタ

高周波フィルタは、特定の周波数の選択を行うフィルタのうち、通信用途等の高周波帯で用いられるものを言います。通信機器の電波品質を左右する重要な部品で、近年使用量が大きく増加しています。

●特定の周波数を抜き出すフィルタ

フィルタは、電波等を受信する際に、特定の領域の周波数を受信しないように制限したり、逆に特定の周波数領域のみを取り出したりと、周波数の選択を行うために用いられます。特に通信用途向けの高周波帯で用いられるものが**高周波フィルタ**と呼ばれています。携帯電話、スマートフォン等に搭載され、電波の入り具合や通話の品質、電池の持ち具合まで左右する非常に重要な部品です。**マルチバンド化**が進み、1台あたりの使用数量は大きく増加しており、最新のスマートフォンでは周波数帯別に50個近い高周波フィルタが搭載されています。

●携帯電話、スマホの進歩に貢献

高周波フィルタのうち、最も広く用いられているのは**SAWフィルタ**です。SAWフィルタは、圧電体でできた基板表面に、電波を受信し振動するためのくし型の電極、その振動による表面波（SAW：Surface Acoustic Wave、弾性表面波）を検出し電気信号として取り出すもう一つのくし型の電極で構成されます（左図）。SAWフィルタは半導体産業で用いられる微細化技術を利用することで、加工精度と小型、薄型化の両立を実現、通信デバイスの小型化、高性能化に大きく貢献しました。

また、通信に用いられる周波数の高周波化、使用する周波数帯の近接化が進むに従い、混線を防ぐシャー

用語解説

＊**BAWフィルタ**：BAWはBulk Acoustic Waveの略です。弾性表面波を利用するSAWフィルタに対し、バルク弾性波と呼ぶ圧電膜自体の共振振動を利用するフィルタを言います。バンド近接化や高周波対応に優れていることが特徴です。

プなフィルタリング特性がより求められるようになっています。そのため、**BAWフィルタ***、**FBARフィルタ***等の新しい技術も提案されています。これらはシリコン基板の上に圧電膜、電極膜を形成し薄く削ったものを用いるもので、より高周波化が進む領域では特性上有利なため、使い分けられています。ただし、SAWフィルタの技術開発も進んでおり、各方式間の競争はより激しくなっています。

●日系メーカーが特に強い

高周波フィルタの世界での市場規模は、2020年に45億6000万米ドルになったと推定されます（グローバルインフォメーション社調べ）。また、日本企業の高周波部品の世界生産金額は、2021年度で3344億円となっています（JEITA調べ、フィルタのみでなくモジュール、その他の高周波部品を含む数値）。**村田製作所**、**コルボ**（米）、**太陽誘電**等が大手メーカーです。トップシェアの村田製作所はSAWに特化している一方、太陽誘電はSAWとBAW／FBARの両タイプを手掛けています。

SAWフィルタのメカニズム

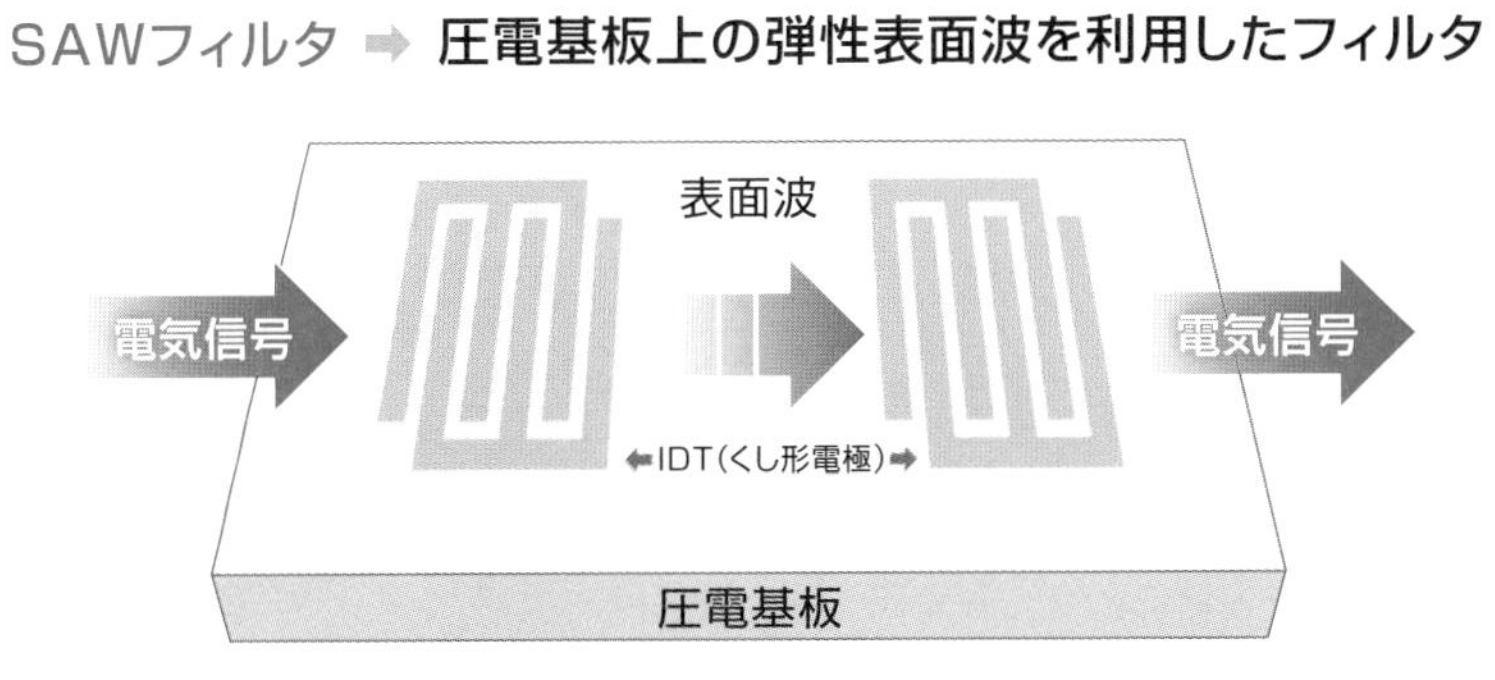

出所：村田製作所

用語解説

＊ **FBARフィルタ**：FBAR（エフバー）とは、Film Bulk Acoustic Resonatorの略です。共振器の下部に空洞を設けることで，圧電膜を自由に振動させる構造となっています。MEMS技術を用いて製造されます。BAWフィルタと同様に、バンド近接化や高周波対応に優れています。

8 パッケージ

パッケージは、①半導体集積回路、水晶部品、フィルタ等の電子部品と、外部の回路との電気的接続、②同じく、外部環境からの保護等を担う部品です。

●パッケージの機能

パッケージの中でも市場規模の大きい**半導体パッケージ**を例にとって説明します。その製品名が示すように、半導体を**保護**する機能もありますが、より重要なのは、半導体と他の部品とを**接続**する機能です。

最先端の半導体では数十億個もの素子が埋め込まれており、それら膨大な数の素子が処理した結果（信号）を外に取り出し、他の回路に伝えなくてはなりません。その信号を遅延なく、また間違いなく外部に伝達する機能をパッケージは担っています。

逆に、膨大な数の素子が動作するための電気を外部から**供給する**必要もあります。半導体の要請に応じた電気の供給もパッケージの重要な機能です。

●技術の変化

半導体と外部の回路の接続には、**リードフレーム**と呼ばれる部品を使うことが一般的です。半導体（の表面に形成された電極）とリードフレームを金属の線で一つひとつ接続するもので、この手法を**ワイヤー・ボンディング**（ワイヤー＝線で、ボンディング＝接続する）と言います。

しかしながら、リードフレームでは対応しきれない高度な半導体では、パッケージ技術が採用されています。

パッケージは、左図に示すように、構造、素材、配線設計等様々な新技術が継続的に開発されてきましたが、半導体の高度化はますます進むことが予想され

用語解説

＊**FOWLP**：FOWLP（ファン・アウト・ウエハー・レベル・パッケージ）とは、チップ端子から配線を引き出す再配線層をウェハプロセスによって形成することで、パッケージ基板の機能を代替する製造技術を言います。

るため、今後も技術革新が期待されます。最近では、**FOWLP***等、これまでの概念とは違ったアイデアのパッケージング技術も注目されています。

●主要企業

パッケージは様々な分類が可能ですが、一つは素材による分類で、**プラスティック・パッケージ**と**セラミック・パッケージ**があります。先進半導体向けで多く使用されるパッケージの世界市場規模は、2019年で290億米ドルと推定されます（ヨール社調べ）。プラスティック・パッケージでは、日本の2社、**イビデン**と**新光電気工業**が技術的にも規模的にも他社を圧倒しています。他には、**サムスン電機**（韓国）等が手掛けています。

一方、水晶部品や高周波フィルタ（4-7節参照）等にもパッケージは使用されており、これらの製品では電気的な接続よりも気密性が求められ、セラミック・パッケージが使用されています。セラミック・パッケージでは**京セラ**が高いシェアを誇り、**日本特殊陶業**、**日本ガイシ**が二番手につけています。

ワイヤー・ボンディング、フリップチップパッケージの模式図

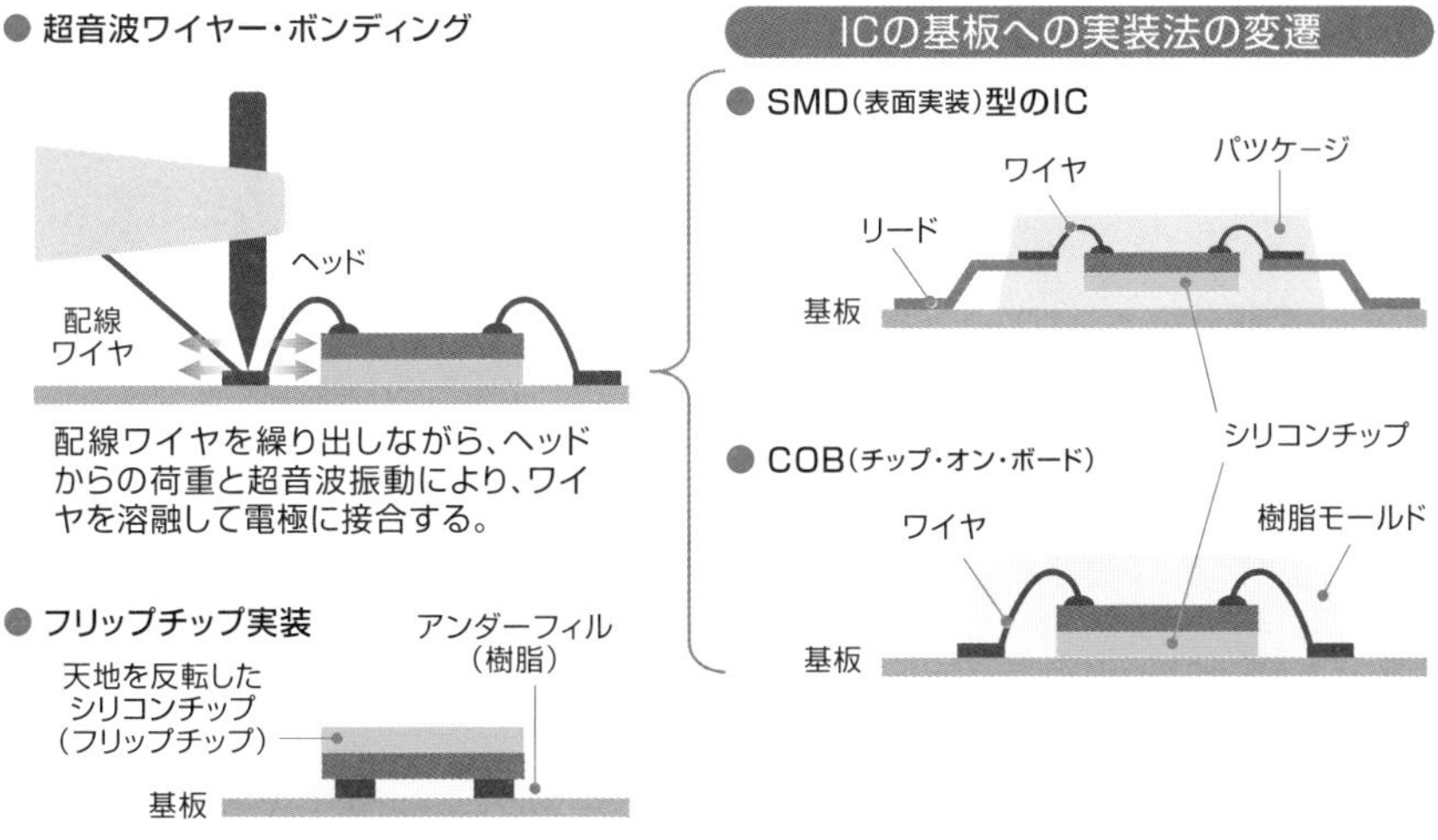

出所：TDK

ワンポイントコラム

【使用環境による使い分け】 パッケージの形状は用途によって使い分けられます。送配電や産業用機械向け等で用いられる高電流、高電圧下で使われるパッケージとしては高耐圧、高温への対応のため比較的大きい挿入実装型のパッケージが主力で使われています。

9 コネクタ

コネクタは、電子機器同士を電気的に接続させるための部品を言います。コネクタを用いることで、設計の自由度や歩留りの向上が可能となります。高い信頼性、安定性が求められる重要部品です。

●機器や基板を繋ぐコネクタ

コネクタはその名の通り、電子機器や基板同士を電気的に接続させるための部品を言います。USB等に代表される外部機器同士を接続するものと、携帯電話や自動車の内部で機器や基板同士を接続するものの、大きく二つに分けられます。前者はその性質上、規格化されていますが、後者は規格化されているものと特注品とが存在します。

用途別ではコンピュータ、家電・AV、通信等の電子機器が需要の6割と大きいものの、自動車向けも拡大、FA・計測等の一般産業用途も含めて産業の裾野が広い製品です。

●自由な設計や歩留りに貢献

コネクタを用いる意義は、「**設計の自由度の向上**」と「**歩留りの向上**」です。仮にコネクタを用いず、すべての機能を実装する場合には、大きな基板にすべての部品を配置しなければなりません。制約も大きくなり、自由なデザインや小型化の阻害にもなります。各機器、基板をコネクタで接続することで、機器、基板単位での作り込みや外注も可能となりますし、また製造過程で不良が発生した場合にも、該当箇所のみ取り替えられ、損失を限定できます。以上のように、コネクタは故障、拡張、生産性等の観点で重要な機能を担っています。

このような重要な機能を持つコネクタ自身には、確

ワンポイントコラム

【コネクタ不要論？】 無線通信が一般社会に普及し始めた頃、コネクタへの需要が減少するとも言われました。無線通信の普及により、有線（コネクタ）での接続が減る、との見立てです。たしかに、ある面では間違ってはいないものの（たとえば、メモリーカードコネクタをなくす）、全体としてはむしろコネクタ需要を拡大させました。

かな接続を維持し続けるための信頼性・安定性・耐振動性等が求められます。

●コネクタでは欧米企業が存在感

コネクタの市場規模は、2020年に世界で約6・5兆円です（産業情報調査会調べ）。世界のコネクタ需要は中長期的に堅調な拡大が続き、2026年には9・5兆円強の市場規模に達すると予測されています（同）。

コネクタ市場は**TEコネクティビティ**（スイス）、**アンフェノール**（米）、**モレックス**（米）等がグローバル供給体制を作り上げたことで、電子部品市場では珍しく、欧米企業が存在感を発揮する市場となっています。日系メーカーは高付加価値領域を中心に事業を展開しており、**ヒロセ電機**、**日本航空電子工業**、**山一電機**、**ミネベアミツミ**、**I-PEX**、**イリソ電子工業**等が主要企業です。

コネクタの例（Micro USB、同軸、FPC実装用その他）

●USB2.0対応 Microコネクタ

●同軸コネクタ

●FPCコネクタ

出所：日本航空電子工業

10 MEMS

MEMSは、微細な電気機械システムの総称です。様々な用途への展開が期待されるMEMS技術は、電子部品に携わる方にとっても非常に重要な技術と言えます。

●MEMSは微細な機械加工部品

MEMS（メムスと読みます）とは、Micro Electro Mechanical Systemの略で、機械加工技術を用いてマイクロメートル単位で加工された、何かしらの可動部を持った電気機械システムを言います。

「電気機械システム」と言ってもイメージがわかないかもしれません。MEMSに厳密な定義はなく、超小型の「機械」であればMEMSです。たとえば、顕微鏡で見ないとわからないような超小型のヘリコプター模型もMEMSと言え、次項のようにその用途は多岐にわたります。

●MEMSの用途は多岐にわたる

技術応用が期待されるMEMS技術ですが、すでに産業として確立している三つの代表例を紹介します。

一つ目は、**インクジェット・プリンター**です。インクジェット・プリンターは、わずか数十㎛（1マイクロメートルは100万分の1メートル）の間隔で、1〜2ピコリットル（1ピコリットルは1兆分の1リットル）程度の極めて少量のインクを吐出することで印刷をしています。たとえるなら、飛んでいるジェット機から、地上にピンポン球をセンチメートルの精度で並べていくのと同定度の精度です。それを可能にしているのが、MEMS技術で作られた、超高精度のインク排出を可能にする**印刷ヘッド**なのです。

ワンポイントコラム

【微小だからこそ高性能】 MEMSは小型化や省エネ化のみならず、センサー部分が微小だからこそ高感度、高精度が可能となります。たとえば、スマートフォンに搭載される気圧センサーでは、そのスマートフォンの位置が数十センチメートル単位でわかるようになっています。

二つ目が、**プロジェクター**です。プロジェクターにはいくつかの方式がありますが、その一つは、敷き詰められた極小（μm単位）の多数の鏡を独立して高速で動かし、光源からの光のオン／オフや反射時間を変化させ、全体として画像を表現しています。数百万個の鏡をMEMS技術で駆動しており、**デジタルミラー**と呼ばれています。

三つ目は、**携帯電話**です。4-7節で述べた**高周波フィルタ**も、実はMEMS技術の応用の一つです。

将来的には、多様な分野への技術応用が期待されます。たとえば、**センサー**と**アクチュエーター**です。前者に関しては、加速度、気体の流量、気圧等を既存技術よりも高精度で検知する性能を実現できる可能性があり、自動車の自動運転、ファクトリーオートメーション、スマートフォン等への応用が期待されます。また、後者については、スマートフォン用カメラデバイスの焦点調整等が期待されます。

●成長市場に様々な業種の企業

MEMS市場は、2020年で121億米ドル程度、2026年には182億米ドル規模に達すると予測されています（ヨールデベロップメント調べ）。

MEMS業界の世界トップは自動車部品大手**ボッシュ**（独）で、主に自動車および民生用MEMSを手掛けています。2位は高周波フィルタを手掛ける半導体大手**ブロードコム**（米）、3位はスマートフォン用の周波数部品の大手**コルボ**（米）です。

日系企業でも**TDK**、**パナソニック**、**キヤノン**のほか、**村田製作所**、**旭化成エレクトロニクス**、**エプソン**等の電子部品メーカーもMEMSに大きな期待をかけ、経営資源を投下しています。

11

MLCC

電子部品の製造技術①

MLCCは、米粒ほどの大きさの電子部品ですが、その中には最先端技術――特に、素材技術（微粒子成形）と加工技術（積層技術、精密塗工技術）――が詰め込まれています。

●構造

MLCCは、左図のように**誘電体**層と**電極**層が交互に積層された構造となっています。コンデンサに要請される性能は、温度特性、高周波特性等多種ですが、最も重要なのは単位体積あたりにためられる電気容量で、MLCCでは以下の式で表されます。

C（電気容量）＝ε_0（真空の誘電率）×ε_r（誘電体材料の比誘電率）÷d（誘電体の厚み）×N（積層数）

すなわち、容量Cを増やすためには、以下が必要になります。

①ε_r＝比誘電率の高い素材の開発

誘電率とは「**電気のためやすさ**」で、素材によってその値は異なります。村田製作所の飛躍のきっかけの一つは、驚異的な誘電率を示した**チタン酸バリウム**との出会いでしたが、今もなお高誘電率素材の探求が続いています。

②d＝誘電体の厚みを薄くする

意外に思われるかもしれませんが、誘電体層は薄いほど多くの電気を蓄えることができます。誘電体の厚みは、技術競争の一つの焦点になっています。

③N＝積層する数を増やす

層数が多いほど電気容量が増えるという単純なことですが、技術的には簡単でないことを後述します。

これらは、①は**素材技術**、②は**微粒子成形技術**と**精密塗工技術**（加工技術）、③は**積層技術**（加工技術）と（積層しやすい）**素材開発**の二つと言い換えることもできます。

ワンポイントコラム

【さらに小型のコンデンサ】　0603のMLCCでも砂粒のようで、顕微鏡を使わないと見えないほどですが、さらに小型な0402（0.4 mm×0.2mm）、0201（0.25 mm×0.125mm）も発売されています。「砂粒」に数百層積層する技術には驚かされるばかりです。

積層技術

スマートフォン等では、米粒よりも小さい「0603」サイズのMLCCが多数使用されています。「0603」は縦横0・6㎜×0・3㎜で、厚みは0・3㎜しかありませんが、その中には300層、400層もの電極層および誘電体層が積層されています。すなわち、一層の厚みは1㎛（0・001㎜）程度しか許されないことになります。1㎛の厚さに物質を均一に塗ることの技術的困難さは想像いただけると思います。わずかにでも凸凹していると、その上に積層する際の歩留まりに影響を与えます。

微粒子成形技術

層の厚みが1㎛として、その中には5～10個の**粒**が集まり層になっているので、粒子1つの直径は0・1～0・2㎛ということになります。一個一個の粒の大きさが均一で（大きな直径のもの、小さな直径のものが混在していると凸凹になりやすい）、粒が凝集していない（物質は一般に微粒子になると集まって固まる＝凝集しやすい）、といった特性の素材が重要です。0・1μ～0・2㎛クラスの微粒子を均一かつ大量に作ることの困難さも想像いただけると思います。

精密塗工技術

精密塗工技術は加工技術でもあり、塗工しやすい素材の開発という素材技術でもあります。材料を1㎛の薄さに均等に塗布することは決して簡単なことではなく、技術開発競争が行われています。

MLCCの構造図

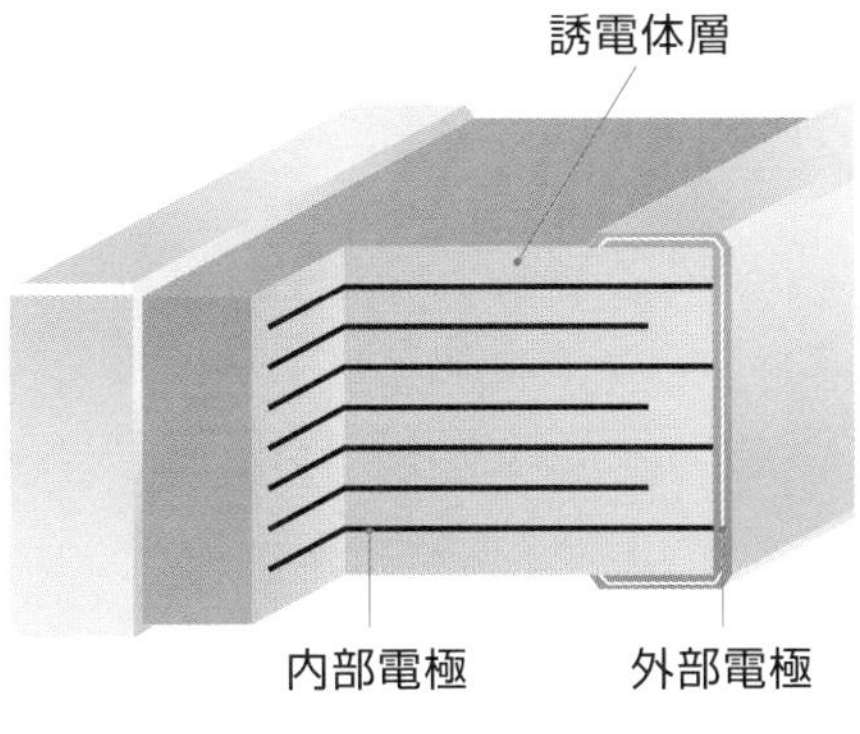

ワンポイントコラム

【ツームストーン現象】 コンデンサがこれほど小型になると、その取り扱いも難しくなっていきます。たとえば、実装したチップが立ち上がってしまい、墓石のように見えるツームストーン現象等です。実装技術として、基板設計時のはんだ付け部分の寸法、形状の工夫、はんだペースト印刷の精度、搭載精度向上等が求められます。

12

大容量記憶技術

電子部品の製造技術②

読者の皆さんも世界のデータ量の増大を実感されていることでしょう。会社では膨大なデータ処理、美しいパワーポイント資料、私生活ではSNSや大量の写真。膨張する世界のデータの記憶に貢献しているのが、磁気ヘッド技術とモーター技術です。

●驚異的な記憶量

グーグルの設立目的が、「世界中の情報を整理し、世界中の人々が使えるようにすること」であったことはよく知られています。その実現のためには、容易に想像されるように、膨大な記憶容量が必要です。たとえば、地図情報サービスのグーグルマップ一つとっても、世界中のありとあらゆる場所を記録しなくてはならず、かつ常に更新されています。また、世界中の人がソーシャルメディア、いわゆるSNSに無数の投稿をし、企業は膨大な情報を日々蓄積しています。

調査会社IDCは、世界全体で生成、取得、複製されるデータ量を総量化したものを「Global Data Sphere」と呼称し、その総量は2020年で64.2ZB（ゼタバイト。ゼタは10の21乗）に相当し、2025年には180ZB（年間成長率23％）になると予想しています。ここで単位を整理しておくと、メガ（M）の1000倍＝G（ギガ）、ギガの1000倍＝テラ（T）、テラの1000倍＝ペタ（P）、ペタの1000倍＝エクサ（E）、エクサの1000倍＝ゼタ（Z）です。

この膨大な記録は、主に三つの種類の記憶媒体で記録されています。**半導体**、**HDD**、**磁気テープ**＊です。

半導体は小型、軽量であることが魅力ですが、容量は少なく、価格が高いのが難点です。そのため、スマートフォン等小型軽量が求められる一方、それほど記憶容量を必要としない機器で使用されています。

用語解説

＊**磁気テープ**：磁気テープは電力消費が少ない、容量単価が安い等の特徴を有しており、停電、クラッシュ、ウイルス等によるデータ損失リスクも低いことから、アーカイブ目的、BCP対策等に適した記録媒体として活用されています。

ＨＤＤは大容量で高速書き込み、読み出しも可能です。そのため、最も一般的な記憶媒体として、おおよそ年間2・5~3・0億台出荷されています。

磁気テープは大容量の記憶が可能ですが、情報の読み書き速度が遅いのが弱点で、頻繁にアクセスする必要のないデータのバックアップ等に使うことが一般的です。

●ＨＤＤの構造と部品

ＨＤＤはその正式名称Hard Disk Driveの通り、Hard(固い)なDisk(円板)をDrive(駆動)する装置です。回転するディスク上をヘッドが移動して高速に情報を読み書きします。ディスクの大きさは、直径3・5インチと直径2・5インチが一般的です。3・5インチすなわち直径9㎝ほど、面積にしてわずか60㎠の1枚に、現在ではなんと6ＴＢもの容量を記憶することが可能です。しかも、6ＴＢのＨＤＤの価格は1万円程度です。

これほどの大容量を魅力的な価格で購入できるのは、劇的な技術革新によるものです。ディスク1枚あたりの容量は、年率30％程度の速さで向上しています(かつては40~50％でした)。年率30％成長が20年間続くと190倍、40％が20年続けば840倍です。この驚異的な技術革新は、主に四つの部品によって成し遂げられています。データを書き込む**ディスク**、データを読み取る**ヘッド**、ディスクを高速回転させる**モーター**、これらを制御、管理する**半導体**です。本書では、ヘッドとモーターについて概略を説明します。

●磁気ヘッド

微細な0／1の情報をディスクに読み書きするのが磁気ヘッドの役割です。上述したように、3・5インチ1枚のディスクの面積は60㎠しかありません。そこに6テラバイト、すなわち48テラビット、すなわち48兆個もの0／1情報が書き込まれていることから、1個あたりに許される面積がどれほど小さいかおわかりいただけるものと思います。

そのような極小の面積で読み書きされる情報はとても微弱であるため、ディスクとヘッドは近接する必要があります。現在、その距離はわずか10nm＝10万分

ワンポイントコラム **【さらに大容量の製品も】** さらに大容量のHDDも販売されています。これは、ディスクが数枚入っている製品です。たとえば12TBのHDDは、1枚あたり6TBのディスクが2枚入っているのです。

の1㎜（髪の毛の太さの1万分の1）でしかありません。

そして、ディスクは5400rpm～7200rpmの超高速で回転しています。5400rpmとは1分あたり5400回転、1秒あたり90回転しているということです。

すなわち、ヘッドは超高速で回転する円板の上を移動しながら、微弱な情報を読み書きしています。そして、微弱な情報を読み書きできる高い感度を持たせるため、ヘッドそのものの加工も極めて難しいものです。ヘッドは各種材料の多層構造になっていますが、各層の厚さは数ナノ～数十ナノのオーダーです。微細加工といえば半導体に焦点があたりますが、実はHDDヘッドの加工精度は、最先端の半導体にも勝るとも劣らないものなのです。

HDDヘッドはハイテク産業の中でも最も技術的難易度の高い製品といってよく、製造できるのは世界でも3社（うち1社がTDK）しか存在しません。この超微細加工技術は、MEMSに展開できる可能性があり、TDKがセンサーの企業を買収しているのはこのような背景です（6-3節で詳述）。

また、現在のHDDヘッドの技術は、ノーベル賞が授与された技術（2007年の**巨大磁気抵抗の発見**）が元になっています。TDKは、ノーベル賞級の発見であるフェライトの工業化のために設立された企業であることから、二つの偉大な発見の工業化に成功したことになります。

●モーター

HDD用モーターは、2000年代に大きな技術革新がありました。以前は**ボールベアリング軸受けモーター**が使われていましたが、**流体軸受けモーター（FDBモーター）**技術が提案され、現在ではほぼ100％FDBモーターに切り替わっています。

ボールベアリング軸受けモーターでは、ベアリングが回転する軸を受けていました。ベアリングは物体を滑らかに回転させるために考え出されたもので、自動車や洗濯機等可動部がある製品のほとんどで使われています。ベアリングなしの世界は想像できず、これまでに人間が考え出した技術の中でも最も優れたも

ワンポイントコラム

【地上1mmを飛ぶジャンボジェット】　HDDの技術的精緻度は、ジャンボジェット機にたとえられます。ヘッド（大きさ1mm程度）をジャンボジェットの大きさに拡大すると、ジェット機が地上の凸凹に衝突することなく、地上1mm（1mではありません）の高さを飛行していることに等しいのです。

のの一つと言えるでしょう。

しかしながら上記のように、HDDは超高速と同時に極めて安定した回転が不可欠です。ベアリングを使った軸受けには、小さな球体が複数入っています。極めて精密に製造されてはいるものの、大きさにわずかでも違いがあると、NRRO（Non-Repetitive Run Out）と呼ばれる不規則なブレを生じさせてしまうのです。

一方、FDBモーターは軸受けがありません。軸受けがないのに、どのように軸は回転できるのでしょうか？ これがまた素晴らしいアイデアなのです。軸を金属等固いもので作るから接触によってブレが生じるので、流体の中を回転すれば一定だという発想です。軸が回転することによって流体に動圧が生じ、軸が流体の中で浮揚し、機械的接触なく滑らかに回転するのです。

しかし、量産することは簡単ではありませんでした。軸には特殊で精密な表面加工が施されていますが、その設計および精密加工、オイルの選定等々、非常に多くの技術的障害を越えて実現された技術です。

HDDの構造図

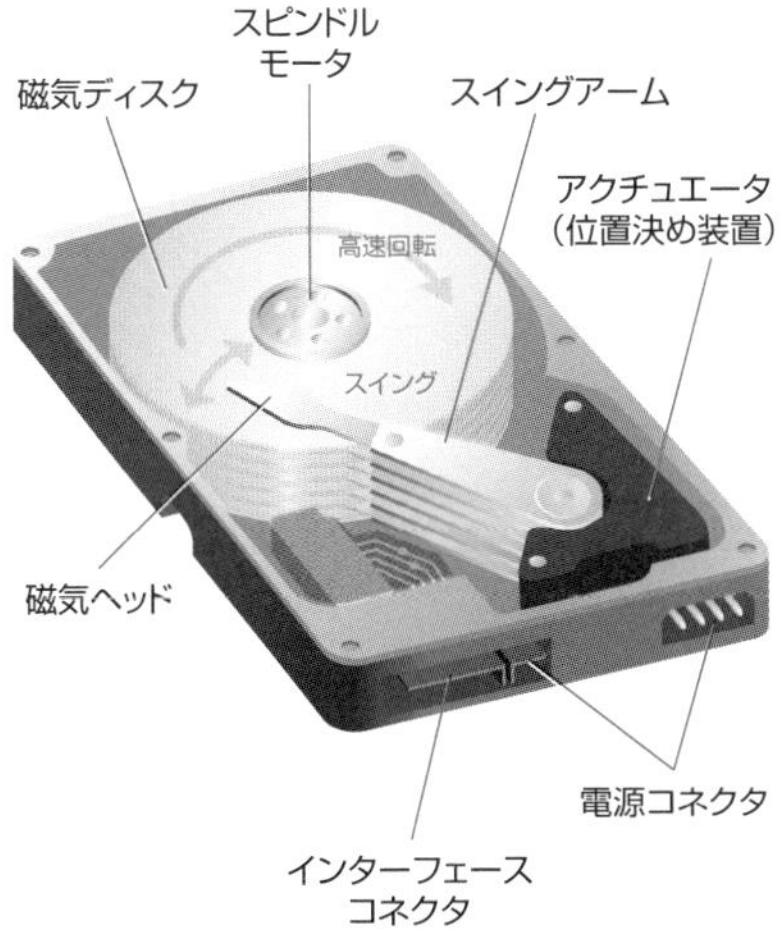

出所：TDK

HDDヘッドのイメージ図

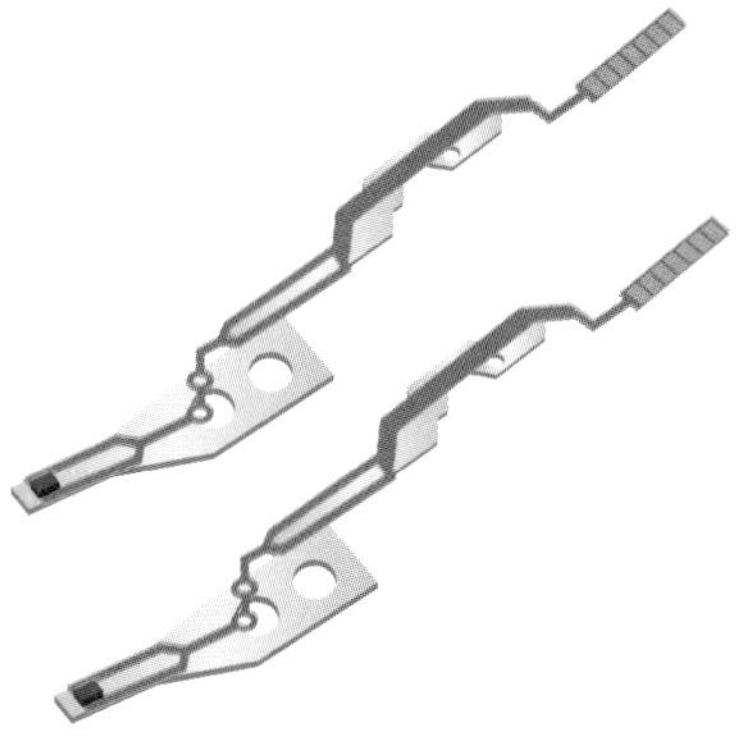

出所：TDK

13

電子部品の製造技術③

超高感度光センサー（光電子増倍管）

月には兎が住むといいます。その兎の眼の輝きが地球から見えたら驚くべきことですが、そのような驚愕の光学センサー技術を紹介します。

●光電子増倍管とは？

光電子増倍管とは、ひと言で言えば**光のセンサー**です。光を電子に変換し、その電子を数千万倍に増幅することで、極めて微弱な光でも検知できる製品です。

人間の眼も光のセンサーであることには変わりありませんが、光電子増倍管の受光感度は比べものにならないほど高いのです。周りにほかの光がまったくないという条件が必要ですが、月面に置いた懐中電灯の点灯を判別できるほどの驚異的な能力を持ちます。

この性能を活かして、光電子増倍管は各種計測、医療、血液分析、石油探査等幅広い分野で利用されています。

●ノーベル賞への貢献

光電子増倍管は、浜松ホトニクスが世界の90％以上のシェアを持っていると言われます。同社が製造した光電子増倍管は、なんと四度の**ノーベル物理学賞**に貢献しています。①２００２年（**宇宙ニュートリノ**の検出）、②２００８年（**CP対称性の破れの起源**の発見）、③２０１３年（**質量の起源**を説明する実験的発見、同社の光半導体と合わせて貢献）、③２０１５年（**ニュートリノ振動**の実験的発見）です。これらのノーベル賞に光電子増倍管がなぜ必要だったのか、①の事例で説明します。

ニュートリノとは何か？　実は、膨大な量のニュートリノが常に宇宙から地球に降り注いでいます。その

ワンポイントコラム

【ニュートリノと文学作品】　ニュートリノは、芥川賞を受賞した池澤夏樹氏『スティル・ライフ』の冒頭にも登場します。他に類を見ない神秘的で美しい小説です。池澤夏樹氏は理工学部卒業後、ギリシアに滞在経験がある作家です。

数はなんと、角砂糖1個（1㎤）に毎秒660億個。すなわち、我々人体には、毎秒数十兆個のニュートリノが飛来しています。しかしながらニュートリノは、他の物質と反応することなく、すべてが素通りしていきます。その理由の一つが、その小ささです。1億分の1㎝のまた1億分の1。すなわち、1㎝を地球と太陽の間の距離まで拡大したときの1㎝程度の大きさでしかないのです。極めて干渉性の低い粒子であるがゆえに、観測は困難であり、理論的にはその存在が予想されていたものの、誰も観測に成功しなかったのです。長年謎に包まれたニュートリノを、浜松ホトニクスが製造した超高感度の光電子増倍管を使用して発見したのが**小柴昌俊**（こしばまさとし）博士のチームだったのです。

●医療分野でも活躍

光電子増倍管は、私たちにとって身近な医療分野でも活躍しています。**血液検査**や**PET**＊で使用されているのです。PETはX線CTほど一般的ではありませんが、既存の検査では発見できない小ささながんも発見できる手法として注目されている技術です。

X線検査もPET検査も、放射線を使用しています。原発事故の後、医療検査であっても放射線が人体に及ぼす影響が指摘されるようになりました。医療検査用放射線程度ではまったく問題がないと考えられていますが、放射線の量は少ないに越したことはありません。そのためには、高感度のセンサーが有用です。なぜなら、高感度であれば少量の放射能でも同じ撮像が得られますし、また、一般的な機器であれば見逃してしまう病気も見つけることができるからです。

PET用光電子増倍管のほぼすべては、浜松ホトニクスが製造しています。

光電子増倍管の例

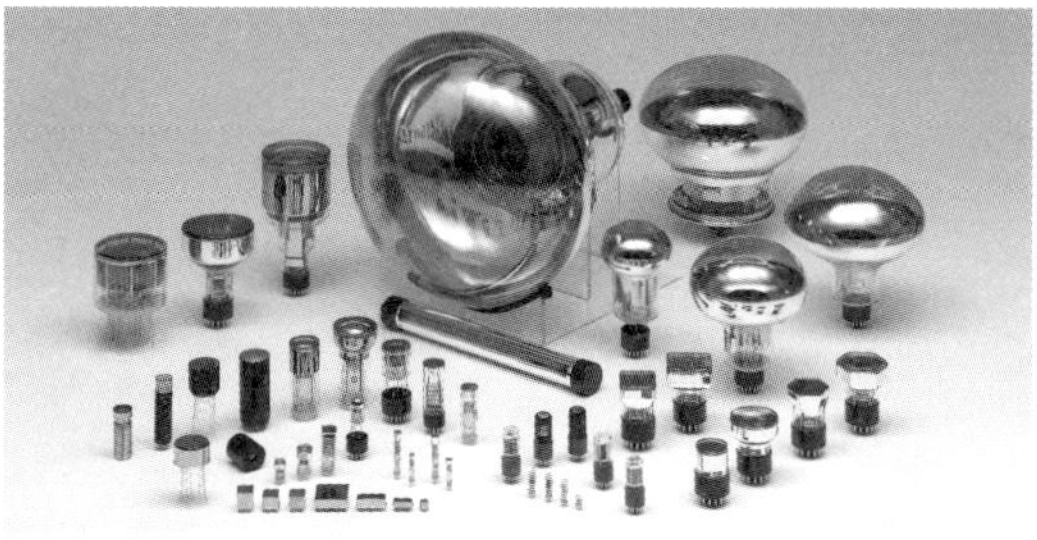

出所：浜松ホトニクス

用語解説

＊**PET**：陽電子放射断層撮影。ポジトロン・エミッション・トモグラフィー（Positron Emission Tomography）の略です。

column

陶磁器と電子部品

セラミックスという言葉はよく耳にしますね。学術的な定義はないのですが、一般に、「**釜の中で高温で焼き固めた無機物（金属以外）**」のことです。窯の中で焼成すればセラミックスですから、食器、ガラス、セメント等もセラミックスになりますが、電子部品産業でセラミックスと言えば、特殊な機能を持った**機能性セラミックス**のことを指します。村田製作所、京セラ、太陽誘電等セラミック技術を創業技術とした企業は、伝統的な焼き物（陶磁器や碍子等）を機能性セラミックスに発展させた企業なのです。

セラミックスがこれだけ大きな産業になったのは、材料の配合、焼成温度等の条件をわずかに変えるだけで多様な特性を実現できるためです。医薬品も化学式をわずかに変えるだけでまったく違った機能を発現しますが、セラミックスもそれと同じで、極めて奥深い世界なのです。原料は極端に言えば土です。しかし、それに**混ぜ物**を配合したり、焼成温度や時間を調整することで、多彩な機能を実現できるところにセラミックスの面白さがあるのです。村田製作所の創業者の著作タイトル『不思議な石ころ』とはまさに言い得て妙で、優れた技術者は**石ころ**を不思議な特性を示す魔法の石に変えることができるのです。

陶磁器で有名な地域と言えば、益子焼（栃木県）、九谷焼（石川県）、美濃焼（岐阜県）、瀬戸焼（愛知県）、清水焼（京都府）、備前焼（岡山県）、有田焼（佐賀県）等ですが、これらの地域の中で産業用セラミックスを開花させた企業の多くは、愛知県と京都府にあります。愛知県からは森村グループ（ノリタケ、日本ガイシ、日本特殊陶業）、京都府からは村田製作所、京セラが羽ばたきました。

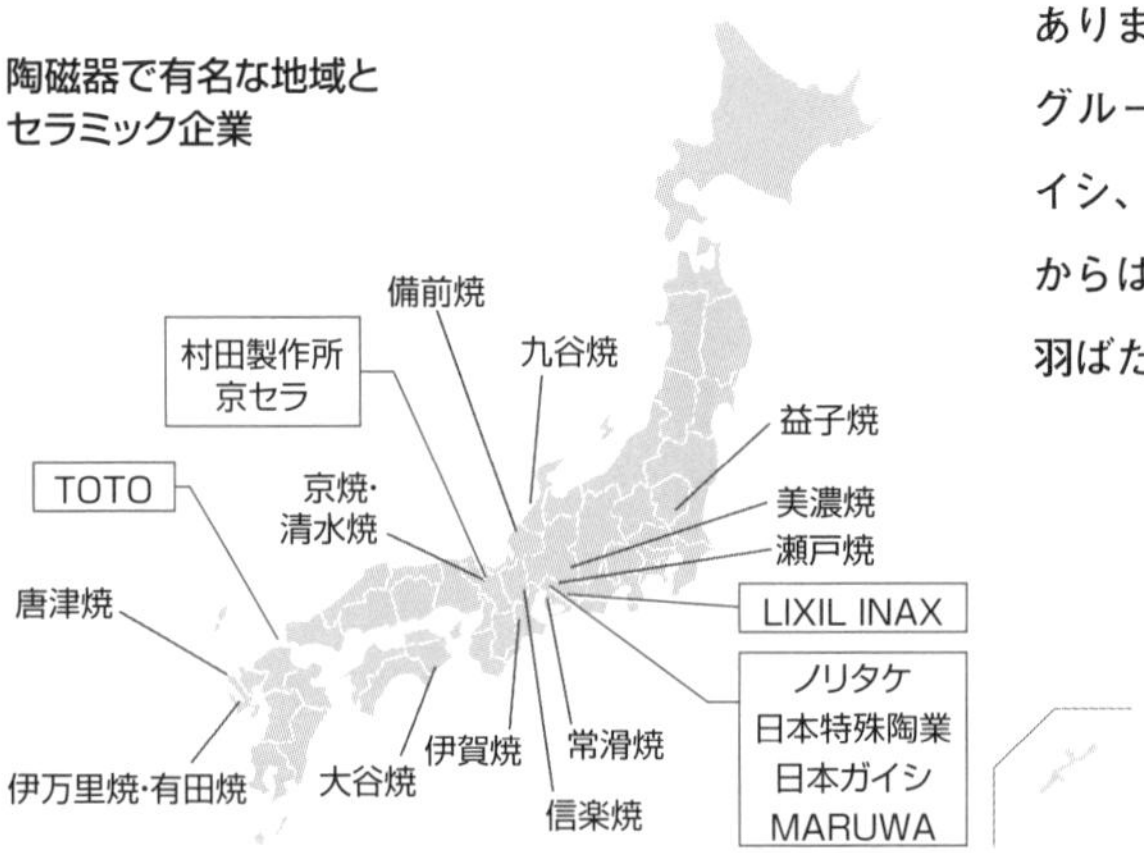

陶磁器で有名な地域とセラミック企業

第 5 章

電子部品を用いる製品の今までとこれから

電子部品は単体では機能せず、電子機器の中で他の電子部品や機械と連携することで、初めて真価を発揮します。そして電子機器にとっても、製品としての自らを進化させるために、搭載する電子部品の進化が不可欠となっています。

本章では、電子部品自体ではなく、電子部品市場の大きな割合を占めるPC、テレビ、スマートフォンといった主要製品の動向、将来的に大きな電子部品の需要が見込まれる医療機器や自動車、ロボットといった製品の動向を紹介します。

How-nual
図解入門
業界研究

PC（デスクトップ／ノート／タブレット）

1

PCはITを象徴する電子機器の一つですが、スマートフォンの台頭により、市場は縮小傾向にありました。ただし、ビジネス用途を中心に一定の規模は維持する見込みで、市場環境の把握が必要な機器の一つです。

●PC市場はリモートワークの影響で増加

PCはデスクトップ型からノート型への小型軽量化や処理能力の向上を伴いながら、90年代に広く普及し、ITを象徴する機器となりました。**世界のPC出荷量**＊の推移は、1999年の1億台から2005年には2億台、2009年に3億台と大きく拡大し、2011年には3億5280万台のピークを記録しました（米調査会社ガートナー調べ、以下同様）。

その後は**スマートフォン**やアップルのiPadに代表される**タブレット端末**の登場により、PC需要は7年連続で前年割れとなり、2018年には2億6000万台程度まで減少しました。しかし、感染症は結果としてPC需要を増やすこととなり、世界のPC出荷台数は、2020年には＋10％程度、2021年には＋15％程度、それぞれ大きく増加しました。そして、2022年はその反動で15％程度減少したと推定されています。次の焦点は、感染症時の需要の買い替え期となりそうです。

●依然として寡占化が進む

世界PC市場のシェアでは、2021年数量ベースで、**レノボ**（中国）、**ヒューレット・パッカード**（米）、**デル**（米）、**エイスース**（台湾）、**アップル**（米）、**エイサー**（台湾）と続いています（米調査会社ガートナー調べ）。この上位6社で約77％と寡占化しています（2016年における6社のシェアは75％）。

用語解説

＊**世界のPC出荷量**：ガートナーによるPCの定義には、デスクトップPC、ノートPCに加え、Macbook Air、Surface等のより薄型のPC（ガートナーではUltramobiles（Premium）と定義）も含まれています。他方で、iPad等のタブレット端末は含まれていません。

●裾野は大きく一定の影響あり

ＰＣはＣＰＵ、メモリ等を含めて電子部品の宝庫です。土台となる**プリント配線板**上には、各種半導体チップが実装されており、それらを適切に作動させるために**受動部品**が用いられます。交流を直流に変換させる**ACアダプタ**、電圧を変化させる**コンバーター**等も同様です。また、外部機器との接続を担う**コネクタ**や、ＣＰＵ、ＧＰＵに用いられる**パッケージ**等も必須の部品です。

ＰＣは使用される部品数、種類の豊富さ、出荷台数でみた市場規模の重要性から、市場成長が停滞したとしても、電子部品産業の趨勢を見る際に市場の状況を把握しておくことは引き続き重要と言えるでしょう。

PC市場の長期推移

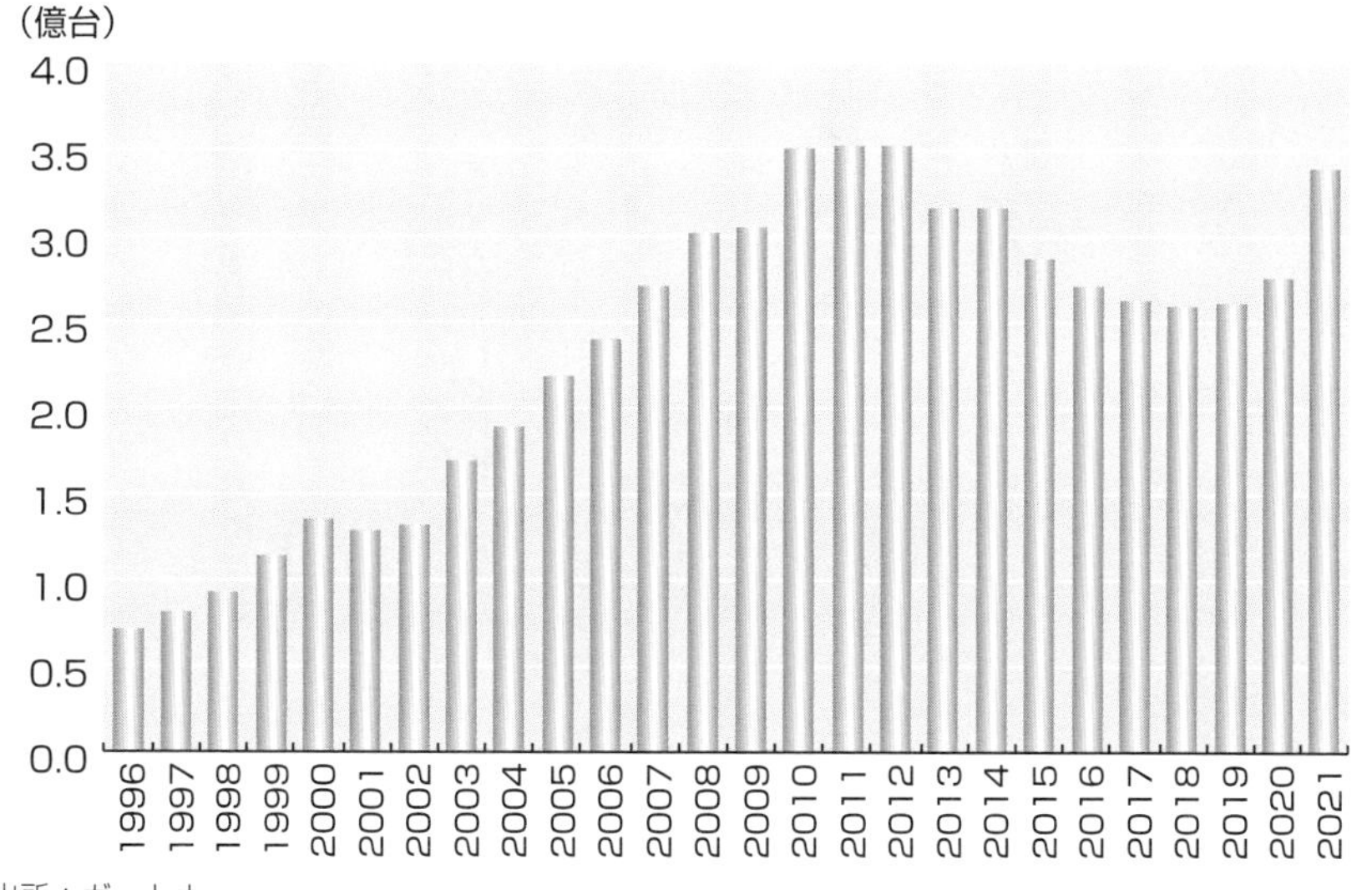

出所：ガートナー

2 テレビ

テレビは長らくリビングの主役であり、家電の王様でした。近年は、薄型、高画質化と共にスマート化等、少しずつ役割も変わりつつあります。手掛ける企業や成長地域の変化等も含め、注目すべき市場の一つです。

●買い替え需要で安定成長する市場へ

テレビ市場は、**薄型テレビ**の登場によって過去20年で**ブラウン管テレビ**からのシフトが進み、劇的に変化した市場です。ブラウン管テレビと比較すると圧倒的に薄くかつ軽いことから、薄型テレビの市場は2000年代に急拡大し、2010年代後半に2・5億台に達しました。しかしながら、ブラウン管の置き換えが一巡したことで減少に転じ、2021年の大画面薄型テレビの世界出荷台数は約2億2000万台（JEITA調べ）となっています。当面の需要は買い替え需要となること、また、若い世代のテレビ離れもあり、大きな成長は見込まれていません。

●高画質と次世代技術

テレビ需要を刺激すると期待されるのは、高画質と次世代技術です。画像の解像度の面では**4K**が普及期に入りつつあり、**8K**も2018年12月に放送が開始されました。

技術面では、有機素材が自ら発光し色を表現する**有機ELテレビ**が離陸しつつあります。有機ELテレビは液晶テレビに比べ、バックライトがなくなり、液晶と比べても薄型化、低消費電力が可能となります。さらに、微小なLEDを敷き詰めた「マイクロLEDディスプレイ」と呼ばれるテレビの発表も活発になっています。

ワンポイントコラム

【テレビのスマート化】 テレビは単に一般放送を見るためのものから、ネット上のコンテンツのオンデマンド視聴等が進み、コンテンツ提供のあり方も変わってきています。このような新たなテレビの使い方に対応した製品の普及も、市場の安定成長に貢献すると考えられます。

●アジアメーカーが主導

大画面薄型テレビの普及時に同時に進んだのが、**「価格破壊」**と**「アジアメーカーの躍進」**です。薄型テレビが市場に登場したときには、1インチ1万円を切れば爆発的に普及すると言われましたが、価格低下は予想を大きく超えて進み、低価格モデルでは1インチ1千円のものも見られるようになりました。同時に、韓国、中国のメーカーが急速にシェアを拡大し、韓中上位5社で約6割を占めています（独調査会社スタティスタ調べ）。

●多様かつ多数の電子部品を使用

テレビを構成する部品は多種多様です。画像処理、音声処理、通信機能を担う様々な電子部品、電気を供給するための**電源**、画像表示に欠かせない光学フィルムや光源、周辺機器と接続する**コネクタ**等、非常に多くの部品が使用されています。高成長は難しいものの、電子部品の大きな顧客であることは間違いなく、今後も注目すべき市場と言えるでしょう。

テレビ市場の長期推移

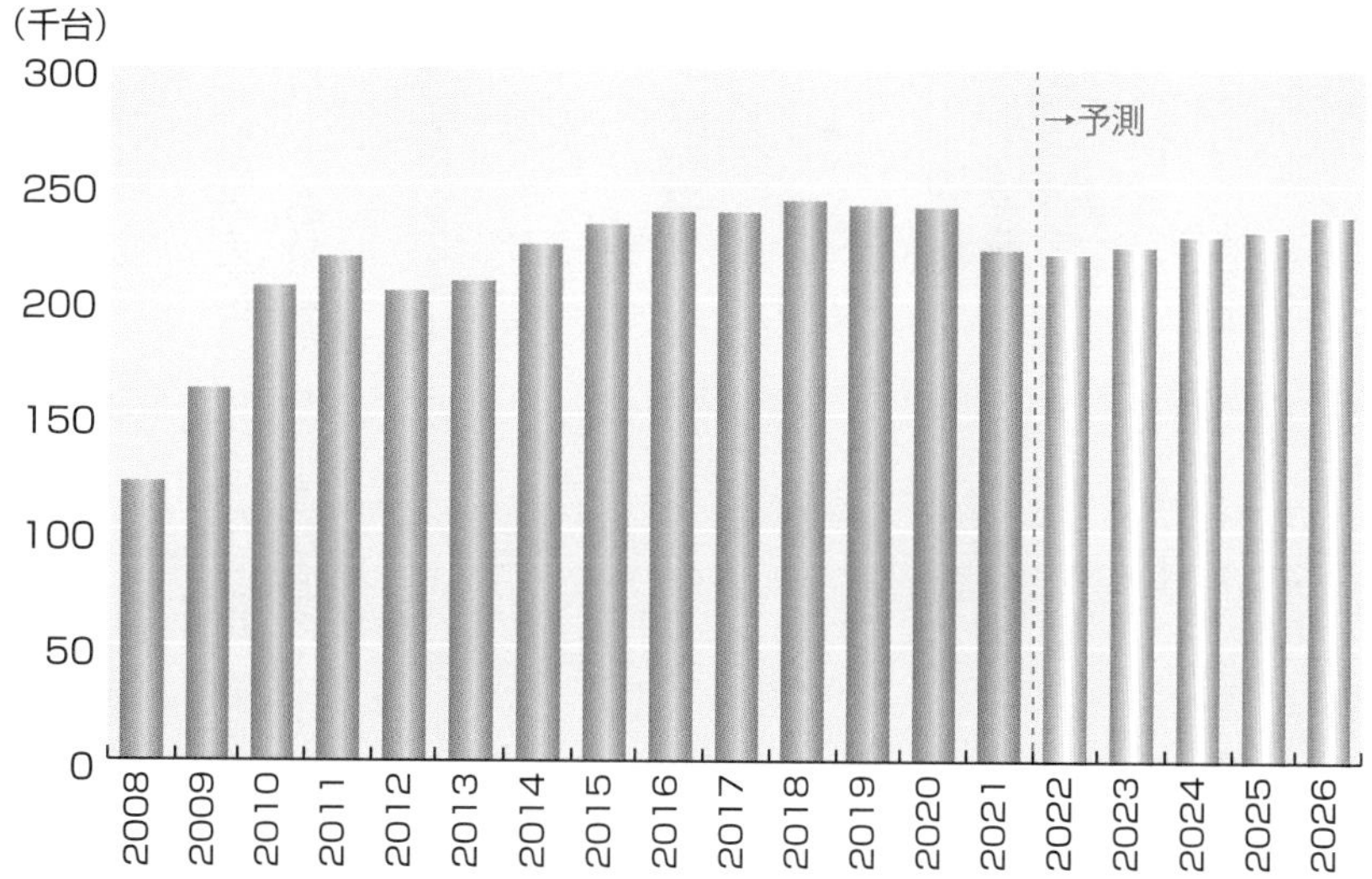

出所：JEITA「AV&IT 機器世界需要動向調査」

ワンポイントコラム

【HDRも高画質化に貢献】 画像の精緻さのみでなく、HDR（High Dynamic Range）と呼ばれる輝度の表現を、より実物に近づける技術等も高画質化に貢献しています。

3 スマートフォン

人がインターネットに常に繋がる状態を可能にし、社会に大きな影響を与えたスマートフォンは、間違いなく21世紀初頭を象徴する機器です。電子部品産業への重要度は群を抜いており、動向の把握が必須の市場です。

●スマホでネットが手のひらに

スマートフォンは、2007年に初代iPhoneが発売されて以来、10年間で急速に成長し、先進国では今や1人1台が当たり前のツールです。誰もがコンピュータを手の中に持ち、インターネットに常時繋がっている時代になったと言えます。

普及がひと段落したことを背景に、近年の成長は鈍化しつつあります。2017年には前年比0・1%減の14億7240万台と、初めて前年を割り込みました（調査会社IDC調べ）。その後は、4年連続で前年を割り、2020年には12億9000万台まで減少しています。2021年は、5G搭載のスマートフォンの発売の影響もあり、13億5000万台と出荷数が回復しました。2022年は再度減少が見込まれていますが、2023年以降は増加に転じることが期待されます。

●主役は韓国、中国メーカーへ

国内ではアップルのシェアが過半を超え、スマートフォンと言えばiPhoneの印象が強いですが、世界ではiPhoneのシェアは17%程度です（2021年実績、IDC調べ）。**Android**陣営では、**サムスン電子**、**LGエレクトロニクス**等の韓国メーカーや、**オッポ**、**ビボ**、**シャオミ**等の中国メーカーが主要メーカーとなっています。ファーウェイは、2017年ではシェアを10%確保していましたが、米国による制裁の影響で、シェアを著しく落としました。

ワンポイントコラム

【世界初のスマートフォン】 iPhoneが世界で最も有名なスマートフォンであることは間違いありませんが、世界初ではありません。世界初のスマートフォンと言われるのは、1996年にノキアが開発したNokia 9000 Communicatorです。PCのキーボードを小型化して配置した横型に開くタイプで、横長の電子辞書のような風貌でした。

スマートフォン販売台数の推移

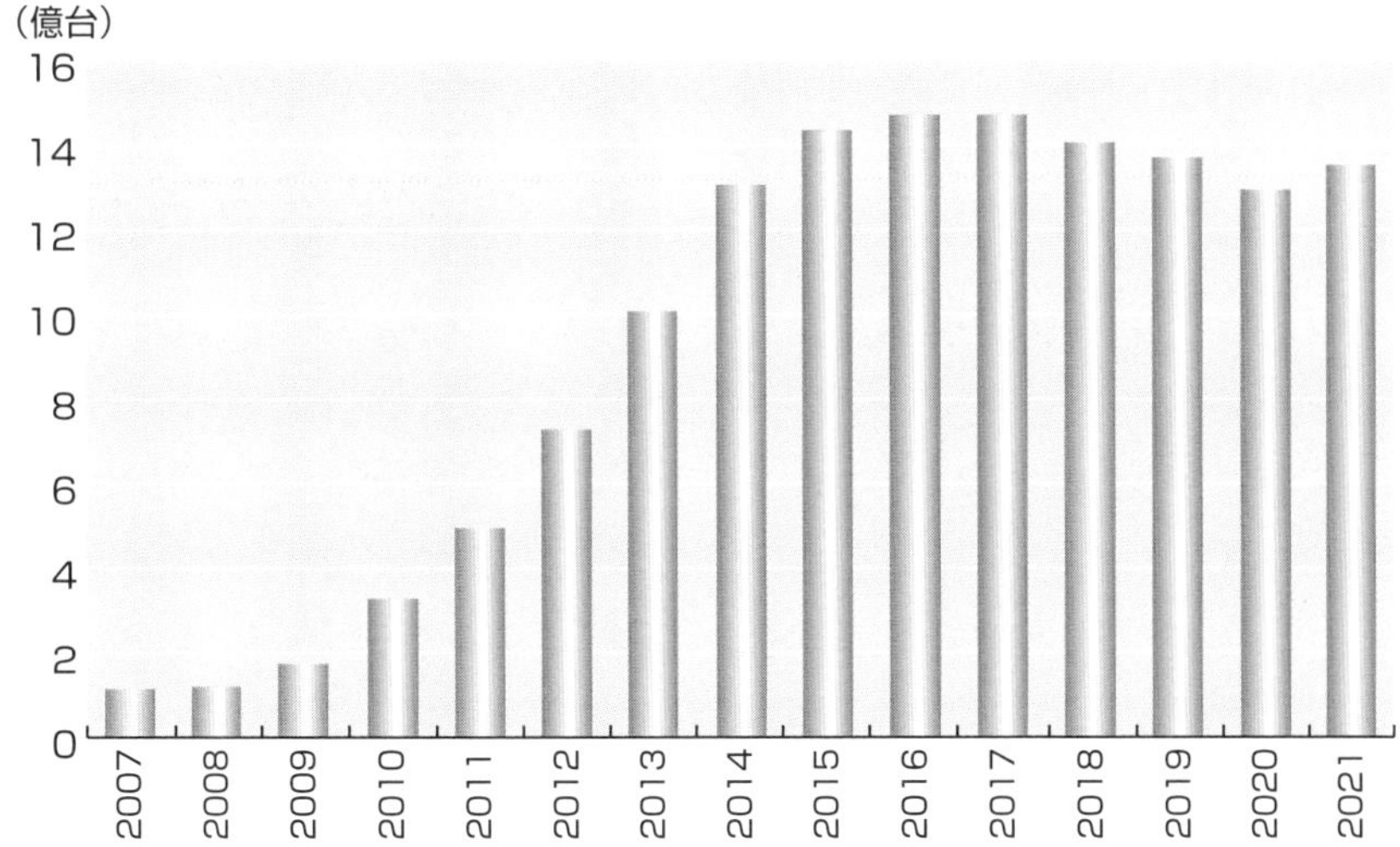

出典：IDC

スマートフォンのメーカー別シェア、地域別シェア（2021年）

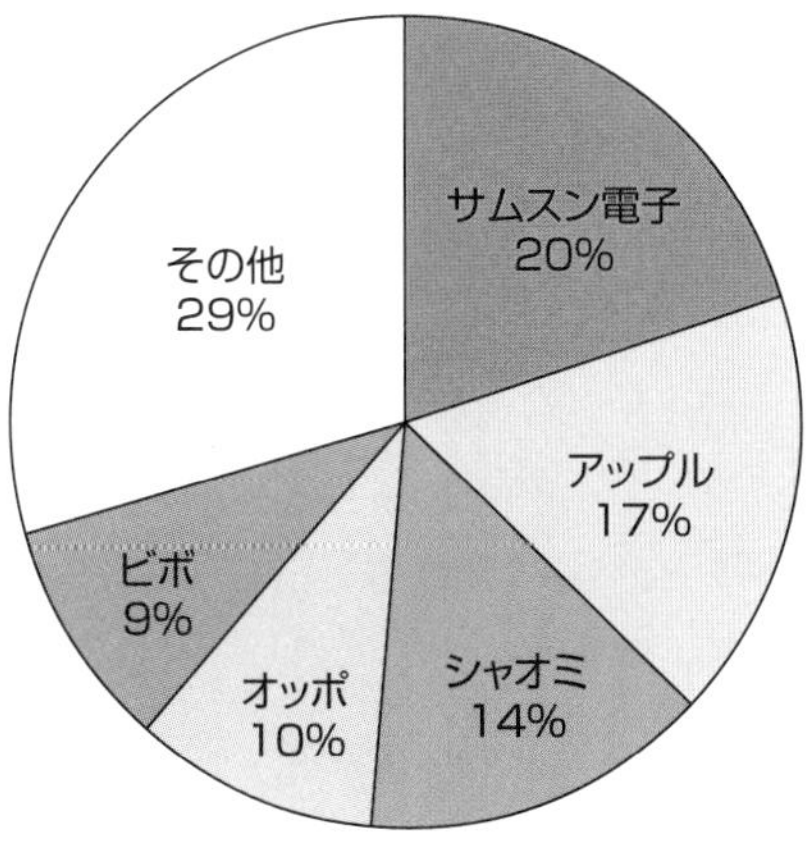

出所：IDC

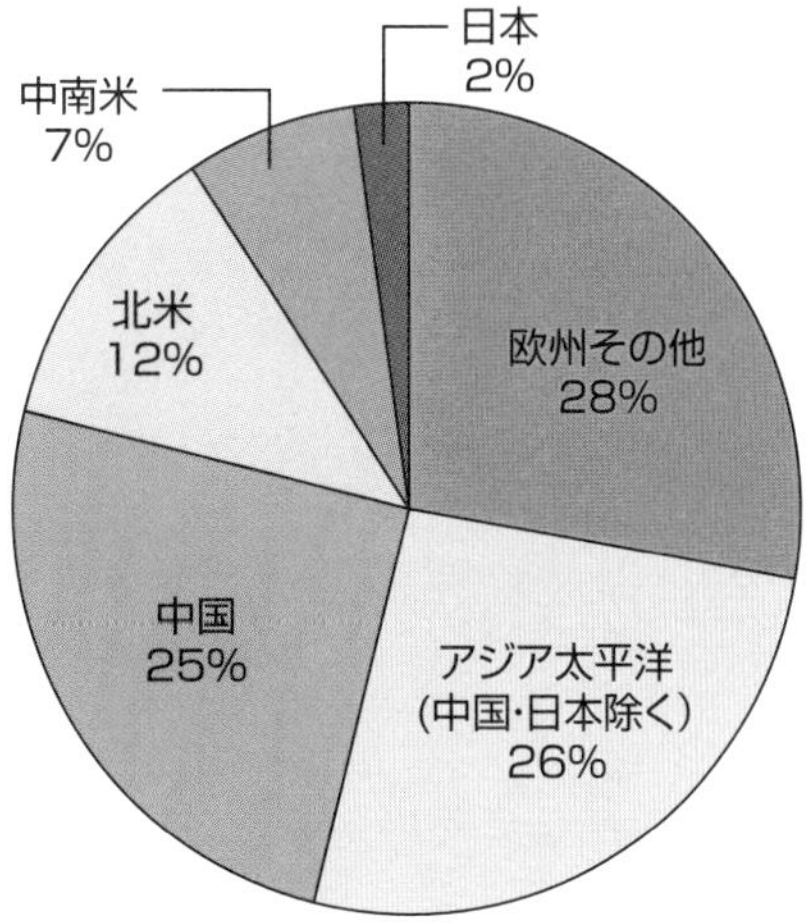

出所：令和３年版情報通信白書
（元データは、Omdia）

ワンポイントコラム

【ブラックベリー】 Nokia 9000 Communicatorから3年後の1999年に、リサーチ・イン・モーション（加）が発売したのが、ビジネス用途で大きな成功を収めたブラックベリーです。「PC用の電子メールが使用可能」「インターネットのWEBサイトが閲覧できる」「マイクロソフトオフィスが使える」等、携帯とPCが融合したスマートフォンのパイオニアでした。

アップルが市場をリードする形は続いていますが、Android端末を手掛ける新興メーカーが独自で高付加価値の機能を盛り込む等、競争は激しくなっています。電子部品各社はかつて、アップル向け売上高の大きさから「アップル銘柄」と言われることもありましたが、ハイエンド機種を手掛けるこれらのメーカーにも採用が広がり、顧客の裾野は拡大しています。

●多くの機能がスマホに集約

スマートフォンは電話のみならず、音楽プレーヤー、時計、カレンダー、書籍等の機能を集約、進化させる形で市場に浸透しました。影響の大きかった市場の一つは、カメラ市場でしょう。インスタグラムをはじめとするSNSの流行等、「撮る」という需要は以前より大きく増加したと言えます。しかし、デジタルカメラの出荷台数が大きく減少したことはよく知られています。このように、特定用途向けの電子機器の機能を取り込み、インターネット接続で共有等の新たな付加価値を創出したことも、スマートフォンの市場拡大をより加速した要因と考えられます。

●スマホの次もスマホ

スマートフォンはもちろん電子部品の宝庫であり、各社の最新技術の結晶と言えます。すべてを紹介するのは困難ですが、精密な各種機器に適切な電気を供給するための**コンデンサ**、無線から必要な周波数のみを取り出す**高周波フィルタ**（4-7節）、高周波の制御に用いられる**インダクタ**（4-2節）、多層化された**プリント配線板**（4-5節）、その基板同士をつなぐ**コネクタ**（4-9節）、バイブレーション機能やハプティックスデバイスに用いられだしている**小型モーター**（4-4節）、カメラに用いられる**アクチュエーター**、通信のための**無線LANモジュール**、**ブルートゥースモジュール**等多種多様です。

また員数も、高機能化に伴い増加傾向にあります。村田製作所によると、**MLCC**はローエンドモデルで200～400個、ハイエンドモデルでは550～900個、**SAWデバイス**は同じく9～12個が、20～40個へと倍増します。

ワンポイントコラム

【カメラの高機能化による差別化】　スマートフォンがデジタルカメラ市場に大きな影響を与えた一方で、スマートフォンのカメラ性能は依然として進化の途上にあると言えます。デュアルカメラ、手ブレ補正、高速オートフォーカス、サブカメラの高機能化等が、スマートフォンの差別化の要素となっています。

アクチュエーターはカメラレンズを動かし、ピントを合わせるために用いられる部品です。ハイエンドモデルでは複数搭載され、手振れ補正も担います。高機能化と同時に、ローエンドモデルへの普及も進み、大きく伸長しています。将来的には**デュアルカメラ**への搭載だけでなく、自撮り機能向上に向けディスプレイ側の**インカメラ**への搭載も見込まれています。このように製品レベルの成長鈍化はあるものの、高機能の実現に資することで部品の成長を維持しているのです。

小さなスマートフォンの中で高機能化は絶え間なく進められており、技術の進化に応えられる電子部品の進化が求められます。スマートフォンの成長鈍化と言われているものの、市場自体が巨大になっており、高機能化に伴う員数の増加や、技術革新も大きい領域であるため、「スマホの次も、スマホ」という状況はしばらく続きそうです。

スマートフォンに使われる電子部品の例

製品	製品内容
MLCC	汎用部品で電子回路の中で電気制御に使用される
インダクタ	汎用部品で電子回路の中で電気制御に使用される
振動モーター	スマホの振動機能、ハプティクスデバイスとして一部で採用
フレキシブルプリント回路	柔軟性のあるプリント基板で小型化に貢献
SAWフィルタ	無線信号から必要な周波数を抽出
コネクタ	基板と部品、基板と基盤を繋ぐ
アクチュエーター	カメラのAF、手振れ補正
デュプレクサ	電波の送信と受信を同時に実施、LTE以降のスマートフォンで必須
セラミック発振子	デジタル回路のクロック信号源等として使用
EMI除去フィルタ	電波のノイズ除去
無線LANモジュール	スマートフォンを無線LANに繋ぐ
ブルートゥースモジュール	スマートフォンをBluetoothに繋ぐ

出所：筆者作成

ワンポイントコラム

【スマホの次は……】「スマホの次も、スマホ」と記載しましたが、電子部品産業にとっても、もちろんスマートフォンの次に産業を牽引する製品の登場は非常に重要です。ウェアラブル端末、スマートグラス等の候補が挙がっては消えました。今の候補はスマートスピーカーでしょうか。ただし、どうなるかはわかりません。いずれにしても、感度を高くして産業を見続ける必要がありそうです。

4 医療機器

医療機器は、自動車、IoT等と並び、電子部品産業にとって今後の牽引役となる市場の一つです。求められる品質の高さ等から参入障壁は高いですが、日本メーカーの強みが活きる領域でもあり、重要な市場です。

●医療機器は高成長市場

ヘルスケア機器を含む**医療機器**市場は、高齢化社会の到来や健康に対する意識の向上により、国内外で大きな成長が期待されています。中国、ブラジル等の新興国でも徐々に高齢化が進行しており、高度な医療機器の需要増加が見込まれています。世界の医療機器市場は、2015年時点で3710億ドル、さらに2022年には5298億ドルに達する見込みです（調査会社エバリュエート調べ）。

●参入障壁は高いが、収益性も高い

医療機器は、**参入障壁**の高い市場です。その性能、品質が人の健康、生死に直接影響するため、利用者の使い勝手への対応等も含めた高品質、高信頼性や安定供給への体制整備が求められること、医療業界独特の商慣習等への対応も必要なためです。

参入障壁が高い分、医療機器市場は、付加価値の訴求しやすい（収益性の高い）市場でもあります。事実、医療機器業界では、医科・歯科用の手術用縫合針や眼科用ナイフ、歯科用治療器等を手掛ける**マニー**の営業利益率30・2%（2022年8月期実績）、検体検査機器を手掛ける**シスメックス**の営業利益率18・5%（2022年3月期実績）等、高い収益性を有する会社が多く存在します。

●日本メーカーへの期待が大きい市場

日本の電子部品メーカーでは、売上高の約4割を医

ワンポイントコラム

【Med Techの挑戦】 金融（Finance）におけるFin Tech等、テクノロジーで産業を変えるベンチャー企業の挑戦が続いていますが、医療（Medical）もその分野の一つです。ベンチャー企業のキュア・アップは、アプリを活用して新たな治療効果を創出する取り組みを進めており、医療機器承認を目指して日本初の治験に進んでいます。キュア・アップの目指す「アプリで治療する未来」にも、IoTデバイスが貢献をしています。

療分野が占める**浜松ホトニクス**を除き、医療分野向け売上高比率が高い会社はほとんどありません。しかし、医療機器内部には、**コンデンサ**、**インダクタ**といった汎用的な電子部品ももちろん数多く用いられていますし、飲み込んで消化管を観察するカプセル型内視鏡は、画像撮影、通信機能に関する各種電子部品を搭載しています。また、手術ロボット等での遠隔医療の触覚表現等、新たな技術の実用化が求められる分野も数多く存在します。

医療機器の高度化が進む中で、高品質の電子部品需要はより高まっており、医療技術の発展を電子部品メーカーの技術がリードしていくことも考えられます。技術力の高さと同時に、高信頼性と安定供給も求められる医療機器市場は、まさに日本電子部品メーカーの強みが活きる市場であり、今後の活躍が期待されます。

医療機器世界市場の推移（暦年）

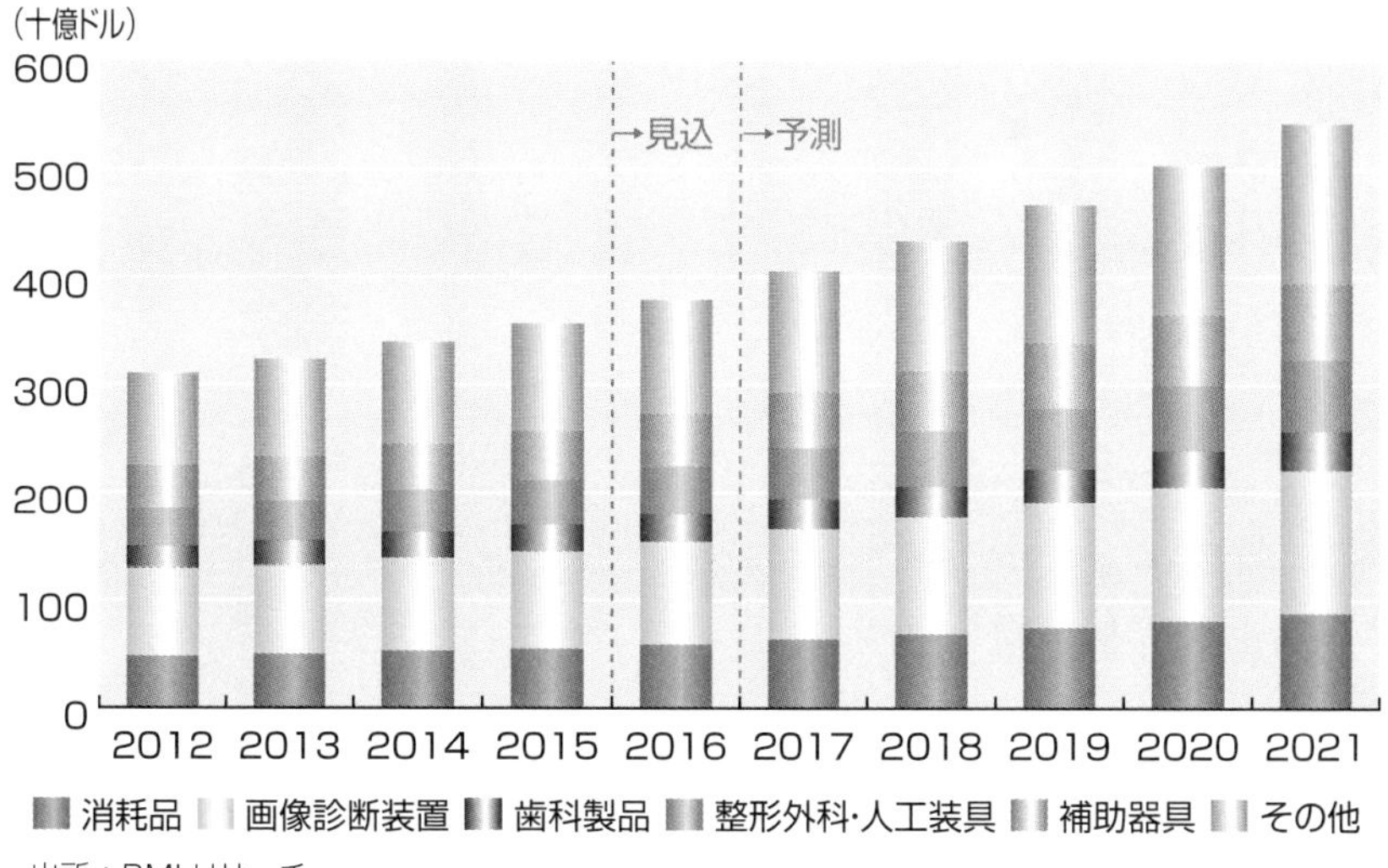

出所：BMI リサーチ

ワンポイントコラム

【VR、IoT等の複合利用】 5-5節、5-6節で紹介しているIoT、VR等は、複合的に用いられることでさらに価値が高まります。たとえば手術ロボットでの手術は、操作技術への慣れも必要です。また、症例の少ない難しい手術もあるでしょう。その際には、VRと触覚表現によるシミュレーションが練度の向上に貢献します。

IoT（Internet of Things）

IoTとは、モノがネットに繋がることを言います。モノがネットに繋がることがどういう意味を持つのか把握しておくことは、電子部品に留まらずすべての産業にとって必須と言えます。

●モノがネットに繋がる

IoTとはInternet of Thingsの略で、**モノのインターネット**と言われます。パソコン、スマートフォン等のいわゆるIT関連機器を通じて、「ヒト」がインターネットに繋がっていた状況から、ありとあらゆる「モノ」自体がインターネットにつながり、新たなサービス、付加価値を生み出していくことを言います。

先駆的な事例として広く知られたのが、GEのジェットエンジン事業と**コマツ**の**コムトラックス**でしょう。前者は、エンジンにセンサーをつけ常時エンジンの状態を監視することで、航空会社に最適な航空機管理を提供するものです。「モノ売り」からサービス事業に変えた事例として注目されました。また、後者は、建機につけたセンサーによって、建機の稼働状況把握、異常の有無監視、盗難防止等を可能にしたものです。

身近なところでも、冷蔵庫、洗濯機、ロボット掃除機等の家電製品をインターネットに接続することで、外から状況を確認、操作できる機器も増えていますし、**ウェアラブル端末**では健康管理目的のみならず、育児、介護、医療目的で使用されるものも出てきています。

また、大きく期待されているのは製造業におけるIoTです。ドイツ政府が主導する**インダストリー4.0**等が代表ですが、各生産設備や製造工程にある製品に取り付けられたセンサーから情報を集約、分析し、工場内の製造工程の最適化はもちろん、工場間での最

ワンポイントコラム

【保険におけるIoT：生保編】 IoTが非常に大きな影響を与えることが見込まれる産業の一つが保険です。ウェアラブル端末を着けて、歩数や運動等、健康増進に役立つ活動をすればするほど、その情報に基づき保険料が変動するという仕組みです。夜型、運動不足の筆者には厳しい未来となりそうですが、恩恵を受ける人も多く、保険の個人カスタマイズ化が進みそうです。

適化、さらには設計、流通、販売、保守等の**サプライチェーン**全体の最適化を目指した取り組みが進んでいます。

さらには、今まで情報技術の導入が遅れていた農業でも活用は始まっています。日照量、土壌の状況、植物の生育状況に応じて、水や肥料を管理する等、勘と経験から**精密農業**へと大きく変わりつつあります。

●ＩｏＴは８０００億ドルの巨大市場

ＩｏＴは比較的新しい言葉ではありますが、２０１７年のＩｏＴ関連市場の規模は、ハード、ソフト、サービス等全体で８０００億ドルと巨大な市場です。

用途別で大きいものとしては製造オペレーション（２０１７年で１０５０億ドル）、電気・ガス・水道等のスマートグリッド（同５６０億ドル）、輸送物管理（同５００億ドル）等です。また今後は、空港施設等の自動化、ＥＶ充電インフラ、保険等で大きな成長が見込まれています。

国内ＩｏＴ市場は、２０２０年で、６兆３１２５億円を見込み、２０２５年には、10兆１９０２億円に達すると予想されています（いずれも米調査会社ＩＤＣ調べ）。

●電子部品によるソリューション

ＩｏＴはモノそれ自体ではなく、モノに搭載する**センサー**、**通信モジュール**等で構成されるため、電子部品の性能がソリューションの巧拙に直結すると言えます。ＩｏＴ環境の構築を容易にし、機能拡張も容易なモジュール、ユニットの開発、利用環境まで踏まえた提案、集めた情報を可視化するプラットフォーム等、部品売りを超える形で各社が競っています。

高い技術力を持つ日本の電子部品企業がＩｏＴにおける革新的なソリューションにどう貢献していくか、今後非常に楽しみな分野です。

ワンポイントコラム

【保険におけるIoT：損保編】 損害保険では、自動車保険が大きくIoT分野の活用を先行させています。ハンドルやブレーキの操作状況による安全運転の度合によって保険料が変動するテレマティクス保険等がその一例です。自動運転やIoT等、テクノロジーの損害保険産業への影響は非常に大きなものとなることが予測されています。

6 VR、AR（仮想現実、拡張現実）

VR、ARはエンターテイメントに留まる分野の概念ではなく、産業、商業等幅広く適用可能なものです。そしてその実現には電子部品の進化が深く関わっており、今からの成長が最も期待できる市場の一つです。

●現実から、仮想世界、拡張世界へ

ソニーのPlay Station VRやポケモンGoのブーム等、少しずつ**VR**（Virtual Reality：仮想現実）、**AR**（Augmented Reality：拡張現実）が身近になってきました。

VRは現実には体験できない仮想の世界を、一般には**ヘッドマウントディスプレー**と呼ばれるゴーグルを身に着けることで体感できるものです。頭部の動きの変化に合わせて表示される視界が変化し、仮想世界に没入した気分を体感できます。

ARは現実の世界に、存在しない仮想空間を融合して表示し、拡張するものです。たとえば、眼鏡型の端末をかけて、現実の世界に重ね合わせる形で映像、画像、情報を表示することで、新たな体験を生み出します。

●産業用利用に大きな期待

VR、ARは「ゲームや動画を楽しむためのもの」という印象があるかもしれませんが、それだけではありません。同様に期待されているのが産業利用です。VR／AR市場は、2025年にはハードウェア、ソフトウェアの合計で約950億ドルまで拡大すると予測されています（ゴールドマン・サックス調べ）。ゲームやライブイベント、動画等のエンタメ分野が75％と大きいですが、産業分野も25％と存在感を示しています。

たとえば、産業用機器の設計では、VRにより実寸

ワンポイントコラム

【VRライブ】 英国の世界的シンガーソングライターのエルトン・ジョン氏が2018年から始まるツアーを最後に、ツアー活動から引退することを宣言しました。その発表はVRで行われた過去のライブの体験イベントで行われました。素晴らしい音楽に加えて、未来のライブやコンサートへの想像も広がる動画となっています。

大での確認が可能となり、飛行機等試作を気軽に作れない場合にも、現物に近い形での確認ができます。逆に、小さいものでも、拡大して表示することで、容易に視覚での確認ができます。

ARでは、建築関連が一部実用化され始めています。建設予定地での家屋やマンション等のイメージ確認や、スタジアム、ホール等の大規模施設では、各席からの見え方の確認も可能です。

また、医療用では手術前の臓器を立体画像で表示しながら施術の確認が可能となり、教育では二次元から三次元での教材提供が可能となる等、その可能性は無限大です。

国内で顕在化しつつある労働力不足に関連して、熟練労働者でなくても、**スマートグラス**にAR表示される指示に従って作業すれば、手順の漏れやミスがなくなる等の利用方法も現在、検討されています。

VRの活用が期待される分野の中で、やや特殊な分野として**VRジャーナリズム**があります。SNS等の社会への浸透を通じて情報の民主化が進んだ副作用として、フェイクニュース等、情報の信頼性が揺らいでいます。紛争現場、環境汚染等、容易に行けない場所、関連する情報を、恣意的に切り取られたアングルで見るのでなく、360度リアルな形で伝えることで、社会に正確な情報を提供することができると期待されています。

● VR、ARに求められる電子部品

電子部品の用いられるVR／AR表示機器等のハードウェアの世界市場は、2025年に約3兆円と予測されています（富士キメラ総研調べ）。

たとえば、利用者の動作を検知するセンサーの性能が悪くタイムラグ等があると、車酔いのような症状が出ることもあり、電子部品メーカーの高い技術力が求められる分野です。動きを検知する**加速度センサー**、回転を検知する**ジャイロセンサー**等の各種センサーや、コントローラー等に搭載される**精密モーター**等が重要な電子部品となります。

ワンポイントコラム

【Mixed Reality】　VR、ARに加えて、MR（Mixed Reality：複合現実）という概念もあります。CG等で作られた仮想世界に現実世界の情報を取り込み、現実世界と仮想世界を融合させた世界をつくる技術です。イメージが湧きづらいですが、現実世界の行動が仮想世界にも影響を与えることや、仮想現実に触れて操作できるといった点に違いがあります。

7 ADAS（先進運転支援システム）、自動運転

自動車①

自動車産業は、産業誕生以来最大とも言える二つの変革を迫られています。自動運転と電動化（次節）です。これらはともに自動車の電装化を意味し、電子部品各社にとって大きな事業機会を提供することになります。

●ADAS、自動運転の現状とこれから

ADAS（先進運転支援システム）は、ドライバーの運転操作を支援し、車と道路交通全体をより安全にするシステムを言います。その進化形が**自動運転**です。

運転支援や自動運転は、レベル1～5までの5段階で区分されています。自動運転と一般に言われるのは、緊急時はドライバーが運転しなければならない「条件付き自動運転」と言われるレベル3からです。限定的ではあるものの、ドライバーがいなくてもよい高度自動運転のレベル4、完全自動運転のレベル5と進化していきます。

ADAS、自動運転を支える中心は、**センサー**、**自動車向けAI**、**電子部品**です。レーダー、カメラ等のセンサーが車の周辺の情報を取得し、取得した情報をAIが解析、その結果を受けて電子部品が車の制御を支援、実行するという一連のプロセスによって運転支援、自動運転が行われることになります。

●想定される市場の伸びと規模

自動運転の市場規模は、部分的な自動運転も含めて、2025年に6736万台（うちレベル3以上が637万台）、2030年には7168万台程度（うちレベル3以上が2011万台）と見込まれています（矢野経済研究所調べ）。SFの世界はまだ先ですが、少しずつ一般化してくると言えそうです。

ワンポイントコラム

【レベル1～2は運転支援】 米国の自動車技術者協議会（SAE）が自動運転の定義や区分を定めています。ハンドル操作や加速、減速等の運転の機能のいずれかを車が支援するレベル1、複数の運転機能を支援するレベル2が「運転支援」と言われます。すでに普及期を迎えている自動ブレーキ、一部の自動操舵、自動駐車等が該当します。

自動運転に使われる技術と電子部品

先進運転支援システムにおいては、車載用電子部品が活躍する範囲は格段に広がります。

たとえば、衝突事故の未然防止に関しては追突防止システム、白線検知システム、居眠り防止システム等に**レーダー**、**カメラ**、**センサー**等が用いられます。衝突時の安全性向上へは、シートベルトの緩みを巻き取り固定する**モーター**等も用いられています。また、情報通信量の増大、高速化へ対応した**通信モジュール**、フロントガラスに情報を表示する**ヘッドアップディスプレイ**、これらの機能を支える高精度の**コネクタ**や**受動部品**等としても電子部品が多く活躍しています。

民生機器に比べて自動車関連の部品や機器は、その性能が安全性に直結するため、求められる要求性能は非常に高くなります。その分、参入は難しいですが、市場の裾野も広く、日本の電子部品メーカーの活躍が期待される重要な市場です。

自動運転車、システムのイメージ図

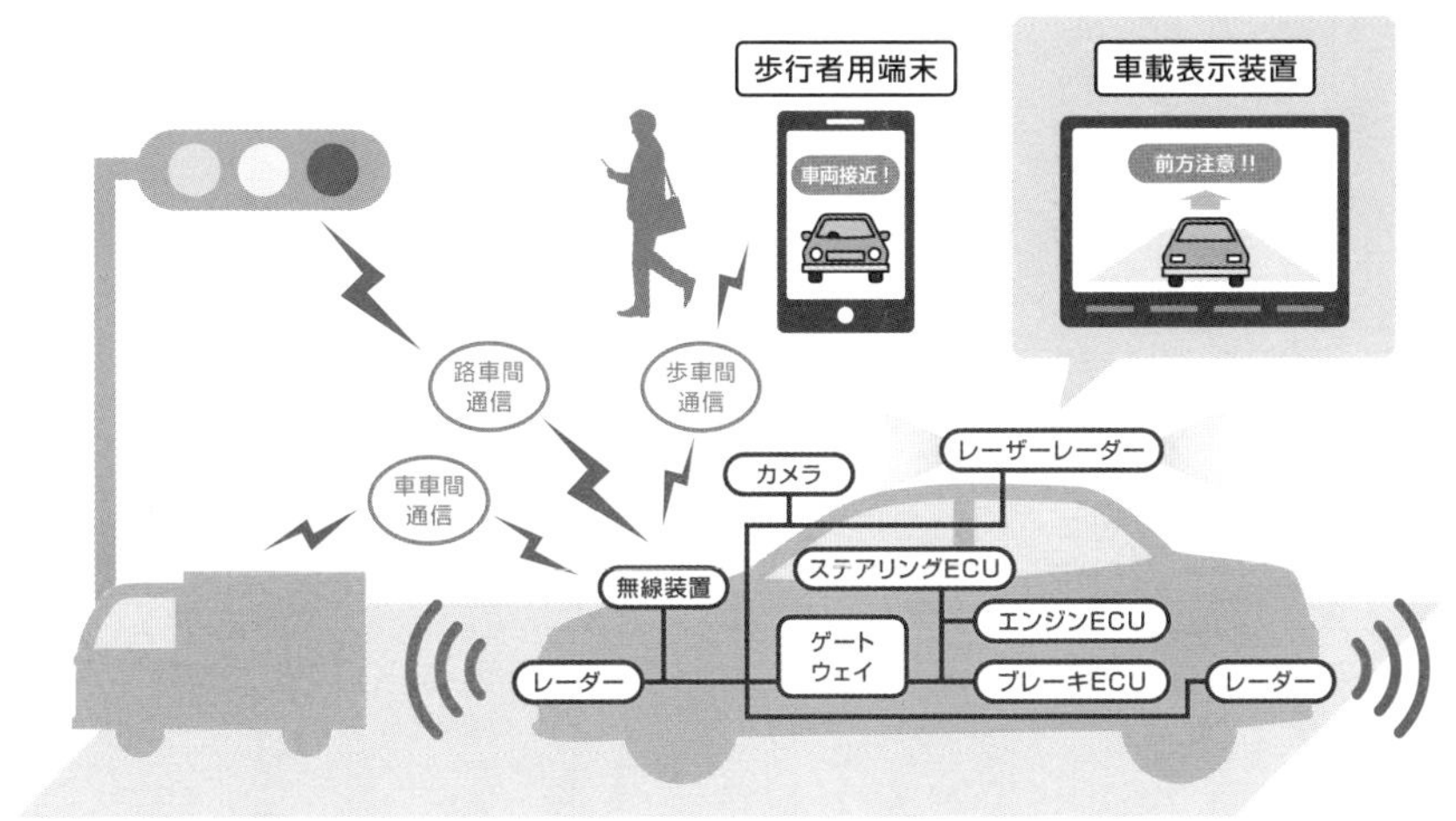

出典：特許庁　平成26年2月 平成25年度特許出願技術動向調査報告書

ワンポイントコラム

【シェアリングエコノミー】　自動運転、電動化に加えて、自動車産業に大きな影響を与える事項がシェアリングエコノミーです。自動車での移動距離が少ない人たちが、経済合理性の観点から保有でなくシェアリングに移行した場合、乗用車保有台数が半減するほどのインパクトを有しているそうです。技術面以外でも、自動車産業のあり方は今後大きく変わることになるでしょう。

8

自動車②

電動化

自動車の電装化として、前節の自動運転関連と並び重要なのが、自動車の電動化です。電子部品各社にとって、EV等に代表される自動車の電動化は、大きな事業機会をもたらします。

自動車の電動化の市場規模予測

自動車の電動化は進むものの、普及には充電ステーション等の**社会インフラ**の整備、航続距離の改善、車両価格の低減等、課題も依然存在します。そのため自動車の電動化は、ガソリン自動車の置換の形で徐々に進んでいくと見込まれています。

2017年では、**HV**（ガソリンエンジンと電動モーターを組み合わせた自動車）が、電動化の主流でしたが、2018年以降は、**PHV**（プラグインハイブリッド自動車、外部電源から充電可能）やEVが本格的に普及し始め、2021年にEVの販売台数（469万台）がHV（387万台）を初めて上回りました。2035年においては、HVは1536万台（2021年比4倍）、PHVは783万台（同4・2倍）、EVは5651万台（同12倍）と、EVが自動車需要全体の過半数を占める見込みです（富士経済調べ）。

EV市場の主要企業

2021年のEV市場で、特に販売台数を伸ばしているのがテスラ（米）です。年間の販売台数は、93万6172台と過去最高を更新しています。その次に販売台数が多いのが、BYD（ビーワイディー）（中国）で、59万3878台、上汽通用五菱汽車（中国）の45万6123台、フォルクスワーゲン（独）の31万9735台、BMW（独）の27万6037台と続きます（クリーンテクニカ調べ）。

また、新興企業で特に注目を浴びている企業として

ワンポイントコラム

【電力インフラとしての自動車】　環境問題等を背景に、再生可能エネルギーへの要請が高まっていますが、発電量のコントロールが難しく、電力供給の不安定さにつながる可能性があります。そこで、必要に応じて充放電が可能な蓄電池を搭載するEV等の次世代自動車を、スマートホーム等の構成要素、電力利用の調整インフラとして利用する研究も進められています。

は、中国のNIO（ニーオ）です。2014年11月に創業してから、わずか4年足らずで量産車の開発・納車を実現し株式上場を実現しました。2021年時点での年間販売台数は、9万1429台とテスラと比べると少ないですが、2020年の株の伸び率は、13倍とテスラの8倍を上回っており、今後の成長が期待される企業になります。

●電子部品産業への期待

自動車の電動化により、エンジンの代わりの役割を担うのが**電池**、**インバーター**、**モーター**です。電池が電気を貯蔵し、インバーターは電池から供給される電流を直流から交流に変換する等の制御を実施、モーターで電気を動力に変換します。これらの製品には細かな構成部品として**コンデンサ**、**インダクタ**、**抵抗器**、**コネクタ**、**プリント基板**等多くの電子部品が用いられており、いずれも日本メーカーの技術力が活きる部品です。スマートフォンと同様に、自動車を分解すると日本の電子部品ばかりとなる未来も決して夢物語ではないと言えるでしょう。

次世代自動車の予測市場規模

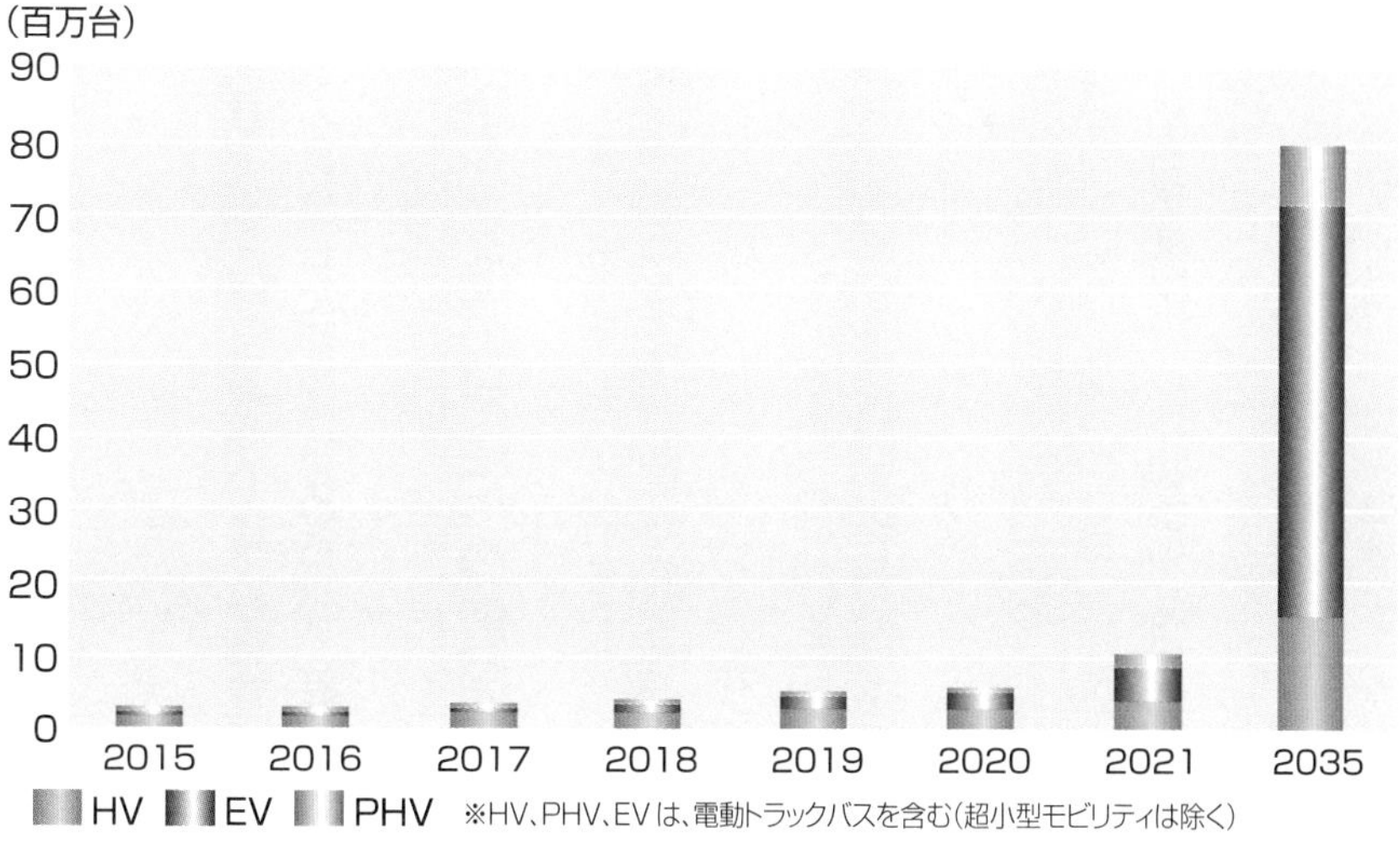

※HV、PHV、EVは、電動トラックバスを含む（超小型モビリティは除く）

出所：富士経済「2017年版 HEV、EV関連市場徹底分析調査」

【EVには電池が重要】 内燃機関自動車とEVの価格の違いで、最も大きいのは電池です。EVに搭載されている電池は、携帯電話と同じリチウムイオン電池が一般的ですが、携帯電話用の電池よりもはるかに大容量の電池が必要であり、そのコストはEVの販売価格の30%程度を占めるほどです。

（ワンポイントコラム）

9 ロボット

ロボットは現在産業用が主流ですが、「ペッパー」等一部登場しているサービス向けロボットは、今後急速に進化をしていきます。電子部品として貢献すべき領域も非常に多く、将来を見越した対応が求められる分野です。

●産業用ロボットの成長続く

ロボットというと、古くは「アトム」、最近だと「ペッパー」等、ヒト型のイメージが一般には強いかもしれません。ただ実際には、現在世の中で活躍するロボットの多くは、製造業向けで自動車をはじめとする工場で用いられています。

インダストリー4・0等での**工場のスマート化**や、**人件費高騰**、**人手不足**を背景に、製造業向けロボットの需要は、引き続き強い状況が続きます。その結果、製造業で用いられるロボットの稼働台数は、2016年末の188万台から、2020年には世界で300万台まで増加すると見込まれています（国際ロボット連盟調べ）。

●産業用から他の用途への展開進む

加えて、今後は製造業で用いられるロボットのみならず、屋外で活躍するフィールドロボットやサービス分野ロボットへ、用途が広がっていくことが見込まれています。

特に国内では、多くの分野で人手不足が深刻化しており、多様なロボットの活躍が期待されています。たとえば、物流分野での商品のピッキング支援やロボット台車等です。将来は公道での活躍も期待されます。鉄筋の運搬支援や高所、危険個所のドローン点検等、インフラ関連のロボットによる支援も実用化が進みつつあります。

サービス分野でも現在は掃除機等が主流ですが、洗

ワンポイントコラム

【緑のロボット】 産業用ロボット世界大手であるファナックは、製品であるロボットだけでなく、建物、制服、社用車まで、すべてコーポレートカラーである黄色で統一されています。しかし、近年、同社製の緑色のロボットが登場しました。これは、人が触れると停止する等、安全柵を必要とせず、人との協働作業も可能なロボットです。

濯機に付随して折りたたみまで行えるロボットの研究も進んでいます。また、実用化はまだ先でしょうが、様々な家事を手伝うヒト型家政婦ロボットの研究も行われています。

●2025年には10兆円市場へ

富士経済の調査によれば、2021年のロボットの世界市場は約6兆円で、2015年と比較すると約5倍になっています。内訳は、製造業向けで1兆2190億円、半導体・電子部品実装向けで8230億円、サービス系ロボットで2兆7410億円、AIロボットで1兆2750億円となっています。さらに、ボストンコンサルティンググループの調査では、2025年には870億ドル(約10兆円)まで成長すると予測されています。

近年では、特にサービス系ロボットとAIロボットの需要が高まっています。サービス系ロボットのうち、医療・介護用では、紫外線照射ロボットや遠隔手術のための手術支援ロボット、家庭用では、家庭用清掃ロボットや家庭用コミュニケーションロボット、オフィス・店舗用では、デリバリー・配膳ロボットの需要が高まっています。AIロボットでは、疾病診断支援ロボット、コールセンター支援ロボットの需要が高まっています。

●長期的な視点での取り組み重要

ロボット市場において、電子部品メーカーに求められる役割は非常に多様ですが、**センサー**の提供が特に重要です。ロボットアームの関節の角度検出、位置検出に用いられるセンサー、対人、障害物検知等のセンサー、姿勢制御に用いるセンサー等、スマートフォン、車載分野で培った技術力を活かした提案が求められます。

他方で、現時点ではロボット市場は、スマートフォン、車載等に比べると、電子部品産業にとってまだまだ小さい市場です。ただし、人材不足等の社会課題の解決、生産性向上、品質向上に向けてロボット導入の機運が高まっており、非常に成長性の高い市場です。電子部品メーカー各社にとって、将来を見越した長期的な観点からの取り組みが求められる、重要な市場となっています。

ワンポイントコラム

【機械との競争】 近年、「AIやロボットに奪われる仕事」という議論が盛り上がっています。しかし産業史において、ずっと変わらずに存在した仕事はありません。算盤から表計算ソフトになったのと同様に、AIやロボットを上手く使って働くことになるのでしょう。もちろん、そのための努力が求められるので、機械よりもまず自分と競争するべきなのかもしれません。

column

文系でも学べる！ 独学での電子部品産業の学び方

電子部品は学ぶことが非常に難しい産業です。小売、消費財、インターネットサービス……普段からサービス、製品に触れていれば、イメージが湧きますが、電子部品は日常で目にする機会はあまりありません。これまでの経験を踏まえ、奥深い電子部品産業を理解するための第一歩をどう踏み出すかについて、私見を述べさせていただきます。

第一に、基本的な**電気の特性**を理解することからスタートすることが重要です。世の中の電子部品関連の書籍の多くは、基本的な電気の特性を理解していることを前提として書かれています。そのため、電子部品についての技術的な書籍に最初から取り組んでも、消化は困難です。まずは「電気の仕組み」といった初歩的な書籍から取り組むことが、実は近道です。

第二に、電子部品を学ぶ際に、目に見えず、イメージしづらいものですが、電気は一律でない、乱れることがある、繊細なものであるということを意識して学ぶことが重要です。送配電のようなインフラから電子機器内部まで、扱う電気の大きさは違っても、**変圧**、**整流**、**ノイズ除去**等の求められる事項は共通していることも非常に多いです。その理解のためには電気がそもそも安定しているものでないと認識しておくことが重要になります。

第三に、電子部品が使われている電子機器についても併せて学ぶことが重要です。たとえば**自動車**と**民生機器**では、電子部品に求められる特性が大きく異なります。つまり、電子部品のみでは不十分で、使われる電子機器、用途に必要な特性を理解しなければなりません。

最後に、最も重要なことは、繰り返し学ぶ、継続することです。学びすべてに共通することではありますが、専門用語も多く、取っ掛かりにくい電子部品産業では特に、一度目を通しただけで完璧にわかるということはまずありません。何度も何度も情報に触れて、理解しようと努力することで、経験が蓄積し少しずつ理解が深まってくるのです。その理解が新しい分野の理解、難しかった書籍の理解も促進する好循環を生みます。継続こそが唯一の道なのです。

第6章

電子部品　主要企業

　これまで見てきたように、日本の電子部品産業には、優れた経営と固有の技術によって世界で活躍する企業が多数あります。本章では電子部品の主要企業について各社の現状、今後の取り組み等について紹介します。

　また、海外企業についても、欧米、台湾、韓国の主要企業を紹介します。

村田製作所

セラミックコンデンサ、SAWフィルタを筆頭に、多くの電子部品で世界首位、海外売上高比率90％超のグローバル企業です。無線通信産業とともに劇的な成長を遂げ、今後は自動車、エネルギー、医療分野等への展開を目指しています。

●電子部品産業の雄

村田製作所は数多くの製品で世界1位の地位にあり、電子部品産業で初めて営業利益4000億円を達成した、電子部品産業の雄と言ってよいでしょう。「Innovator in Electronics」をスローガンとして、技術的にハイテク産業を牽引してきました。

通信向けを中心に、コンピュータ、自動車等様々な用途へ部品を供給しています。2兆円に迫ろうとする売上高は、多岐にわたる製品で構成されており、そのうち約70％が世界シェアトップと推定されます。私たち一般消費者が知らず知らずのうちに使っている、縁の下の力持ち企業です。

●通信向け主力、海外展開も進む

売上高1兆8125億円の内訳は、**コンポーネント**が9843億円（売上高構成比54・4％）、**デバイス・モジュール**が8150億円（同45・0％）となっています（数値は以下も含めいずれも2022年3月期実績）。

コンポーネントはコンデンサ7885億円、インダクタ・EMIフィルタ1958億円で構成され、コンデンサの大半を占めるMLCCでは世界シェア40％程度を誇ります。**デバイス・モジュール**は高周波通信5282億円、エナジー・パワー1804億円、機能デバイス1064億円で構成されており、高周波通信の

ワンポイントコラム

【ロボット広告塔】　村田製作所の広告塔の一つが、ムラタセイサク君（自転車）、ムラタセイコちゃん（一輪車）、村田製作所チアリーディング部です。可愛らしいと同時に、電子技術の可能性を身近に感じられるロボットです。

売上高、営業利益率の推移（年度）

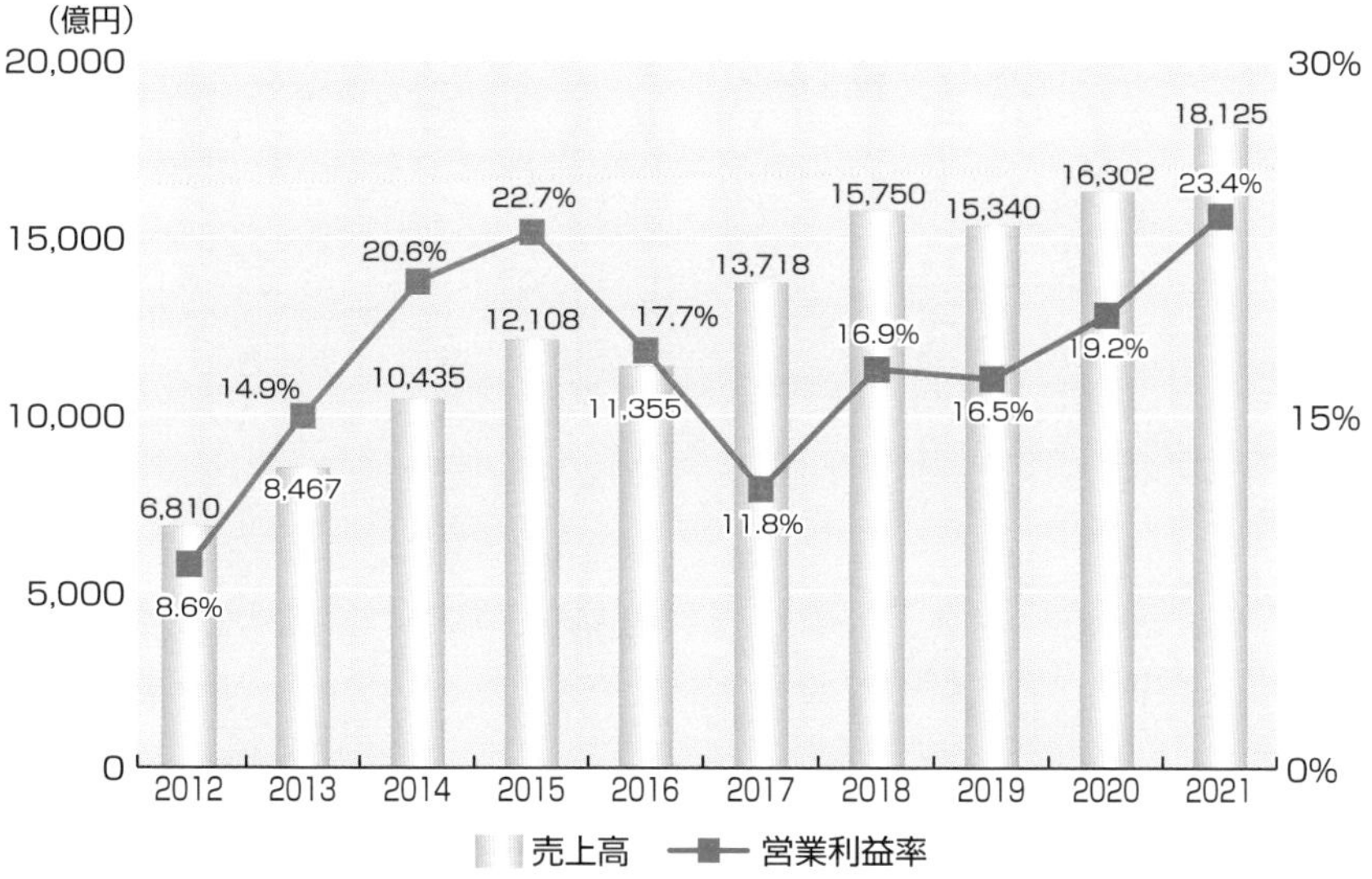

売上高構成比（事業別、地域別）

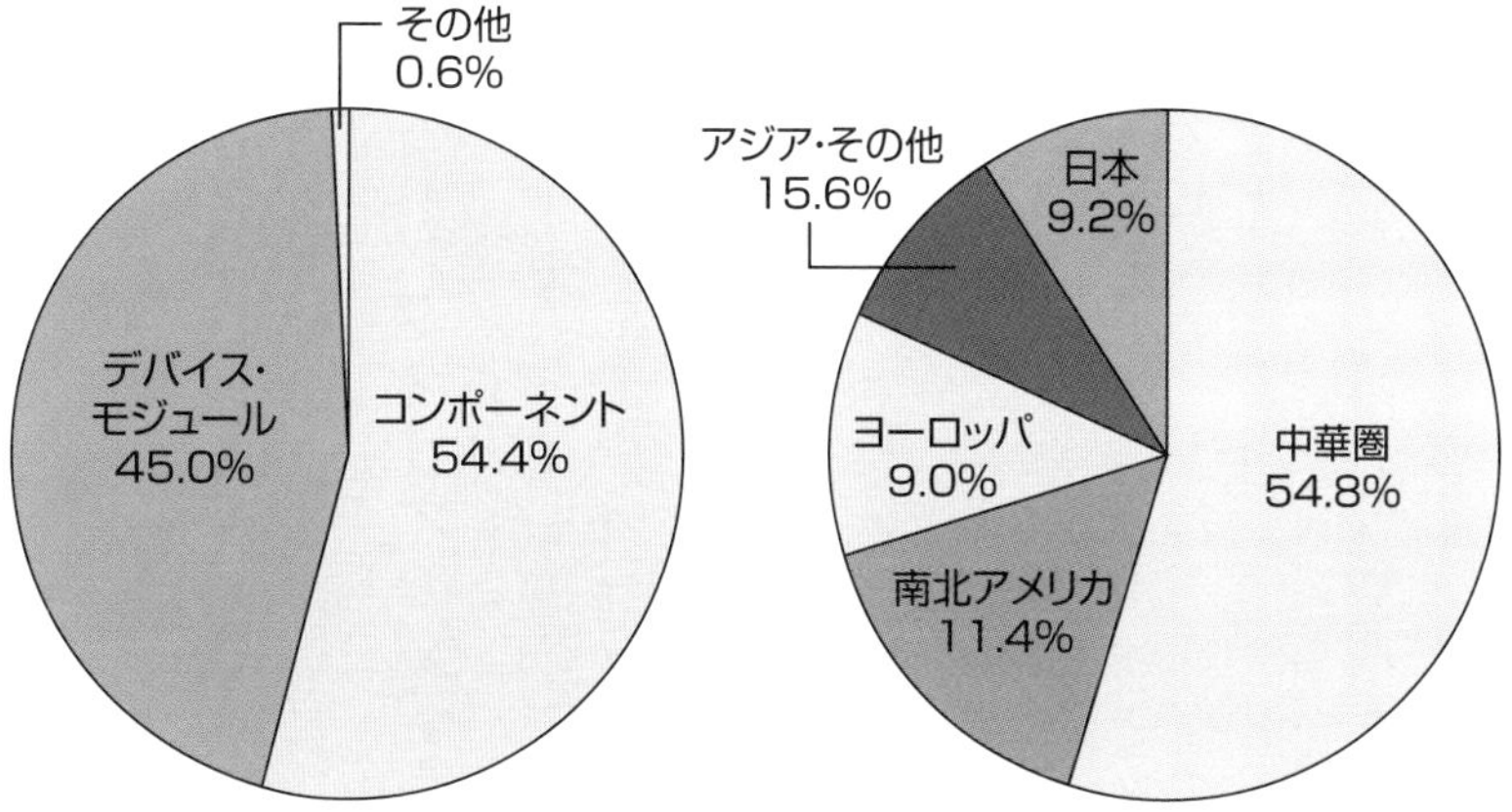

ワンポイントコラム

【空気を読むセンサー】 村田製作所は場の雰囲気や盛り上がり、人間同士の親密度等、これまでデジタル化できていなかった情報も空間情報としてセンシングし、可視化する仮想センサープラットフォーム**NAONA**のサービスを提供しています。音声特徴量をもとに面談を定量的に解析し、面談の質を向上させ成功に導く、パーソナルトレーニングツールです。

主力製品であるSAWフィルタでは世界シェア45％を誇ります。また、エナジーは、ソニーから買収した二次電池事業が主力です。

用途別では、通信向けが7792億円（売上高構成比43・1％）と4割を占め、コンピュータおよび関連機器3604億円（同19・9％）、カーエレクトロニクス3363億円（同18・6％）と続きます。

京都府長岡京市が本社の京都企業の代表格の村田製作所ですが、同時に海外売上高比率は実に90・8％と非常にグローバル化の進んだ企業です。

●技術革新で電子部品産業を牽引

3－4節でも紹介した創業者の村田昭氏が象徴するように、革新を追い求める企業文化に特色があります。売上高に占める新製品の比率は40％超、他社に追随されることを前提に、継続的に他社にない**高付加価値製品**を開発することで高収益を維持するというサイクルを作っているのです。たとえば、セラミックコンデンサでは数年に一度の**世代交代**がありますが、常にトップランナーとして技術、市場をリードしています。高い研究開発力の源泉は、技術革新を訴求する企業文化に加え、技術面ではセラミック材料から成形、焼成、加工まで一貫して手掛ける総合力にあります。特にセラミック材料に関する深い知見は、村田製作所を特長づけるものとなっています。

●3層ポートフォリオの実現を目指す

村田製作所は部品メーカーの枠を超える取り組みを始めています。「3層ポートフォリオ」計画です。「3層ポートフォリオ」とは、標準部品・用途特化部品・新規事業の三つからなるもので、1層目に位置するのはコンポーネント（標準品事業）です。中核事業MLCCにおいては、継続的な技術革新および生産能力の強化によって世界1位の地位を盤石とする計画で、島根、福井、タイに新工場・研究所の建設が進められています。

2層目はデバイス・モジュール（用途特化型ビジネス）で、通信部品・モジュール、センサー、二次電池等が含まれます。通信モジュールにおいては、これまでも、ルネサスエレクトロニクスから半導体パワーアンプ事業、樹脂シートのプライマテックを買収する等、社内外の技術で強化を図ってきました。

3層目は新たなビジネスモデルの創出です。これまでのハードの販売とは異なる事業を想定し、たとえば、センサーや無線技術を活用し交通等の社会インフラの見える化等の取り組みが始まっています。野心的な取り組みであるだけに緒についたばかりですが、2030年以降ポートフォリオの柱となるビジネスを確立していきます。

●長期構想「Vision2030」

村田製作所の長期構想「Vision2030」では、ありたい姿として「お客様と社会にとって最善の選択であるGlobal No.1 部品メーカー」を掲げています。数字目標としては、その途中である2024年に売上高2兆円、営業利益率20%以上、ROIC（税引前）20%以上を設定しています。

セラミックコンデンサ、表面波フィルタ等多くの製品で世界を制した村田製作所。10年後、20年後に部品企業を超えた企業になっているのか、将来が楽しみです。

村田製作所の基礎情報

創業年	1944年
創業者	村田昭
現在の代表取締役社長	中島規巨
直近の売上高（2022年3月期）	18,125億円
直近の営業利益（2022年3月期）	4,241億円
社員数（2022年3月期）	77,581人
本社所在地	京都府長岡京市
海外売上高比率（2022年3月期）	90.8%
各事業売上高構成	コンポーネント：9,843億円（54.4%） デバイス・モジュール：8,150億円（45.0%） その他：103億円（0.6%）

日本電産

2

世界最大のモーターメーカーで、高い技術力に加え、M&Aを積極的に活用して、高成長を志向する企業として有名です。また、働き方改革を通じ、生産性向上を積極的に推進中です。2030年に売上高10兆円の達成を目指しています。

●世界最大のモーターメーカー

日本電産は世界最大のモーターメーカーであり、特に**ブラシレスDCモーター**では高いシェアを誇ります。売上高は1兆9182億円、そのうち**精密小型モーター**が4249億円（売上高構成比22・2%）、**車載**が4176億円（同21・8%）、**家電・商業・産業用**が7866億円（同41・0%）、**機器装置**が2156億円（同11・2%）、**電子・光学部品**が697億円（同3・6%）、**その他**が37億円（同0・2%）という構成となっています（数値はいずれも2022年3月期実績）。

精密小型モーターにおいては、日本電産の飛躍を牽引した**HDDモーター**では世界で50%を超えるシェアを擁するほか、ゲーム、光ディスクドライブ等の用途でも世界トップです。1990年代に実現されたHDDモーターの技術革新――ボールベアリングモーターからFDBモーターへの移行――において、果敢な開発、設備投資によって同業他社に先行し、そこで獲得した資金を活用することで、自動車向けモーター等、事業領域の拡大を加速させました。

車載は、自動車に搭載される各種モーター、自動車部品が含まれますが、特に注目されるのが後述する「E-Axle」（イーアクスル）です。

機器装置は、**日本電産サンキョー**の液晶ガラス基板搬送用ロボットやATM等に使用されるカードリー

ワンポイントコラム

【M&A先の社名変更】 日本電産グループでは日本電産サンキョー等をはじめ、買収した会社が最高益を更新すると、「日本電産」の商号を冠した社名に変更することが通例となっています。

売上高、営業利益率の推移（年度）

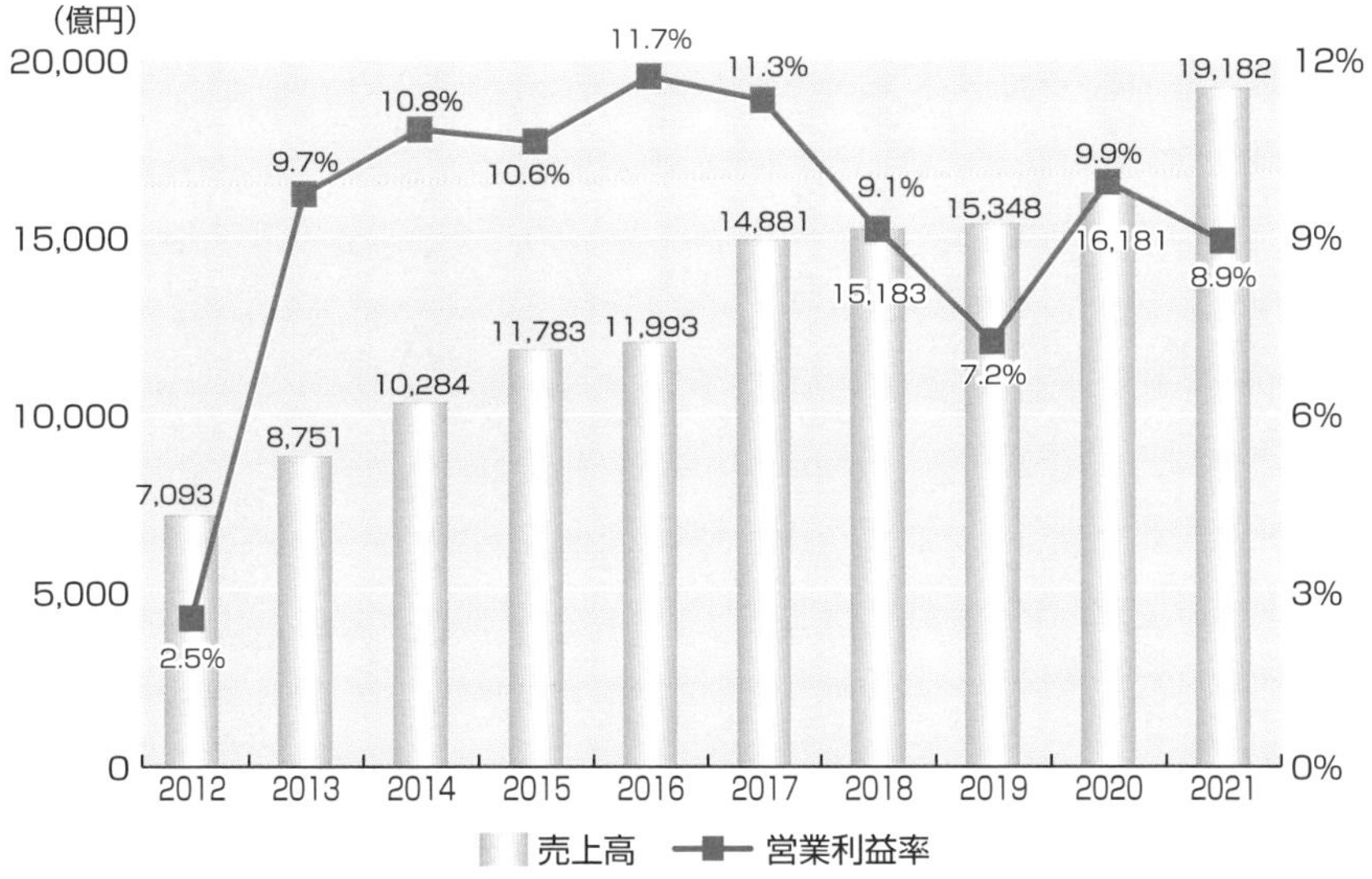

売上高構成比（事業別、地域別）

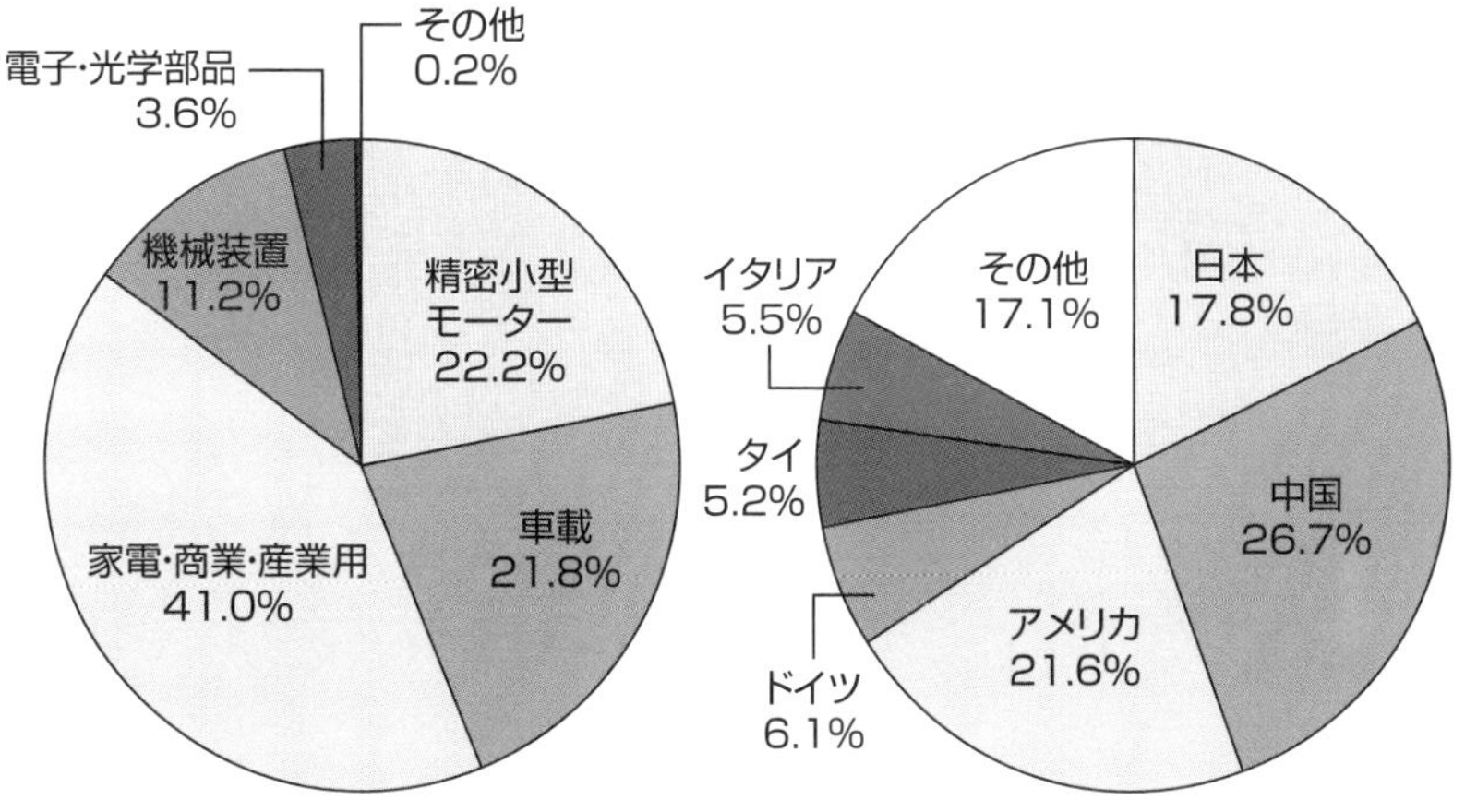

ワンポイントコラム

【創業魂を伝える掘立小屋】 京都市の本社ビルの1階には、創業時のプレハブ小屋が移設、展示されています。創業時には桂工場と呼んでいた小屋の中には、銀行借り入れの担保とした生命保険証等が展示され、創業の精神や原点を示しています。

ダ、**日本電産リード**が担当する検査装置等の製品で構成されています。**電子・光学部品**は**日本電産コパル、日本電産コパル電子**等が手掛ける、デジタルカメラ用シャッターや産業用スイッチ等で構成されています。

●EVの中核E－Axleが成長を牽引

日本電産が経営資源を最も厚く配分しているのは、トラクションモータシステム「E－Axle（イーアクスル）」です。E－Axleとは、電気自動車を動かすのに必要なモーター、インバータ、ギア（減速機）が一体となったシステムで、いわば現在の自動車のエンジンを代替するものであり、自動車を製造するにあたり最も重要なシステムといえるでしょう。

日本電産はE－Axle市場において最も先駆的な企業であり、いちはやく電気自動車が普及し始めている中国市場においてトップ（27％）の占有率を獲得しています（2021年、内製メーカー除く）。これまでの自動車産業では、エンジンのほぼすべては自動車メーカーによって内製されていますが、日本電産は、EV時代においてはE－Axleの外部調達が増加すると読み、果敢な設備投資を行っています。自動車メーカーによる外部調達の一例として、日本電産は、世界有数の自動車メーカーでプジョー、シトロエン等を傘下に持つ**PSA**とE－Axleを開発製造販売する合弁企業も設立しています。

●自律成長とM&Aの両輪で成長

日本電産は自律的な成長に加え、**M&A**を積極的に活用して成長を加速させることに非常に長けた会社でもあります。設立以来、現在までに60社以上の企業をM&Aでグループに加えており、今後も足元でも精力的に実施しています。

過去には不振企業の再建型のM&Aも多かった日本電産ですが、近年は優良企業を積極的に取り込む案件も増えています。また、単なる規模拡大のための買収ではなく、買収対象は「回るもの、動くもの」およびそのための技術を補強、補完するものに限定して取り組んでいます。

ワンポイントコラム

【第二本社】　2022年、日本電産は京都市の本社ビルの隣接地での第二本社が竣工し、名称が「ニデックパーク」となりました。2,000億円を投資し、グループ企業の本社機能、研究所等を集約するニデックパークは、京都企業として売上高10兆円を達成するための強力な土台となりそうです。

●売上高4兆円、そして10兆円へ

1973年の創業時に目標とした売上高1兆円は、2014年度に見事に達成しました。次の目標は、Vision2025で設定された「2025年度までに売上高4兆円、ROIC（投下資本利益率）15%以上」です。4兆円の内訳は、精密小型モーター8000億円、車載1兆3000億円、家電・商業・産業用1兆3000億円、その他グループ製品6000億円となっています。

2030年には売上高10兆円を目指す日本電産。世界のエネルギー消費の50%を占めると言われるモーターで、日本電産に期待される役割はまだまだ大きくなっていきそうです。

日本電産は日本を代表する世界的企業を目指し「日本電産株式会社」として創業されました。2023年の創立50周年を機に、グローバル企業としてのさらなる飛躍を目指し、社名を「ニデック株式会社」に変更する予定です。

日本電産の基礎情報

創業年	1973年
創業者	永守重信
現在の代表取締役社長	小部博志
直近の売上高（2022年3月期）	19,182億円
直近の営業利益（2022年3月期）	1,715億円
社員数（2022年3月期）	114,371人
本社所在地	京都府京都市
海外売上高比率（2022年3月期）	82.2%
各事業売上高構成	家電・商業・産業用：7,866億円（41.0%） 精密小型モーター：4,249億円（22.2%） 車載：4,176億円（21.8%） 機械装置：2,156億円（11.2%） 電子・光学部品：697億円（3.6%） その他：37億円（0.2%）

3

TDK

TDKは、フェライト、カセットテープ、HDD用ヘッド等、技術革新で世界を驚かせてきました。技術、社会の変化とともに事業構造を大きく変えてきた同社は、大胆な戦略実行により、いま一度企業変革に挑んでいます。

●総合電子部品企業

フェライトから始まったTDKですが、現在では、フェライトから派生した各種部品のみならず、コンデンサ、センサ、電池まで手掛ける総合部品企業になっています。売上高は1兆9021億円。事業別で見ると、**受動部品**5052億円（売上高構成比26・6％）、**磁気応用製品**2484億円（同13・1％）、**センサ応用製品**1308億円（同6・9％）、**エナジー応用製品**9653億円（同50・7％）、**その他**524億円となっています（数値はいずれも2022年3月期実績）。

受動部品の主力製品は、コンデンサやインダクティブデバイス等です。インダクティブデバイスは祖業でもあり、今も世界トップグループの地位を占めています。また、2008年に買収した欧州の大手電子部品企業**EPCOS**の製品の多くもこの事業に分類されています。**磁気応用製品**の主力製品は、HDD用磁気ヘッド（HDD企業による内製を除くとTDKは世界で唯一のメーカー）、磁石です。**エナジー応用製品**の主力製品は、スマートフォン、タブレットに使用されるラミネートタイプの二次電池で、特にハイエンドのスマートフォンに採用されています。

●東北に拠点集積、最新鋭工場を建設

TDKは3-2節でも紹介した創業者齋藤憲三（さいとうけんぞう）氏の出身地である秋田県を中心に、岩手、山形等東北に

ワンポイントコラム

【世界陸上】 今やオリンピックを超える200以上の国と地域から選手が参加する大会となった世界陸上ですが、TDKは1983年の第1回ヘルシンキ大会からスポンサーとなっています。

売上高、営業利益率の推移(年度)

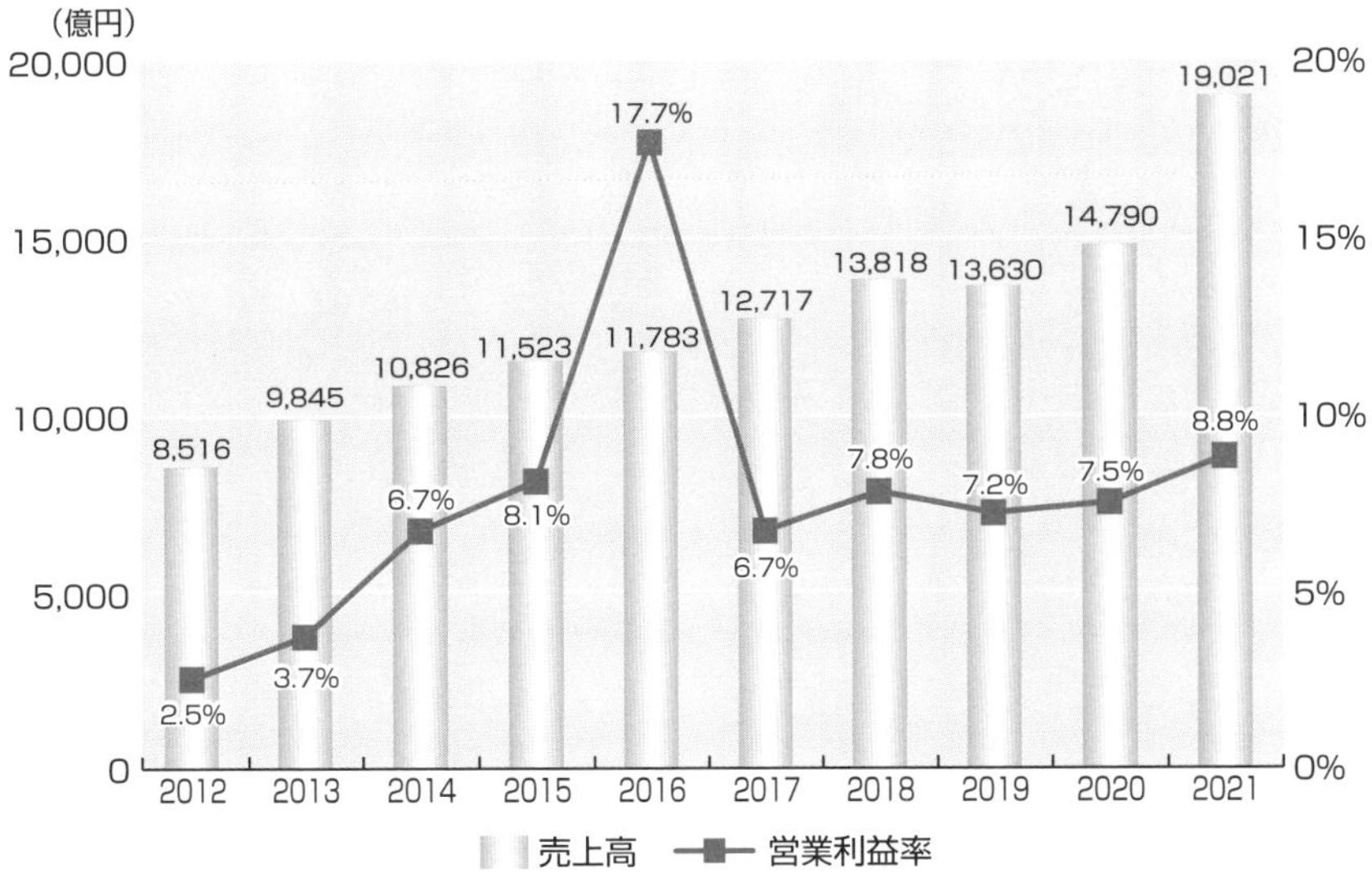

売上高構成比(事業別、地域別)

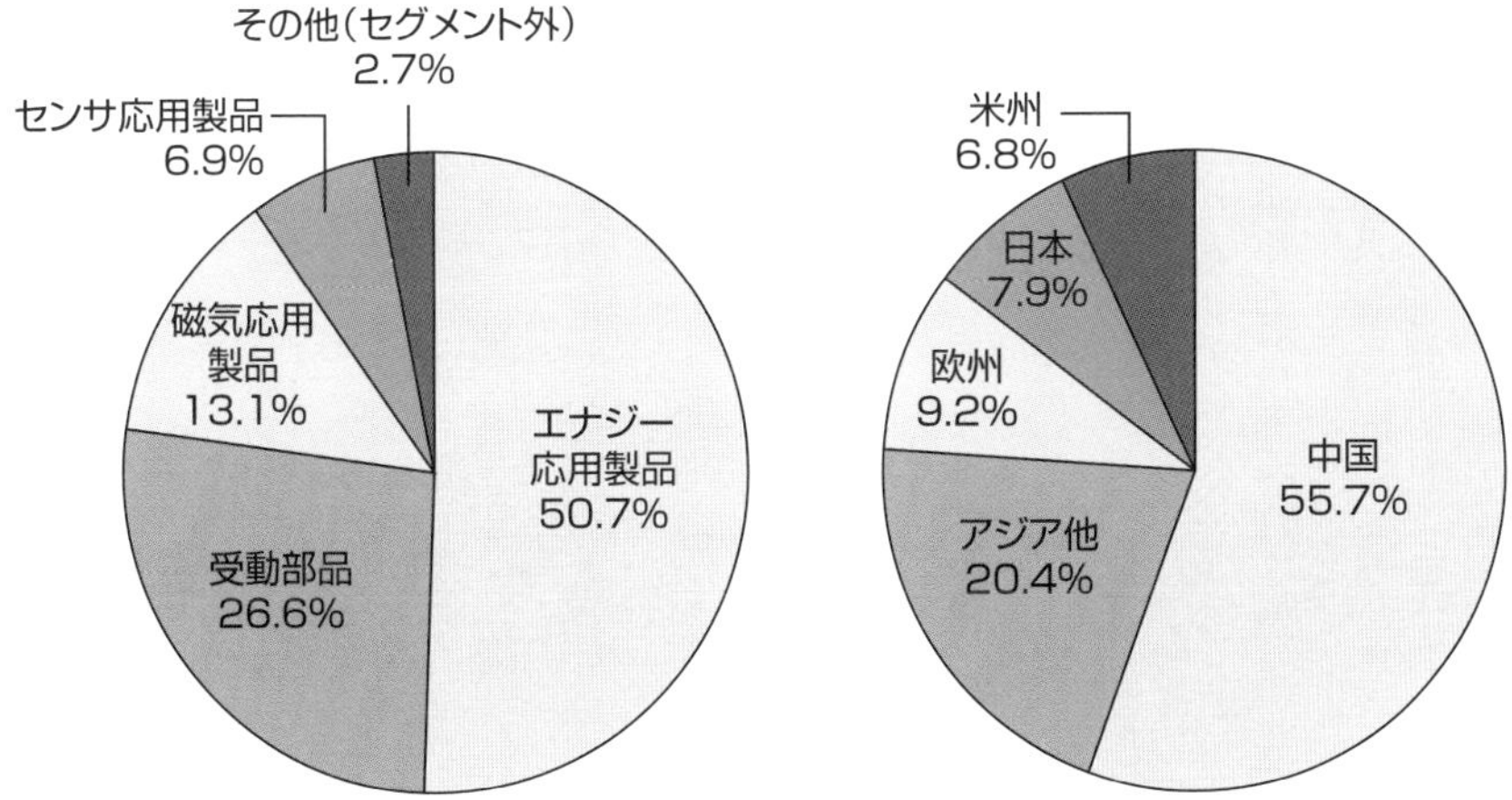

ワンポイントコラム

【社名の由来】 TDKの社名は、創業時の社名**東京電気化学工業**の略称で、これはフェライトの発明者である加藤与五郎氏と武井武氏が所属していた東京工業大学電気化学科にちなむものです。

多くの生産拠点を有しています。そして、現在、総額500億円という巨大なプロジェクトが進行しています。

岩手県の北上工場にMLCCの新工場を建設するもので2024年秋の稼働が予定されています。CO_2排出量を大幅に削減した環境対策と同時に、材料から完成品までの一貫生産ラインを構築する意欲的な新工場で、MLCC産業における占有率アップを目指します。

●技術革新で環境変化に対応

TDKのスタートは、日本の独創的技術であり世界で初めて実用化された**フェライト**で、無線通信、ラジオ等に使用されました。フェライトは、酸化鉄にその他材料を混ぜた粉末を焼き固めた、優れた磁気特性を有する電子素材です。その後も、**磁気カセットテープ**、**磁気ヘッド**等の世界的なイノベーションを起こしてきました。

その一方で、技術や製品の陳腐化も経験してきました。事業環境の急変――たとえば、80年代にはTDKの収益源であったカセットテープの激減等――に対して、技術革新で対抗して来たのがTDKの歴史です。そのための武器は、原子レベルの素材技術、超精密加工技術等です。またモノづくりの面でも、自社での一貫生産にこだわり、素材から開発し、さらに製造設備から内製していることが、模倣困難な強みの源泉となっています。

そしてまさに今、TDKは、次に紹介する中期経営計画にのっとり、再度の企業変革を成し遂げようとしているところです。

●中期経営計画 Value Creation 2023

2023年度（2024年3月期）を最終年度とする中計では、DX（digital transformation）とEX（energy transformation）の両輪で社会に貢献することが宣言され、数値目標としては最終年度に売上高2兆円、営業利益率12％以上、ROE14％以上を掲げています。特に、DXではセンサー事業、EXでは二次電池事業が注目されます。

DXにおいて欠かせない**センサ**において、TDKは、慣性センサーやMEMSセンサーを扱う**トロニク**

ワンポイントコラム

【Tech Mag】 電子部品は理解の難しい産業であることもあり、各社ともなるべく平易に解説をしようと工夫しています。その中でもTDKのHP上の『Tech Mag』は、初学者から専門知識、雑学まで幅広く取り揃えられた有用なコンテンツとなっています。

ス（仏）、ホール素子センサーを手掛ける**ミクロナス**（スイス）、センサーメーカー**インベンセンス**（米）、ASICの開発やカスタムICの設計サービスを行う**アイシーセンス**（ベルギー）、超音波センサーを手掛ける**チャープ・マイクロシステムズ**（米）等を合計で2000億円程度で次々と取得し、技術・製品ラインアップを一気に拡充しました。

EXでは、**エナジー応用製品**は上述したようにすでに全社の50％を占める最大事業になっており、2022年には世界最大の電池メーカーCATL（シーエーティーエル）との合弁企業設立を発表しました。TDKは、主にスマートフォン向けの小型電池で世界1位、一方、CATLは主に電気自動車用の大型電池で世界1位の企業です。この2社が共同で、家庭用・二輪車用・産業用の中型電池での事業を目指すものです。

カセットテープが音楽のあり方を、磁気ヘッドが情報通信のあり方を変えたように、今後の新たなイノベーションによる文化、産業の変革が期待されます。

TDKの基礎情報

創業年	1935年
創業者	齋藤憲三
現在の代表取締役社長	齋藤昇
直近の売上高（2022年3月期）	19,021億円
直近の営業利益（2022年3月期）	1,668億円
社員数（2022年3月期）	116,808人
本社所在地	東京都中央区
海外売上高比率（2022年3月期）	90.8%
各事業売上高構成	エナジー応用製品：9,653億円（50.7%） 受動部品：5,052億円（26.6%） 磁気応用製品：2,484億円（13.1%） センサ応用製品：1,308億円（6.9%） その他：524億円（2.8%）

4 京セラ

祖業であるファインセラミックから、各種電子部品、通信機器、プリンタ・コピー、太陽光発電システム等、多岐にわたる事業をグローバルに展開しています。創業者稲盛和夫（いなもりかずお）氏は戦後を代表する名経営者でした。

●セラミックから多くの産業へ展開

京セラは、祖業の**ファインセラミック***部品から、各種電子部品、スマートフォン、通信機器、プリンタ・コピー、太陽光発電システム等、多くの分野に事業領域を拡大してきた一大企業グループです。

売上高1兆8389億円の内訳は、**コアコンポーネント**5279億円（売上高構成比28・3%）、**電子部品**3391億円（同18・1%）、**ソリューション**9837億円（同52・6%）、その他178億円（同1・0%）の構成です（数値は以下も含めいずれも2022年3月期実績、調整および消去の影響で、合計は連結と一致しません）。

コアコンポーネントは大きく二つの事業から構成されています。一つ目は**産業・自動車用部品**で1729億円。主力製品は、産業機械用部品、自動車用部品、半導体・液晶製造装置用部品等です。二つ目が**半導体関連部品**で3277億円。主力製品は、セラミック・パッケージ（世界シェア70%程度の圧倒的1位）のほか、プラスティック・パッケージ、プリント配線板等です。

電子部品はコンデンサ、水晶部品、コネクタ等が含まれ、3391億円です。

ソリューションは、機械工具2510億円（切削工具、電動工具等）、ドキュメントソリューション3667億円（プリンタ・コピー等）、コミュニケーション2623億円（スマートフォン等の端末、情報通信サービス等）、その他1036億円（ソーラーエネルギー、

用語解説

***ファインセラミック**：ファインセラミックは、セラミックスの中でも高純度に精製した天然原料、化学的プロセスで合成した人工原料、天然には存在しない化合物等を配合し、精密に制御された成形、焼結加工法等で製造したものを言います。

売上高、営業利益率の推移（年度）

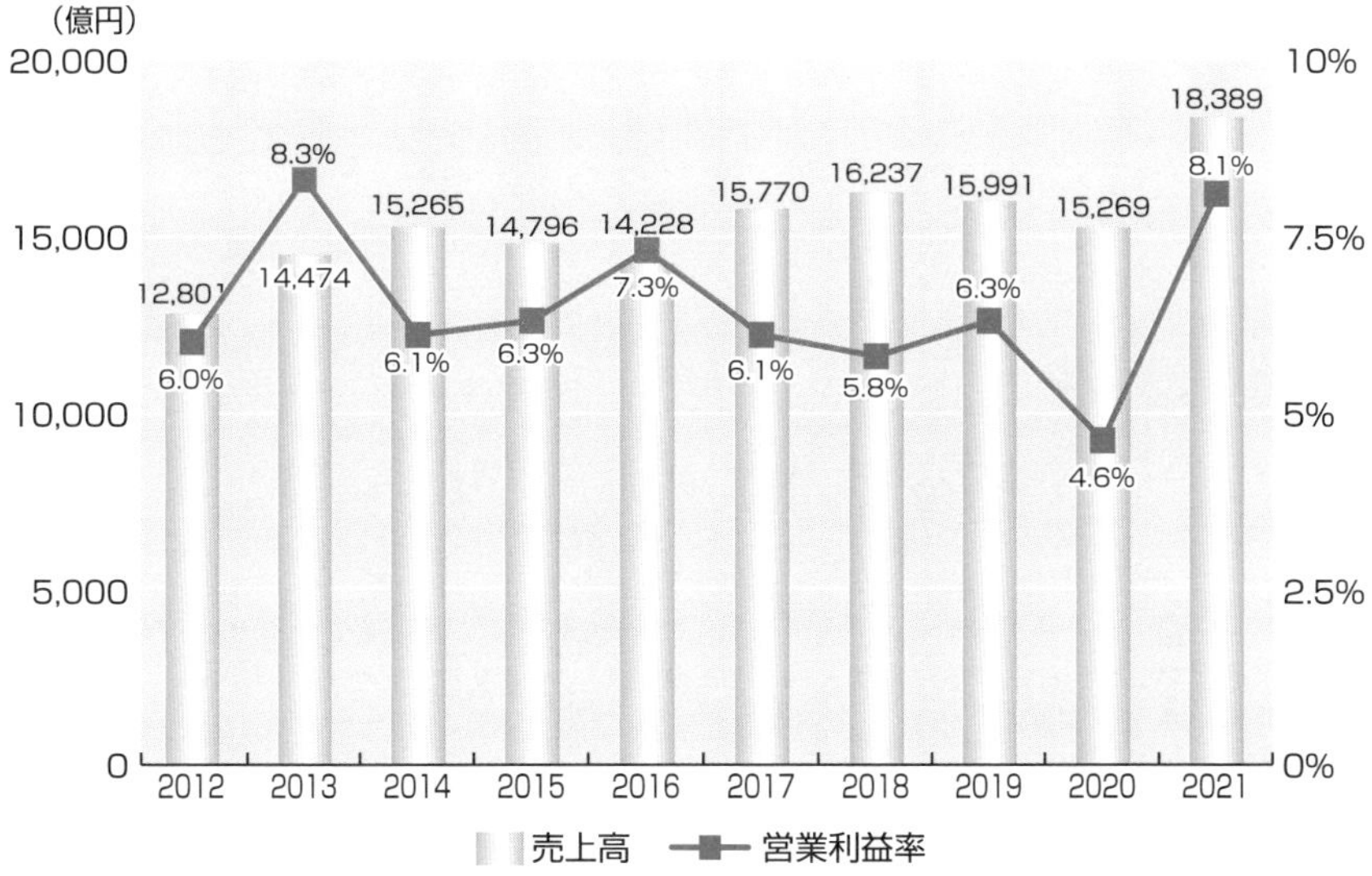

売上高構成比（事業別、地域別）

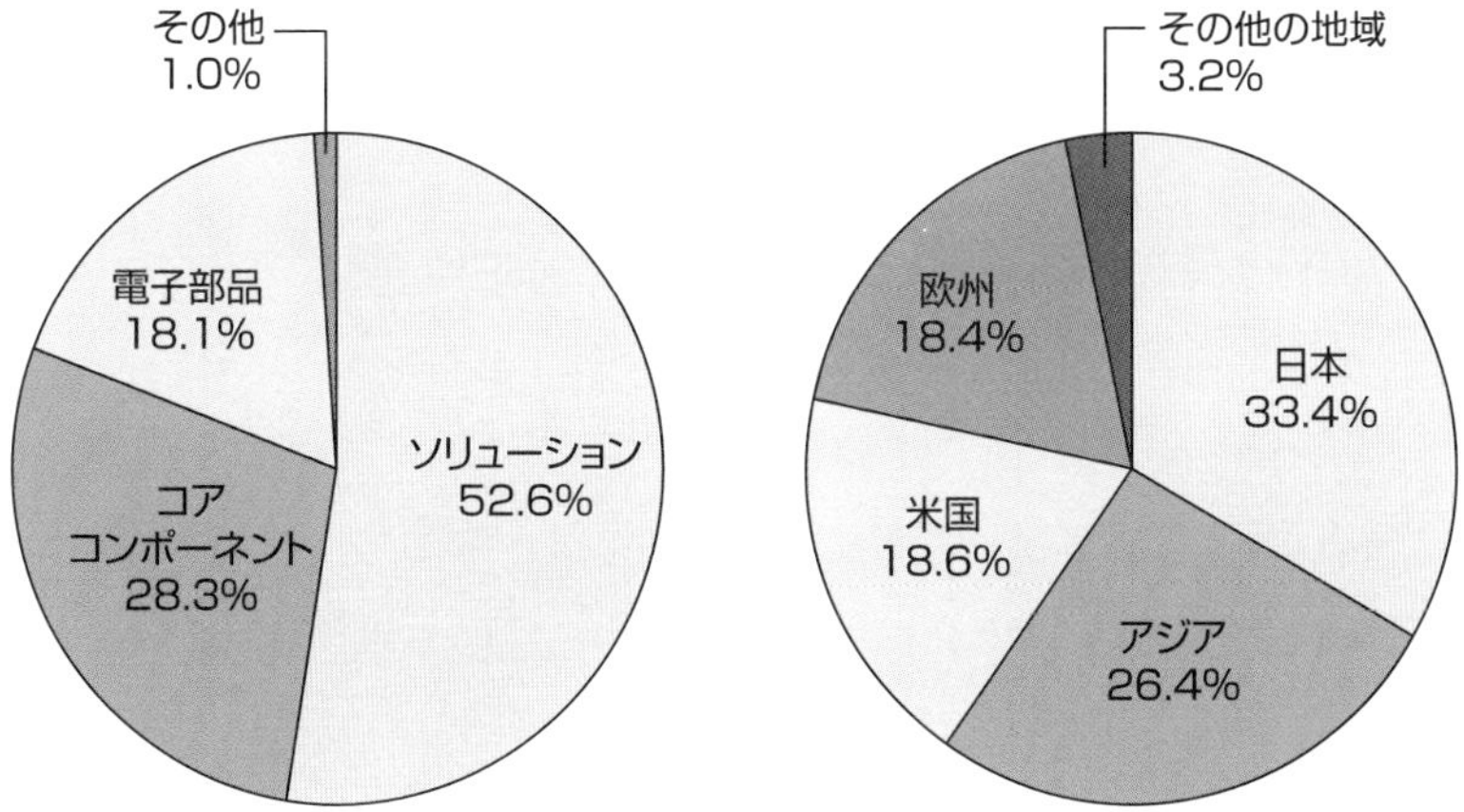

ワンポイントコラム

【小惑星探査機はやぶさ】 ファインセラミック部品の超高真空用部品の一つ、金属とセラミックを接合したメタライズ部品は、小惑星探査機はやぶさにも使用され、航空宇宙史に残る偉業実現に貢献しました。

医療用製品等）で構成されています。

●哲学と経営管理

これらの多くの事業、製品を京セラはどのように経営しているのか――。その根幹が稲盛和夫氏の哲学である「京セラフィロソフィ」と、その実践のための経営管理手法である「アメーバ経営」です（稲盛氏については3-9節でも紹介しました）。

「京セラフィロソフィ」とは、「**人間として何が正しいか**」を判断基準とした創業者の稲盛氏の哲学であり、「従業員が安心して働ける、その結果事業が成長発展する、その結果人類、社会に貢献する」という非常にスケールの大きな概念です。そのためには、安定した経営と持続的な成長が必要と考え、強固な財務基盤と事業の多角化につながっています。

「アメーバ経営」とは、組織をアメーバと呼ばれる小集団に分け、その集団を独立採算で運営する経営システムです。ＪＡＬ（日本航空）の再生の際にも、コスト意識の醸成に多大な貢献をしたことが実証したように、産業の種類に関わらず機能する、トヨタの**カンバン方式**等と並ぶ日本の経営史に残る発明と言えるかもしれません。

そして、アメーバ2・0とも言える取り組みも進められています。すなわち、アメーバ横断、事業横断的な事業創出のため、各アメーバの自律と同時に全体最適をも両立させる取り組みです。

●新経営体制のもとで売上高3兆円へ

2021年4月、京セラは、16あったプロダクトラインを「コアコンポーネント」、「電子部品」、「ソリューション」の三つのセグメントに集約する組織再編を行いました。新体制のもと、部門間の隔たりをなくし、フラットな組織作りによりシナジーや新規事業の創出を促し、事業成長のスピードをさらに加速させる計画です。中長期での具体的な数値目標として、売上高3兆円、税引前利益6000億円、ＲＯＥ10％以上を掲げています。セグメント別の売上高および利益ではコンポーネント7500億円（事業利益率17％）、電子部品5000億円（同20％）、ソリューション1兆5000億円（15％）、新事業関連2500億円です。

ワンポイントコラム

【京セラギャラリー】　京都の伏見区にある京セラ本社には、京セラギャラリーが併設されています。入場料は無料で、誰でも訪れることができます。常設展示には東山魁夷氏の画があり、また、その時々の特別展も企画されています。

各セグメントの持続的な成長に向けての施策を紹介します。コアコンポーネントにおいては、圧倒的な競争力を擁する半導体パッケージ、半導体製造装置向けファインセラミック部品、自動車向けセラミック部品等高成長が見込まれる製品が多く、京都、鹿児島、ベトナムで生産能力を強化中です。電子部品では、現在の主力製品であるコンデンサ、水晶部品等の強化はもちろん、2020年に完全子会社化したKYOCERA AVX（米）との一体運営が注目されます。ソリューションにおいては、情報機器ではアパレル産業等向けの商業用インクジェットプリンタの強化（布への印刷）、通信機器では5Gインフラ構築への貢献を目指します。

京セラの研究開発費・設備投資額は合計で21年度に2300億円超（売上高比13%）と積極的な投資を実施しました。事業投資の強化や積極的なM&Aをはじめ、「攻め」の経営を標榜する新経営体制下の京セラの今後が楽しみです。

京セラの基礎情報

創業年	1959年
創業者	稲盛和夫
現在の代表取締役社長	谷本秀夫
直近の売上高（2022年3月期）	18,389億円
直近の営業利益（2022年3月期）	1,489億円
社員数（2022年3月期）	83,001人
本社所在地	京都府京都市
海外売上高比率（2022年3月期）	66.6%
各事業売上高構成	ソリューション：9,837億円（52.6%） コアコンポーネント：5,279億円（28.3%） 電子部品：3,391億円（18.1%） その他：178億円（1.0%）

5 日東電工

独自技術をスマートフォンやテレビ用フィルム、工業用テープ、医療用品等、様々な用途に展開しています。グローバルニッチトップ®の実践により、高利益率を実現する優良企業です。

●多様な製品からなる優良企業

日東電工は、**粘着技術**、**塗工技術**、**高分子合成**等の独自基幹技術をスマートフォン、テレビ、自動車、医療等70以上の業界に展開しています。また、アジア、欧米等多くの地域に進出し、売上高の8割を海外で稼ぐグローバル企業でもあります。クラリベイト・アナリティクスによる世界で最も革新的な企業、研究機関を選考する**Top100 グローバル・イノベーター**に9回選出される等、知的財産も高く評価されています。

売上高は8534億円、その内訳は**オプトロニクス**4523億円（売上高構成比53・1％）、**インダストリアルテープ**3276億円（同38・4％）、**ライフサイエンス**477億円（同5・6％）、**その他**246億円となっています（数値はいずれも2022年3月期実績、連結消去の影響で合計は連結と一致しません）。

オプトロニクスの主力製品は、世界でトップのシェアを占める薄型ディスプレイ用の各種光学フィルムや、タッチパネル用フィルム等です。私たちが日常的に使用するテレビやスマートフォンの中には、ほぼ間違いなく日東電工のフィルムが入っています。

インダストリアルテープは、工業用の両面接着テープ、住宅建材用テープ、自動車産業向けの静振材や補強材、一般家庭で使用される粘着クリーナー（いわゆる**コロコロ**®。ブランドは**ニトムズ**）等、様々な産業、顧客向けの様々な製品から構成されています。

ライフサイエンスは、私たちがケガをしたときに使

ワンポイントコラム

【マクセルの母体】 日東電工はかつて日立製作所のグループ企業でしたが、2003年に日立製作所が株式を売却し、現在では独立企業になっています。また、日立マクセル（現マクセルホールディングス）は日東電工の一部事業が分離してできた企業です。

売上高、営業利益率の推移（年度）

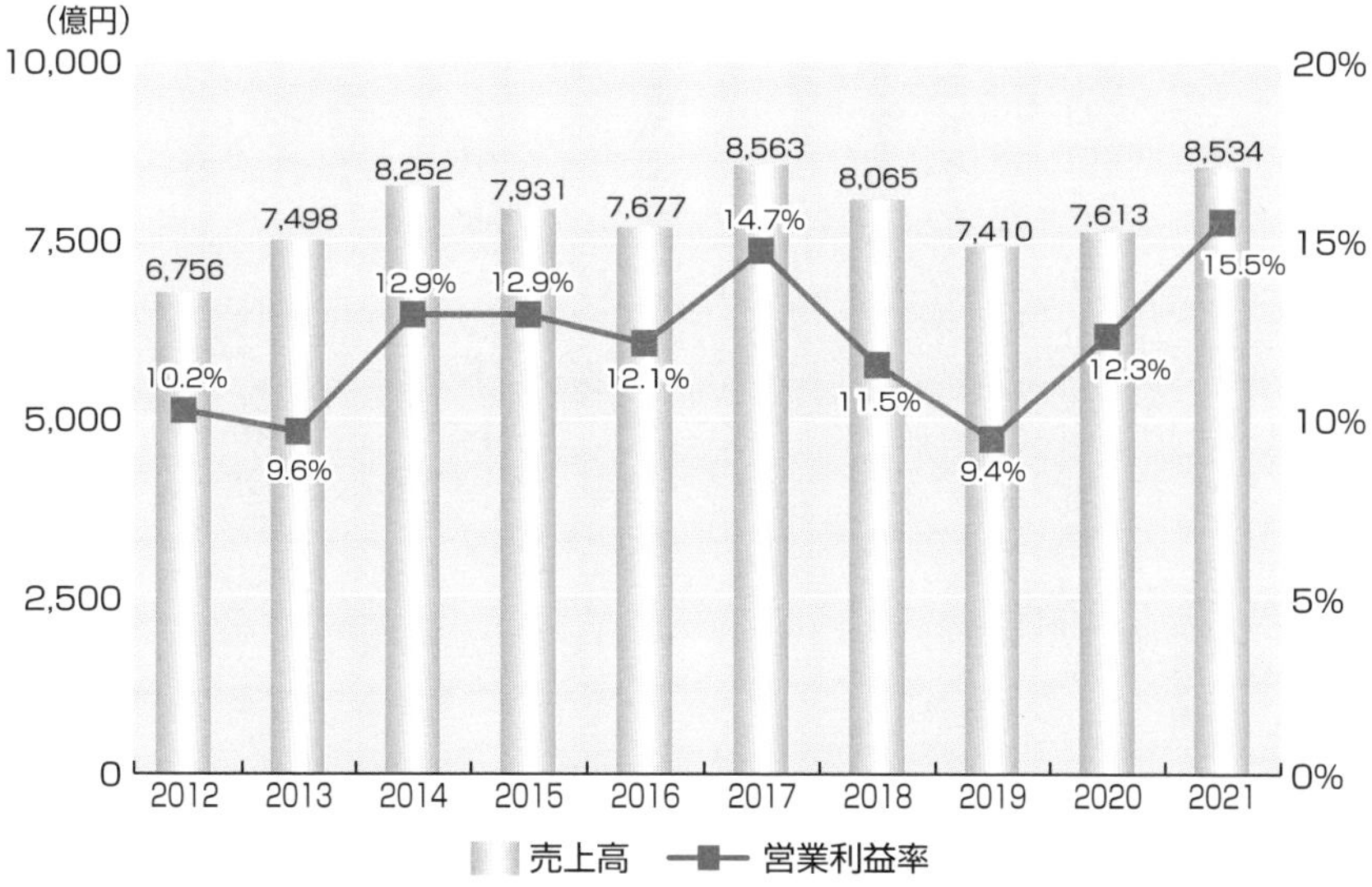

売上高構成比（事業別、地域別）

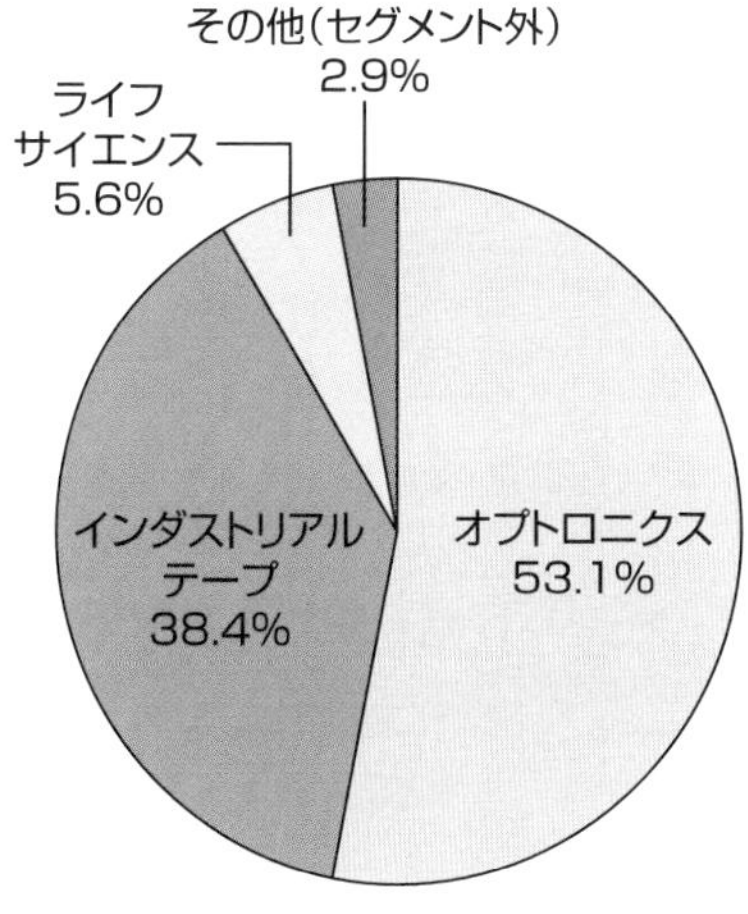

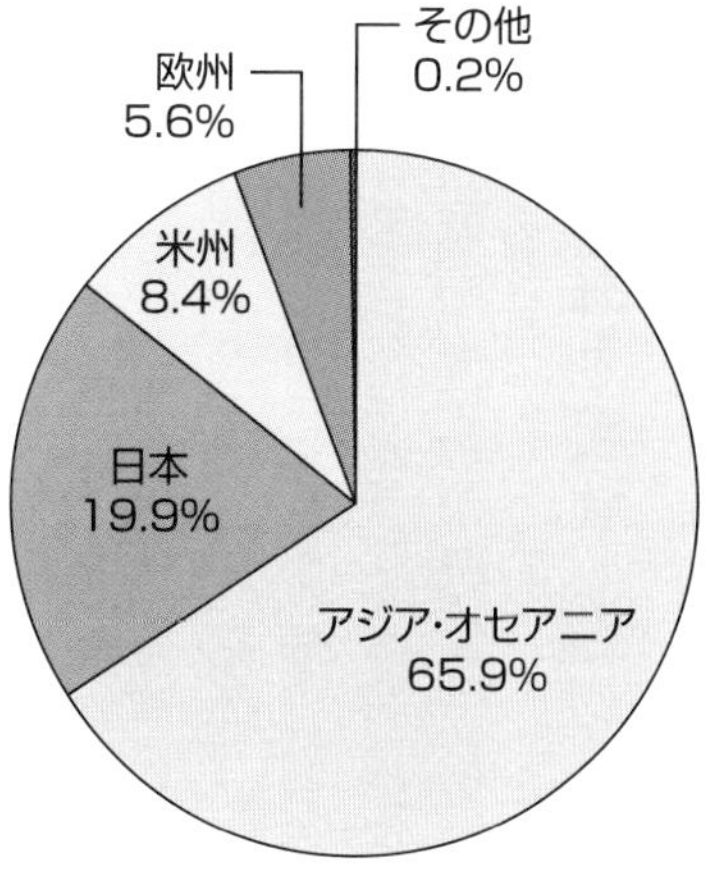

ワンポイントコラム

【世界で最も持続可能な100社】 日東電工は過去に、世界経済フォーラム（通称ダボス会議）にて「世界で最も持続可能な100社」にも選出されたこともあります。

う医療用テープ、経皮吸収型テープ製剤（口からではなく皮膚から薬を吸収）のほか、最先端医薬である核酸医薬品の受託製造や創薬を手掛けています。また、その他事業の主力製品は、水の浄化、海水淡水化に使用される高精度な膜で、世界トップメーカーの一つです。

●グローバルニッチトップ

ニッチを戦略に掲げる企業は数多くありますが、日東電工はまさにその嚆矢であり、**グローバルニッチトップ®**は同社の登録商標です。変化、成長する市場で独自の技術を活かせる分野でトップになることを目指しています。業界トップであることで、常に顧客から最先端の情報を獲得できることになり、継続的に競争力を強化する好循環を実現しています。

また、**エリアニッチトップ®戦略**も標榜しています。これは各地域の特有のニーズに合わせて最適な製品を生産し、そのエリアでトップを狙うというものです。たとえば、窓用遮熱、断熱フィルム一つをとっても、各市場の特性に適合させる工夫がされています。特に中国、インド、ブラジル等、新興国のエリアニッチトップ製品の進展に取り組んでいます。

●ハイテク企業による医薬分野での価値提供

医薬品専業の企業でも新薬の開発は困難ですが、日東電工は次世代医薬品として期待されている核酸医薬に取り組んでいます。現在の売上高規模は400億円程度で、核酸医薬製造の「部品」とも言えるポリマービーズの供給と、核酸医薬の受託製造でともに世界占有率60％程度を獲得しています。核酸医薬市場は急成長が見込まれており、日東電工は2023～2024年に総額300億円を投じ、日米に工場を建設中です。さらには、核酸医薬そのものの開発も進行しており、もし上市されることとなれば画期的と言えるでしょう。電子部品企業による医薬事業への挑戦は今後も注目されます。

●次の100年も変化し続ける企業へ

日東電工は2018年10月に創立100周年を迎

ワンポイントコラム

【Nitto】 日東電工は、現在コーポレートCM等でもNittoのブランドを使用し、グローバルでのブランド戦略を推進しています。

え、その節目で策定された中期経営計画「Jitsugen-2020」では、「グリーン・クリーン・ファイン」（環境、新エネルギー、ライフサイエンス）の三つの領域を強化する方針を打ち出しました。

その後策定された中期経営計画「Nitto Beyond 2023」において数値目標として掲げた２０２３年度に売上高９２００億円、営業利益１４００億円は、１年前倒しで２０２２年度に達成する見込みです。

２０３０年にありたい姿として「Ｎｉｔｔｏは、技術で未来を創造し、驚きと感動を与え続け、高機能材料メーカーとして持続可能な環境・社会を実現する」を掲げています。日東電工はこれまでも変化をチャンスと捉え、ニーズの一歩先を行く製品で市場をリードして来ました。そのＤＮＡを活かして、次の１００年にどのような企業へ成長していくか、非常に楽しみです。

日東電工の基礎情報

創業年	1918年
初代社長	稲村藤太郎
現在の代表取締役社長	高﨑秀雄
直近の売上高（2022年3月期）	8,534億円
直近の営業利益（2022年3月期）	1,323億円
社員数（2022年3月期）	28,438人
本社所在地	大阪府大阪市
海外売上高比率（2022年3月期）	80.1%
各事業売上高構成	オプトロニクス：4,523億円（53.1%） インダストリアルテープ：3,276億円（38.4%） ライフサイエンス：477億円（5.6%） その他（セグメント外）：246億円（2.9%）

6

ミネベアミツミ

ミネベアとミツミ電機が経営統合を行い誕生した企業です。精密機械加工部品、モーター、センサー、光部品、コネクタ、通信モジュール、アナログ半導体まで幅広く手掛け、各製品が有機的に結びついている「相合」精密部品メーカーです。

●機械部品、電子部品双方を手掛ける

2017年1月に旧ミネベアが**ミツミ電機**と経営統合し、ミネベアミツミに社名を変更しました。旧ミネベアはミニチュア・ベアリングメーカーとして1951年の設立以来、積極的な企業買収や1960年代からの海外展開により急成長した企業です。また、ミツミ電機はゲーム機大手向け部品で知られる電子部品企業です。この2社の経営統合の結果、ベアリング、小型モーター、アクチュエータ、センサー、集積回路まで手掛ける、**機械加工部品**と**電子部品**の双方からなる個性的な企業と言えるでしょう。

売上高は1兆1241億円。内訳は、**機械加工品**が1775億円（売上構成比15・8％。ボールベアリングや航空機用部品等）、**電子機器**が3710億円（同33・0％。液晶用バックライトのほか、センサー、小型モーター等）、**ミツミ事業**が4291億円（同38・1％。コネクタ等精密部品、半導体デバイス、光デバイス、車載製品、電源部品等）、**ユージン事業**が1456億円（同13・0％、自動車部品、産業機器用部品等）、**その他**が9億円（同0・1％）となっています（数値はいずれも2022年3月期実績）。

●他社を圧倒するボールベアリング事業

ミネベアミツミの主力製品である**ボールベアリング**は、モーター等の回転時に発生する摩擦を少なくさ

売上高、営業利益率の推移（年度）

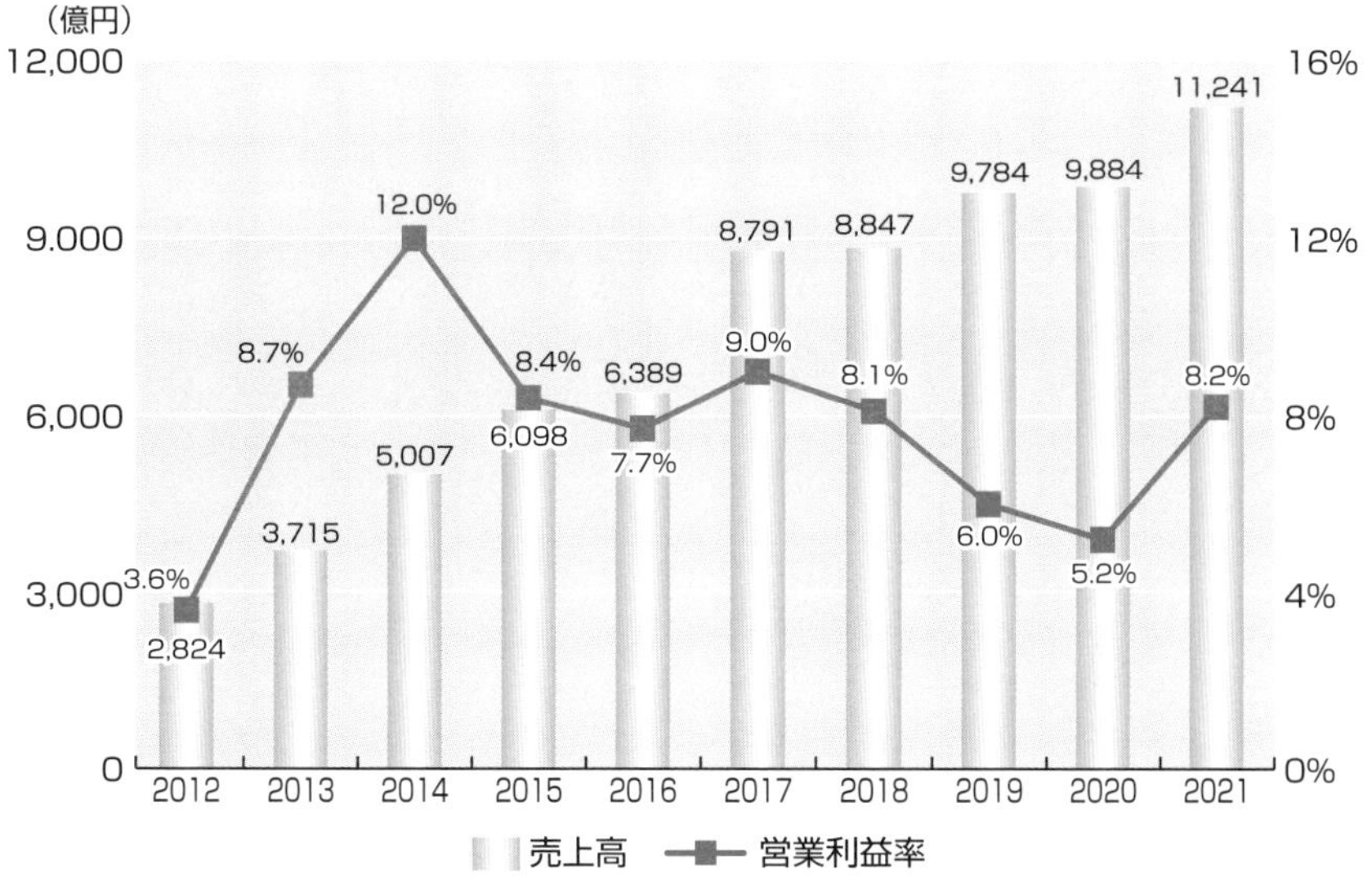

売上高構成比（事業別、地域別）

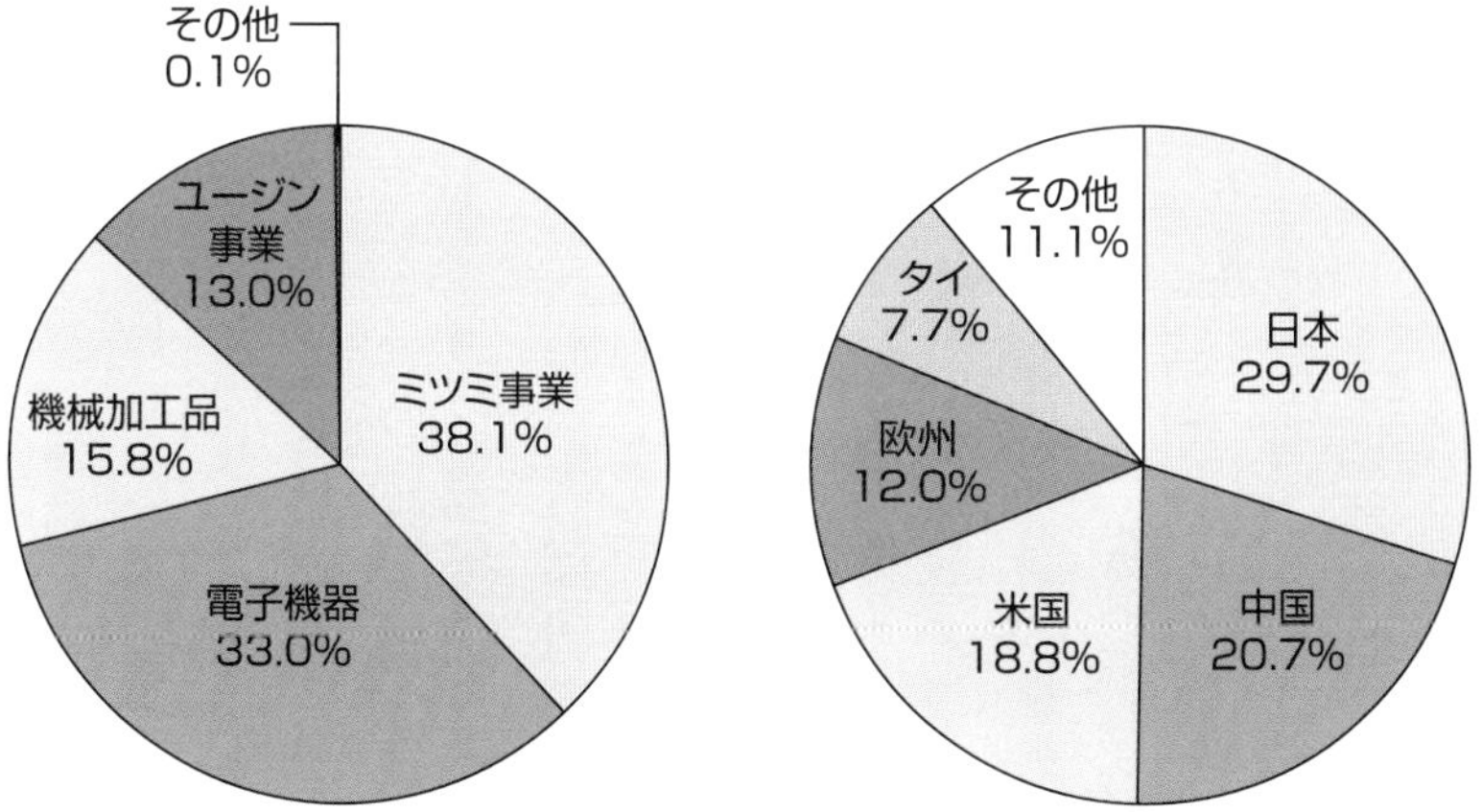

【社名の由来】 ミネベアミツミの前身であるミネベアの社名は、主力製品でもあり旧社名であった日本ミネチュアベアリングの略から付けられています。

せ、スムーズに作動させる機能を担った「**産業のコメ**」と呼称されるほど重要な部品です。ミネベアミツミは驚くべきことに、機械加工でサブミクロン単位の精度を実現しており、外径22㎜以下のミニチュア・小径ボールベアリングで世界シェア1位（約60％）を誇ります。供給能力は右肩上がりを続けており、月産4億個体制も遠くない将来に実現しそうです。

●8本槍戦略の「相合」精密部品メーカー

ミネベアミツミは「8本槍」戦略を掲げています。8本の槍とは、「自社の競争力が発揮できる」「製品間の相乗効果が期待できる」「大きな産業の中の特定の製品（たとえば、ベアリングでも小径製品）」で、具体的には、ベアリング、モーター、アナログ半導体、アクセス製品（ユーシンの製品等）、センサー（スマートフォン等で使用される光学式手ブレ補正部品OIS等）、コネクタ・スイッチ、電源、無線・通信・ソフトウエアの8製品になります。

製品面ではこれら8つの槍、技術面では10の要素技術（超精密加工技術、量産技術、センサー技術、光学技術、MEMS技術等）が連携し、お互いに高めながら成長する総合ならぬ「相合」部品企業を標榜しています。

8本槍のうち、現在特に注力されているのが、アナログ半導体とコネクタ・スイッチ事業です。前者に関しては、２０１９年にアナログ半導体専業メーカーエイブリックを、２０２１年にオムロンからMEMS事業および工場を取得しました。デジタル社会にも欠かせないアナログ半導体は今後も年率10％程度の拡大が見込まれており、２０２０年度に６００億円弱であったミネベアミツミの半導体売上高は２０２４年度には１０００億円に達する見込みです。

後者では、２０２２年にコネクター専業の2社（パナソニックが筆頭株主であった本多通信工業と、住友金属鉱山のグループ企業であった住鉱テック）をグループに迎え、技術・生産・製品ラインナップを一気に強化しました。コネクタの売上高は3社単純合算で３５０億円規模ですが、２０２８年度までには５００億円以上を目指す計画になっています。

ワンポイントコラム

【ギネス記録】　ミネベアミツミのCMでは2017年に流行したハンドスピナーが題材となっています。ボールベアリングの精密技術によって世界最小（5.09mm）、世界最長回転持続（24分46.34秒）の2点で、ギネス世界記録に認定されています。

また、本多通信工業は、ソフトウエア開発企業HTKエンジニアリングをグループに擁します。ミネベアミツミの「機械」と「電子」に「ソフトウエア」が加わることとなり、「クロステック事業本部」を設立し、「エレクトロ メカニクス ソリューションズ®」を推進する計画になっています。

●中期経営計画：営業利益2500億円

中期経営計画においては、既存事業の強化はもちろんのこと、積極的なM&Aで事業拡大し、売上高2・5兆円を目指しています。

ミネベアミツミは、世界は第4次産業改革の真っただ中にあると認識し、8本槍と10の要素技術によって、環境問題や少子高齢化等に代表される社会課題の解決に貢献していきたいとしています。

機械・電子の双方に優れた知見を持つ個性的な立ち位置と、速い意思決定かつ情熱あふれるミネベアミツミの飛躍が期待されます。

ミネベアミツミの基礎情報

創業年	1951年
創業者	富永五郎
現在の代表取締役社長	貝沼由久
直近の売上高（2022年3月期）	11,241億円
直近の営業利益（2022年3月期）	921億円
社員数（2022年3月期）	85,954人
本社所在地	長野県北佐久郡
海外売上高比率（2022年3月期）	70.30%
各事業売上高構成	ミツミ事業：4,291億円（38.1%） 電子機器：3,710億円（33.0%） 機械加工品：1,775億円（15.8%） ユージン事業：1,456億円（13.0%） その他：9億円（0.1%）

7 ローム

世界屈指の半導体素子メーカーであると同時に、祖業の抵抗器でも世界有数の企業です。現在は、自動車および産業機器分野向け積極展開を図っています。社会貢献に積極的な企業としても有名です。

●カスタムIC、半導体素子が主力

ロームの売上高は4521億円、事業別内訳は、**LSI（半導体集積回路）**2039億円（売上高構成比45・1％）、**半導体素子**1881億円（同41・6％）、**モジュール**328億円（同7・3％）、**その他**273億円（同6・0％）です（数値はいずれも2022年3月期実績）。この構成からもわかるように、本書で取り上げる企業の中では唯一、半導体を主力とする電子部品企業です。

LSIでは、スマートメーター、産業機器、計測機器、AV機器等で用いられる特定用途向けの汎用品（ASSP）が主力です。**半導体素子**においては、小信号トランジスタ、ダイオードでは世界指折りの企業であると同時に、今後成長が期待されるパワートランジスタにも積極的に展開をしています。**モジュール**は、決済端末等で用いられるプリンタヘッド、無線モジュール等が主力製品です。

祖業であり、社名の由来（「Resistance：抵抗」と「ohm：抵抗を示す単位」を合体させたもの）でもある抵抗器は、半導体事業の成功の結果、全体としての比率は小さくなっていますが、今でも世界トップ企業の一つです。

●独自性を強く意識

ロームは半導体企業としては中堅規模ですが、あらゆる側面において独自性を意識することで優位性を構築しています。

売上高、営業利益率の推移（年度）

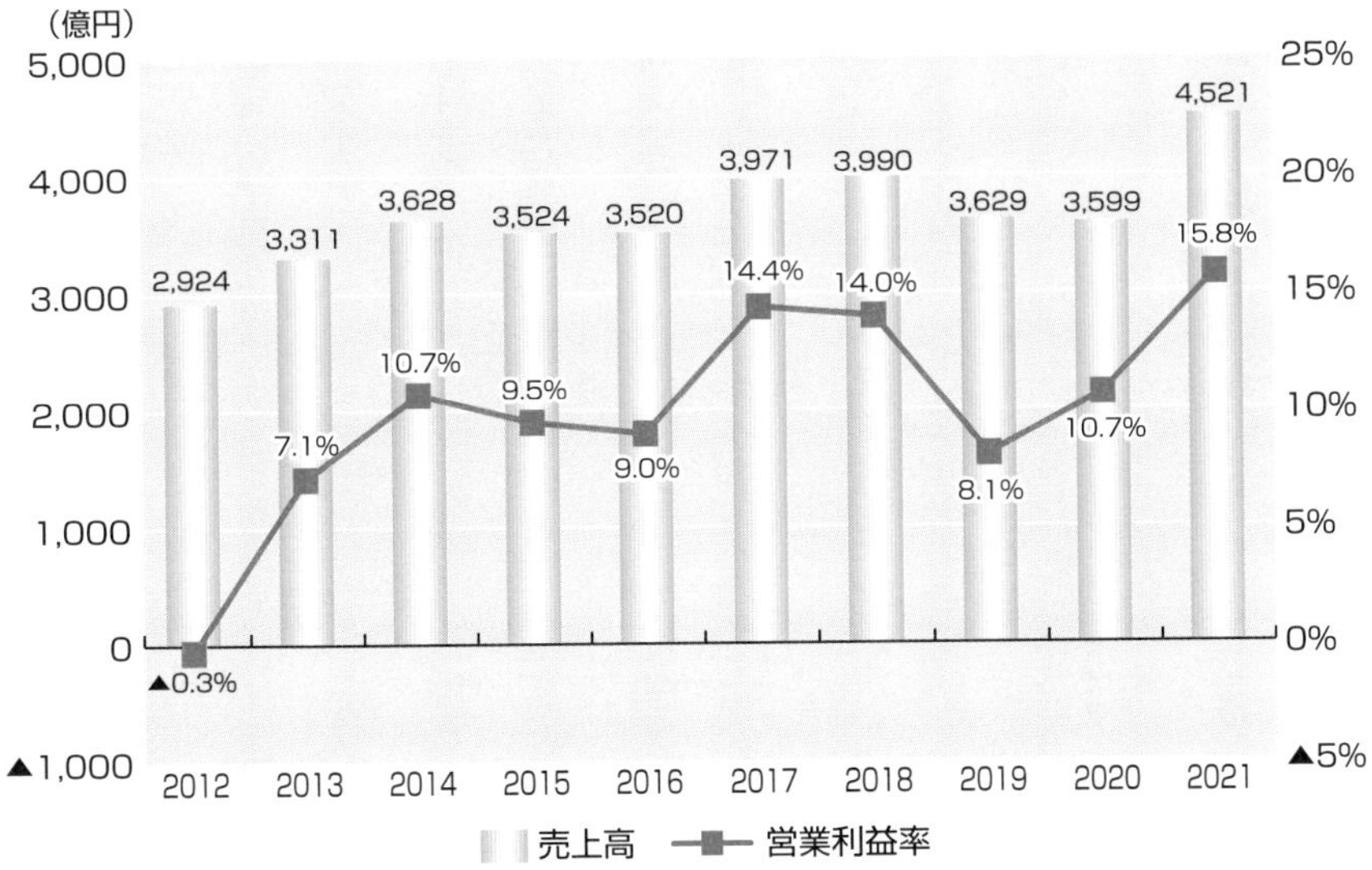

売上高構成比（事業別、地域別）

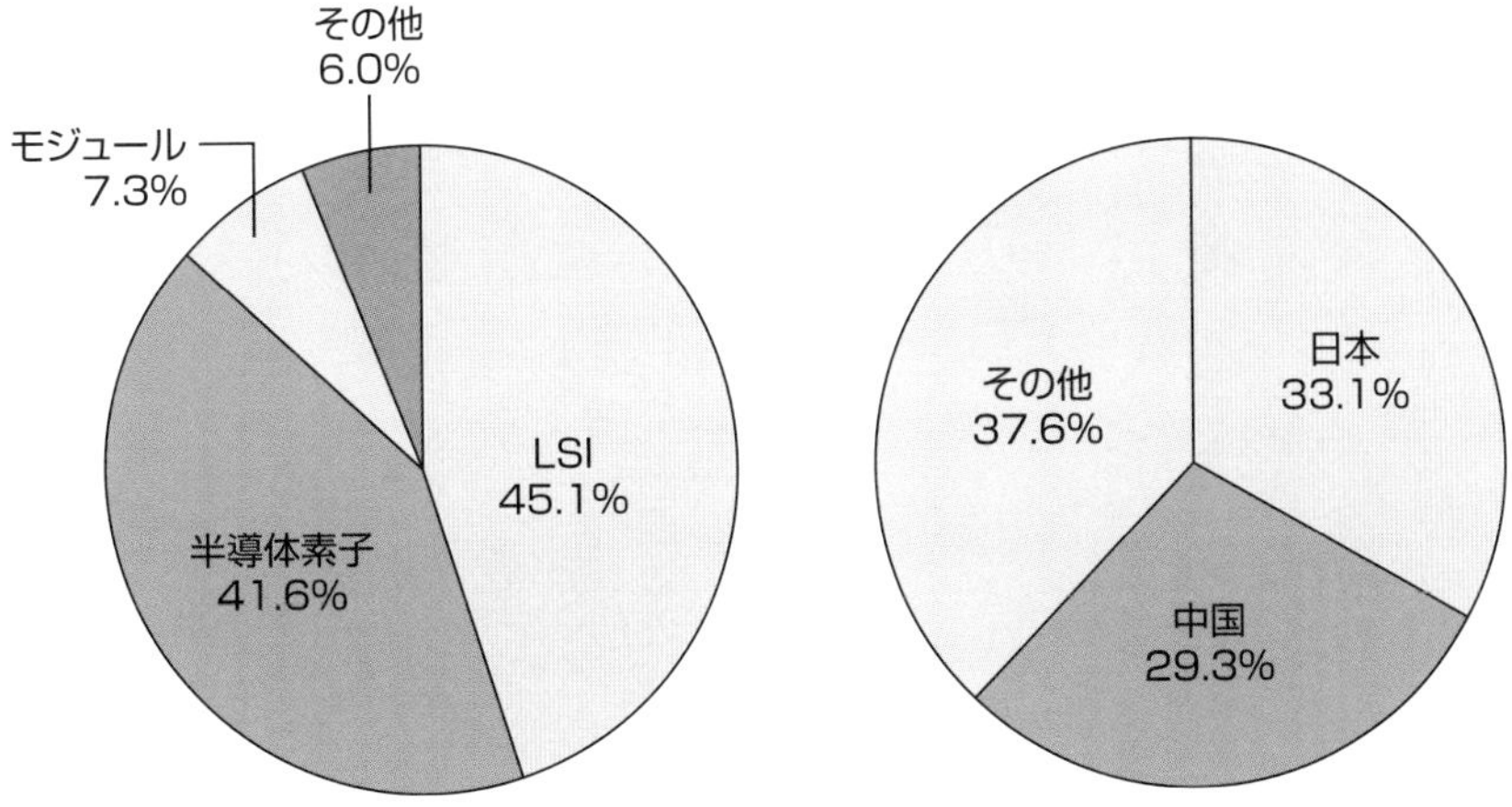

ワンポイントコラム

【フォーミュラE】 ロームはフォーミュラE（EVによるレース）のヴェンチュリーチームのテクノロジーパートナーとして、SiCパワーデバイスも提供しています。

際たるものは、企業目的に掲げられた**品質第一**でしょう。分業の進む半導体産業ですが、インゴットの製造から生産システムの自社開発まで自ら手掛けることで、究極の品質を追求する稀有な企業です。

製品企画では、単なる**モノ売り**ではなく、顧客の製品を深く理解し、ソリューションを提供することを意識し、アナログ、パワー、センサー、モバイルの4分野に展開しています。

製造では、主力工場を、京都の中心部に置いています。都市部にある半導体工場は世界的にも稀有です。コストが高いことは明らかですが、「都市部で働きたい技術者もいるであろう」「優れた技術者を採用できるならば立地コスト等吸収できる」との発想や、開発と製造の連携強化のための考えと思われます。

営業面では、安さを競うのではなく、顧客志向を第一義として顧客に寄り添い、高い評価を受けています。

●京都に根差す世界企業

クリスマスが近づくと、ローム本社の周辺は若い男女で賑わいます。本社のある五条通と佐井通沿いの街路樹や公園が、イルミネーションで美しくライトアップされるためです。ローム社員有志や大学生によるコンサート等も行われます。

ロームは文化面でも社会に大きく貢献しています。1960年に開館した旧京都会館は、施設の老朽化が問題となっていました。ロームはその改修費用を負担し、2016年1月10日に**ロームシアター京都**として新しく生まれ変わりました。創業者佐藤研一郎（さとうけんいちろう）氏の音楽家への支援、育成については3-8節でも紹介しましたが、このように京都に根差し、京都振興に力を入れているのもロームの特徴です。

●中期経営計画

ロームは中期経営計画MOVING FORWARD to 2025を執行中です。財務目標としては、25年度に売上高6000億円以上、営業利益率20％以上、ROE9％以上を掲げています。より具体的な目標として、EV用半導体での世界1位製品の確立、海外売上高比率50％以上、利益率の向上、世界企業に相応しい営業・開発体制の確立等が掲げられています。

特に注目されるのはSiC半導体です。現在の半導体のほぼすべてはシリコン（Si）ウエハーを素材にして製造されていますが、次世代の材料としてシリコンカーバイド（**SiC***）が注目されています。ロームはドイツのSiCウエハーメーカーサイクリスタル社を2009年に買収する等、半導体業界でも最も早くSiCに注目していた企業です。ロームによれば、SiC半導体市場は2030年には7000億円超に達する見込みで、同社は今後1200〜1700億円を投資し、中期経営計画最終年度にはSiC製品だけで1000億円以上の売上高を目指しています。

ロームの営業利益の過去最高額は、2001年3月期の1377億円（売上高営業利益率34％）です。新たな展開によって、いつこの水準をもう一度超えられるか、ロームの今後の飛躍が楽しみです。

ロームの基礎情報

創業年	1958年
創業者	佐藤研一郎
現在の代表取締役社長	松本功
直近の売上高（2022年3月期）	4,521億円
直近の営業利益（2022年3月期）	715億円
社員数（2022年3月期）	23,401人
本社所在地	京都府京都市
海外売上高比率（2022年3月期）	66.9%
各事業売上高構成	LSI：2,039億円（45.1%） 半導体素子：1,881億円（41.6%） モジュール：328億円（7.3%） その他：273億円（6.0%）

用語解説

＊**SiC**：SiC（シリコンカーバイド）は、シリコン（Si）と炭素（C）で構成される化合物半導体材料です。シリコンに比べ、高耐圧、低オン抵抗、高速、高温での動作可能という特色があり、様々なデバイスの省エネ性能向上を可能にします。

8 太陽誘電

セラミックコンデンサ、インダクタ、SAWフィルタ等で世界シェア上位の企業です。群馬県高崎市を中心とした地域が研究開発およびマザー工場機能を担い、世界各地に展開しています。新規事業の育成にも注力しています。

セラミックコンデンサを主力とする総合部品企業

太陽誘電はセラミック技術を中核技術とする電子部品メーカーです。売上高は3496億円（以下も含め、数値はいずれも2022年3月期実績）。事業別に見ると、**コンデンサ**が2304億円（売上高構成比65・9%）、**インダクタ**が489億円（同14・0%）、**複合デバイス**が488億円（同14・0%）、その他が215億円です。**コンデンサ**の主力である積層セラミックコンデンサMLCCにおいては世界3位につけています。**インダクタ**の主な製品はインダクタ（コイル）で、携帯電話、AV機器、家電、自動車等幅広く使われ、こちらにおいても世界トップ企業の一つです。**複合デバイス**の主力製品は、スマートフォンに不可欠なSAWフィルタ、FBARフィルタです。

用途別では、通信機器が29%、情報インフラ・産業機器が24%、自動車が22%、情報機器が16%、民生機器が9%となっています。かつては、スマートフォン等の通信機器向けが全体の半分程度を占めていましたが、近年は産業、自動車向けに力を入れています。

生産、開発拠点の多くが群馬県高崎市周辺に集積しており、高崎市を代表する企業となっています（本社は東京都中央区）。他に、新潟県上越市、東京都青梅市、福島県伊達市等にも重要な生産拠点を展開しています。海外生産比率68%、海外販売比率90%が示すよ

ワンポイントコラム

【太陽誘電ソルフィーユ】 女子ソフトボールチーム、太陽誘電ソルフィーユは、日本女子ソフトボールリーグ一部所属で、リーグ優勝6回、準優勝4回を達成した強豪チームです。

売上高、営業利益率の推移（年度）

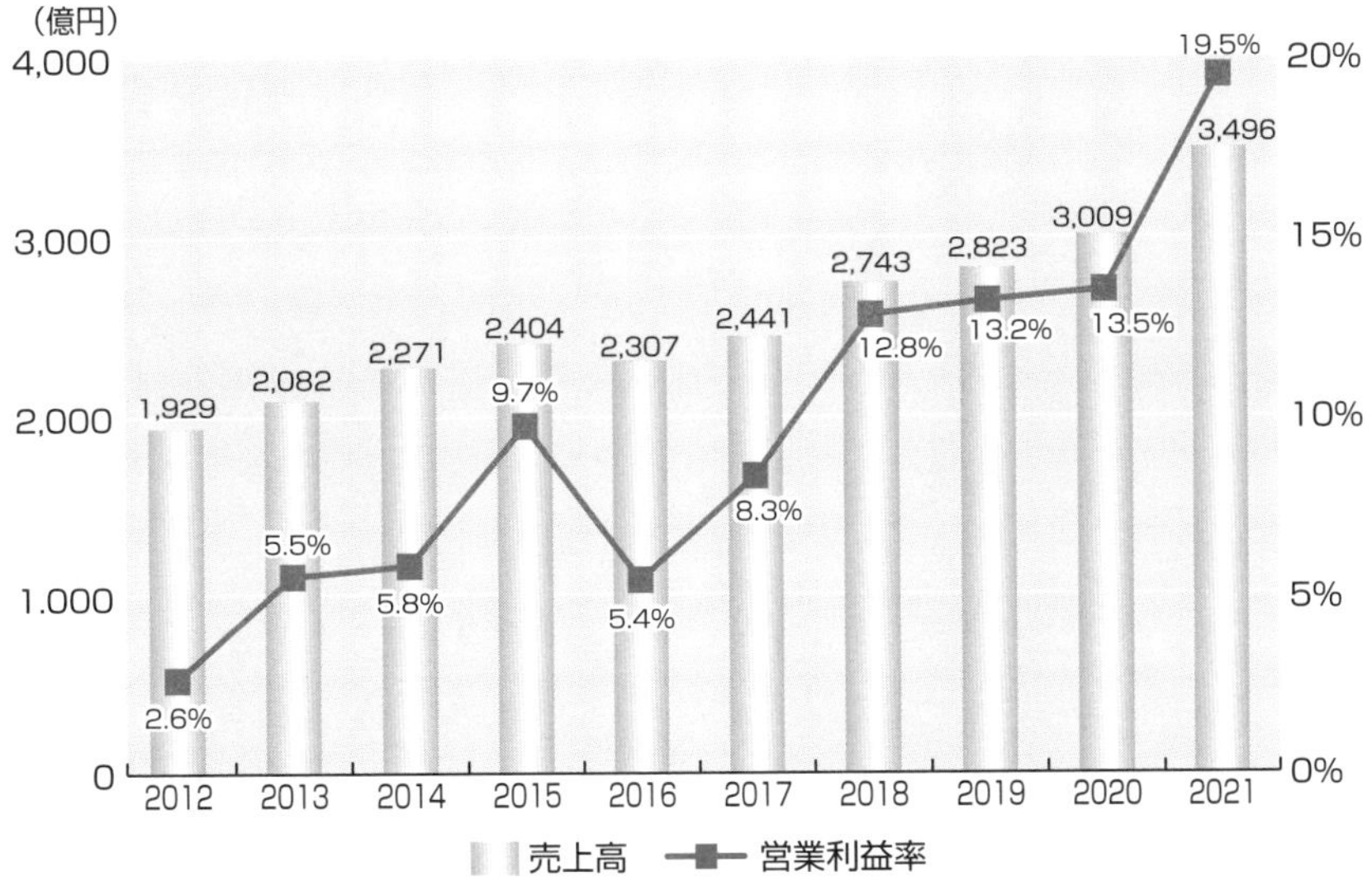

売上高構成比（事業別、地域別）

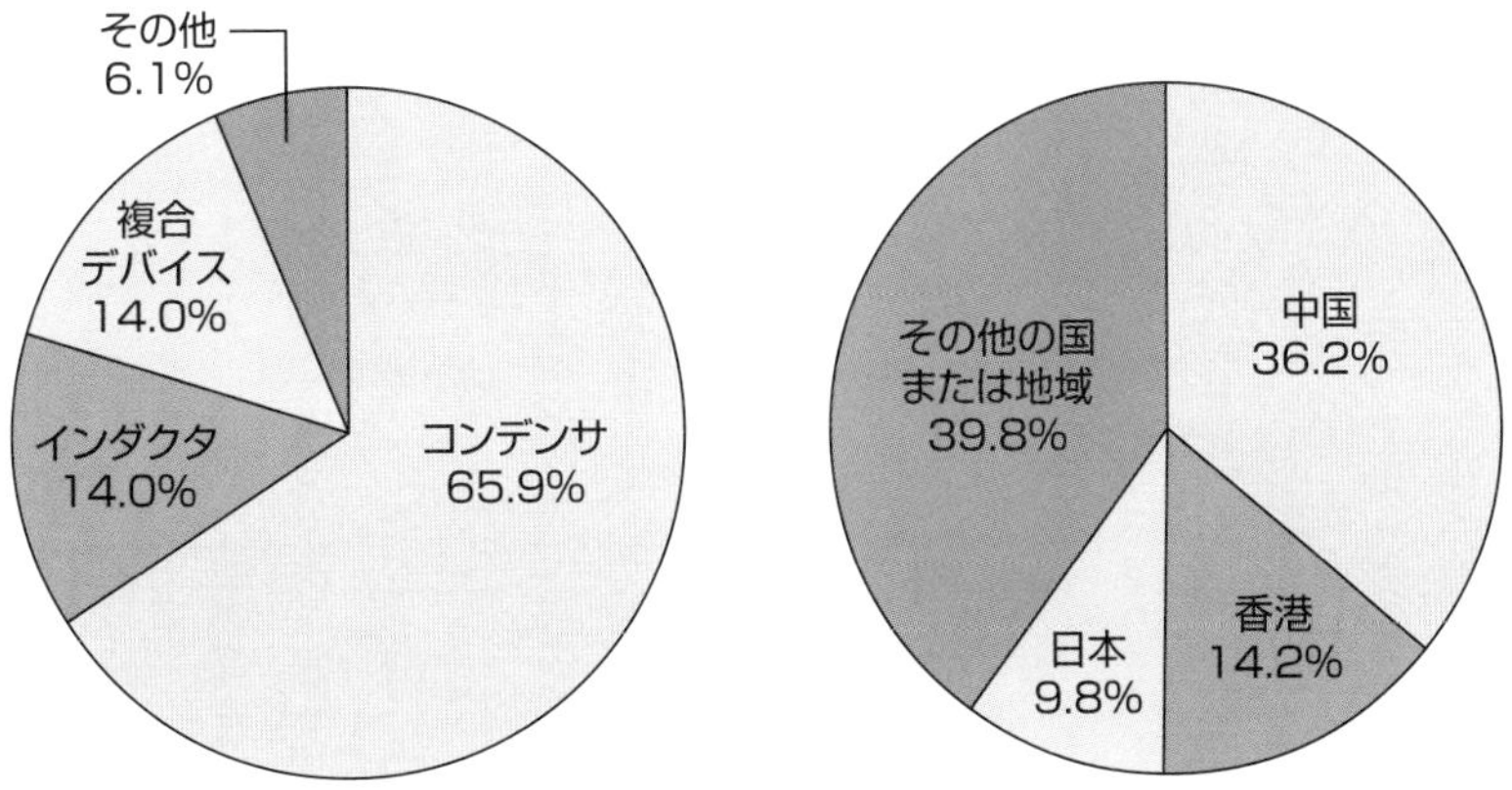

第6章 電子部品 主要企業

ワンポイントコラム

【労働の見える化の意義】 設備や在庫等のモノだけでなく、人の動きについても勘と経験でなくデータに基づく生産性改善を進めることは、今後あらゆる業種で必須の取り組みとなると考えられます。競争力の強化を通じて、働き方改革における従業員満足度向上への原資としていくべきです。

うに、世界展開も進んだ企業です。

中期経営計画2025

太陽誘電は中期経営計画2025(2021～2025年度)において、経済価値と社会価値を両輪とした企業価値向上を目指すことを目標として掲げています。経済価値では具体的な数値目標として売上高4800億円、営業利益率15%以上、ROE15%以上としています。社会価値ではGHG(GreenHouse Gas。温室効果ガス)の排出量や、廃棄物/水使用量の削減等、ESG関連においても定量的な指標を設定しています。経営指標達成に向けて、太陽誘電は**商品戦略、市場戦略、財務戦略、ESGへの取り組み**の四つの重点施策を策定し、さらなる成長に向けての体制を構築しています。

MLCCへの重点投資

商品戦略においては、世界的に競争力がある材料技術・積層技術を、MLCC、フィルタ、アクチュエータ、インダクタ、蓄電部品等に展開します。用途別でみると、自動車と情報インフラ・産業機器を注力すべき市場として定義し、当該市場の売上比率を50%まで拡大する計画です。

なかでも、MLCCは注目される製品です。太陽誘電はMLCCにおいて世界3位の企業で、MLCCの需要は2025年に2020年の約1・6倍になると予測し、日本(八幡原工場)・中国(常州)・マレーシア(SARAWAK)に3工場を同時に建設するという積極的な投資を行っています。また、インダクタにおいては、今後需要の拡大が期待されるパワーインダクタを強化する方針です。

選択と集中:ソリューション展開

MLCCをはじめとするコア事業に経営リソースを集中するため、太陽誘電は2022年に無線モジュール事業から撤退する一方、社会課題解決型のソリューションを新事業として展開しています。たとえば、スマートモビリティで脱炭素社会の実現に向けて、走行中に自動充電を行う電動アシスト自転車向けのエネルギー回生システム事業を展開し、売上を拡大しています。その他、防災・減災で人々の暮らしを守る河川モニタリングシステムや、工場のDXを加速させ、生産性改善を目指すIoTソリューションsoliot™等、多岐にわたる新事業の創出に取り組んでいます。

●太陽のように世の中を照らす会社

創業者の**佐藤彦八**(さとうひこはち)氏は、誘電体セラミックスの研究者であり、それに太陽を加え、社名を太陽誘電株式会社としました。太陽のように世の中を照らす、大きなエネルギーを持つ会社にしたいという願いが込められています。経営理念として、従業員の幸福、地域社会への貢献、株主に対する配当責任を、経営ビジョンとして「**お客様から信頼され、感動を与えるエクセレントカンパニーへ**」を掲げ、永続的、安定的に発展することを目指しています。

北関東から世界へ羽ばたき、ハイテク産業の技術革新を牽引する太陽誘電の今後が楽しみです。

太陽誘電の基礎情報

創業年	1950年
創業者	佐藤彦八
現在の代表取締役社長	登坂正一
直近の売上高(2022年3月期)	3,496億円
直近の営業利益(2022年3月期)	682億円
社員数(2022年3月期)	22,312人
本社所在地	東京都中央区
海外売上高比率(2022年3月期)	90.2%
各事業売上高構成	コンデンサ:2,304億円(65.9%) インダクタ:489億円(14.0%) 複合デバイス:488億円(14.0%) その他:215億円(6.1%)

9 ヒロセ電機

電子部品業界でも屈指の高収益率企業です。高付加価値製品の継続的な開発、自社工場と協力会社とが連携した独自のモノづくりネットワークシステムに特色があります。現在はスマートフォンに続く柱として、自動車、産業機器分野を強化中です。

●コネクタ専業メーカー

ヒロセ電機は**コネクタ**に特化した企業です。コネクタは、電子回路や光回路において接続を担う重要部品です（4-9節に詳述）。

ヒロセ電機の売上高は1637億円、製品別に見ると、**多極コネクタ**が1475億円（売上高構成比90・1％）、**同軸コネクタ**が114億円（同7・0％）、その他が48億円です（数値はいずれも2022年3月期実績）。多極コネクタには、機器の外部に実装する丸型、角型や内部に実装するリボンケーブル用、プリント基板用、FPC（フレキシブル基板）用等が該当します。また、同軸コネクタには、マイクロ波のような高周波信号を接続する特殊な高性能コネクタ、光コネクタ等が該当します。

売上高を用途別で見ると、スマートフォン向けが約2割、電子応用やFA制御等の一般産業機向けが約3割、自動車向けが約2割のほか、通信インフラやデジタル家電等、多くの分野にバランスよく製品を供給しています。

●電子部品業界屈指の高収益率企業

高利益率企業が多い電子部品産業の中でも、ヒロセ電機は屈指の高利益率企業として知られます。さらに、ヒロセ電機で賞賛に値するのは、過去20年間の平均営業利益率25％と、長期にわたり営業利益率20％

ワンポイントコラム

【創業者の最後の大仕事】 創業者の最後の大仕事は、次の社長の選択です。その選択が困難だからこそ、現在のガバナンス改革のテーマにもなっています。ヒロセ電機創業者の廣瀬氏は慧眼でした。銀行から人の派遣という申し出もあったそうですが、廣瀬氏は「馬鹿、酒井より優秀な奴がいるか」と言い、実質創業者となる酒井氏を選んだのです。

売上高、営業利益率の推移（年度）

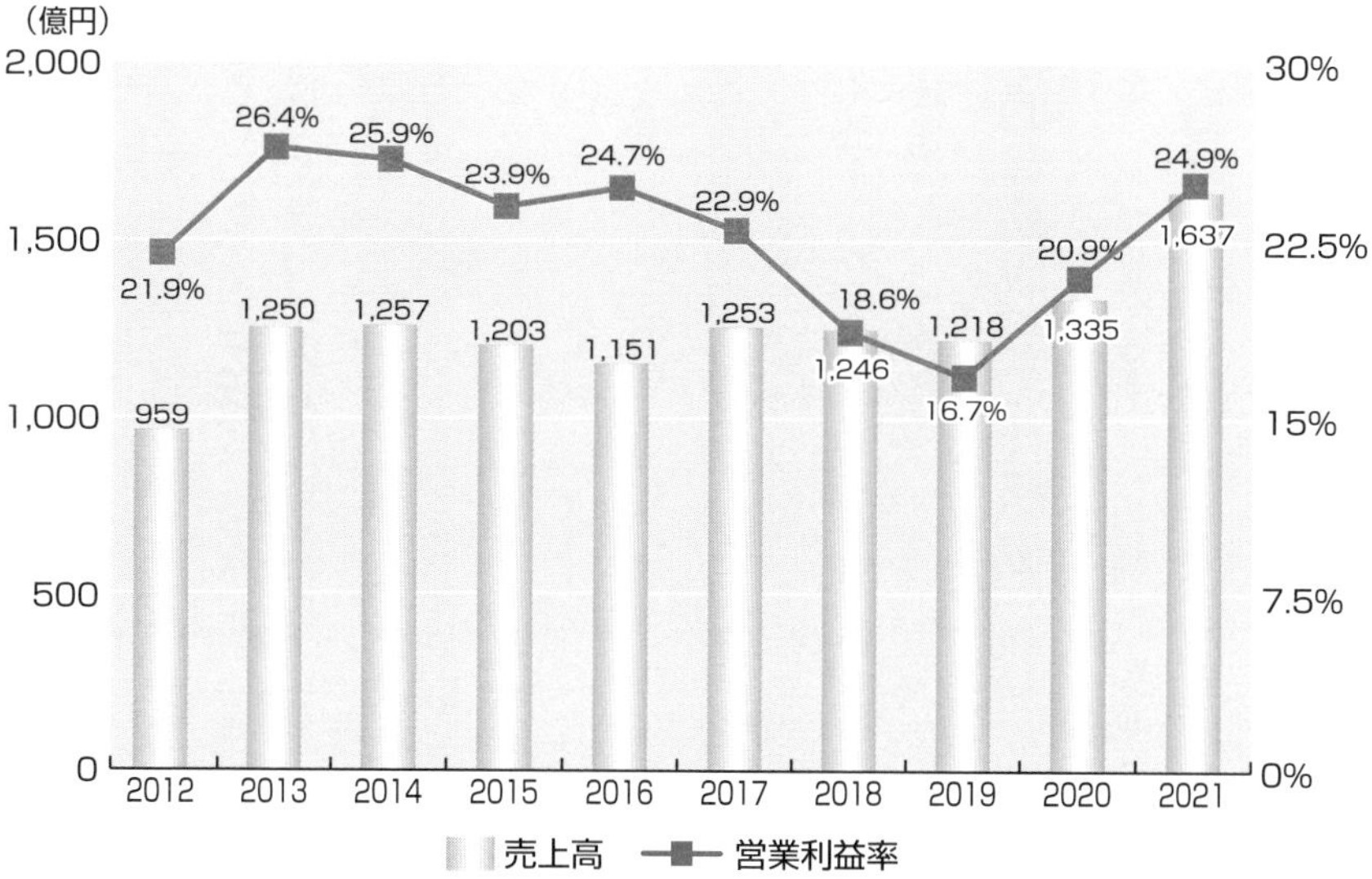

売上高構成比（事業別、地域別）

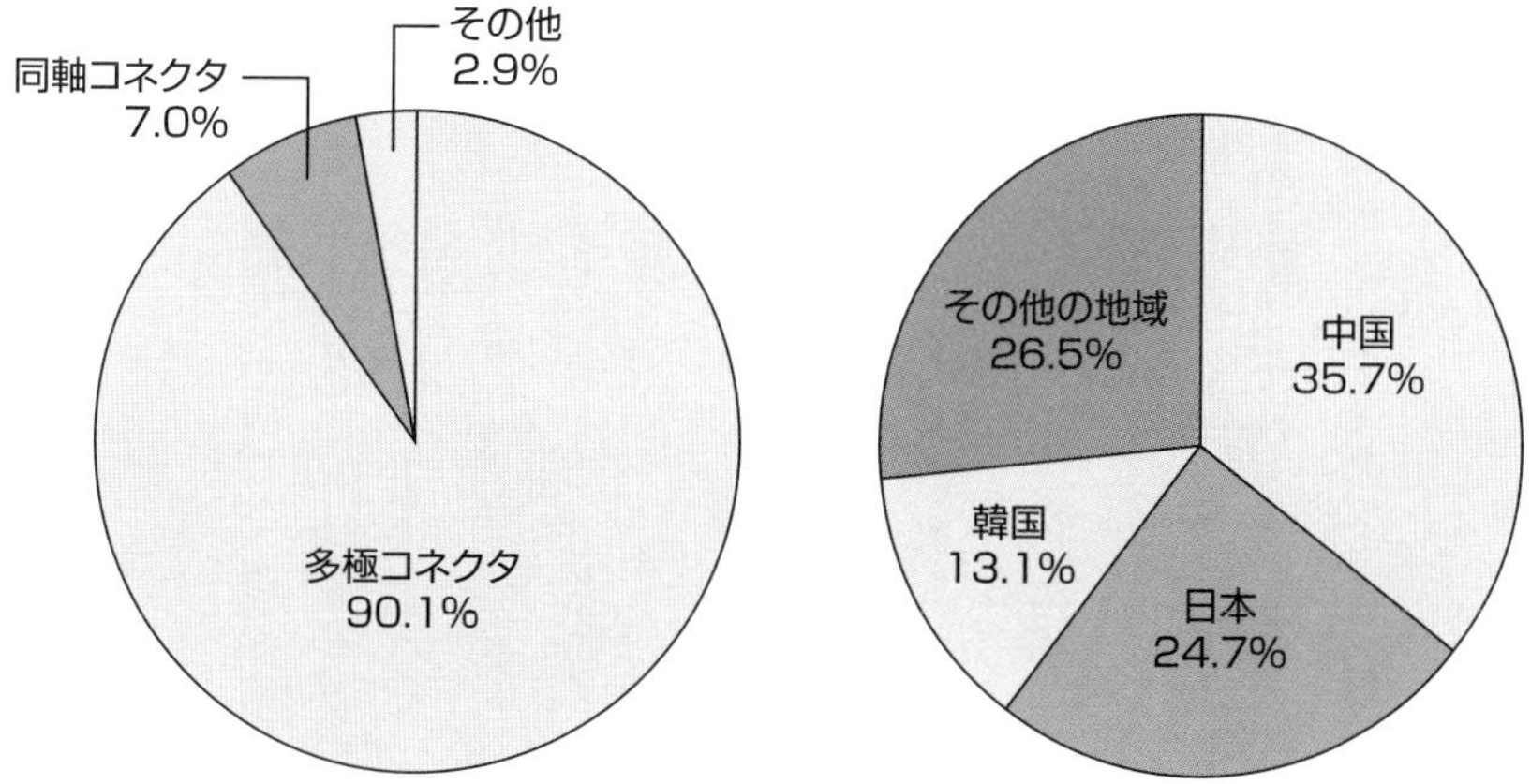

ワンポイントコラム

【災害からの早期復旧】 東北に生産拠点が集中するヒロセ電機は、東日本大震災では操業停止等の被害を受けました。高いシェアを持つヒロセ電機の被災は、セットメーカーにとっては心配されることでしたが、ヒロセ電機は復旧を急ピッチで進め、サプライチェーンへの影響を最低限にとどめました。

超を維持し続けている事実です。短期間でさえ高利益率を記録するのは簡単ではありませんが、変化の激しいハイテク産業において、持続的な高利益率の実現は驚異的なことです。たとえば、かつてのヒロセ電機は、少量多品種の産業用コネクタに強みがあり、そのことが高利益率の秘密と言われていました。しかし、その後、月産千万個規模のスマートフォン向けのコネクタにおいても同水準の利益率が可能であることを示して見せたのです。

　高収益企業のヒロセ電機ですが、決して驕り高ぶることはありません。コネクタ事業の創始者として酒井（さかい）秀樹（ひでき）氏については3-3節でも紹介していますが、酒井氏は高利益率に強くこだわると同時に、謙虚さの重要性も社員に訴えていました。

●継続的な高収益の仕組み

　高利益率を実現しているのは、規模よりも収益性を誇りとする同社の哲学、こだわりが最大の要因と言えますが、実務面では自社の経営資源を高付加価値工程、製品に特化させる戦術によります。

　組織としては、横浜の研究開発拠点が研究、開発、量産試作までを担い、国内の東北3拠点が**マザー工場**＊として、韓国、中国、インドネシア等の海外5拠点や協力会社にモノづくりを展開しています。全生産の60〜70％程度は協力会社が分担する、独自の**モノづくりネットワークシステム**を作り上げています。

　製品面では、技術的に差別化が可能な高付加価値品に特化しています。他社でも可能な製品に興味はなく、常に技術者と営業が一体となって、新しい付加価値を提供できるコネクタを開発することに注力しています。

●産業機器、自動車の強化

　ヒロセ電機は、スマートフォン等のコンシューマー製品に続く、新たな柱の形成を急いでいます。特に注目されるのは、**ファクトリーオートメーション**等の産業機器、自動車分野です。

　産業分野では、**インダストリー4・0**等の動きに合わせ、機器同士をつなぐ通信の増加が予想されています。産業用Ethernet向けでは、**ハーティング**

用語解説

＊**マザー工場**：マザー工場とは、海外工場や協力会社工場のモデルとなる生産システムや生産技術を有する工場を言います。高い技術力、開発力、問題解決能力、柔軟な対応力が求められるため、多くの場合本国に置かれます。

（独）とix Industrialと呼ばれる新製品を協働で開発していますが、このようなオープンイノベーションは同社にとっても新しい試みです。コネクタ単体でなく、製品の組み合わせ等、さらに踏み込んだ総合的なソリューション化を志向しています。

モノづくり力の強化では、横浜の研究開発拠点が司令塔となり、EMC試験室、金型の精度をミクロンからナノ単位とする金型棟の新設等、戦略的な投資を実行しています。

IoTの本格的な普及や、自動車をはじめ電子、電動化のさらなる進展を受け、コネクタに求められる要求はさらに高度なものになるでしょう。盤石な財務体質（自己資本比率は85%超、保有する金融資産は約2000億円超）は、大胆な戦略実行をも可能にするもので、ヒロセ電機のさらなる発展が期待されます。

ヒロセ電機の基礎情報

創業年	1937年
創業者	廣瀬銈三
現在の代表取締役社長	石井和徳
直近の売上高（2022年3月期）	1,637億円
直近の営業利益（2022年3月期）	408億円
社員数（2022年3月期）	5,070人
本社所在地	神奈川県横浜市
海外売上高比率（2022年3月期）	75.3%
各事業売上高構成	多極コネクタ：1,475億円（90.1%） 同軸コネクタ：114億円（7.0%） その他：48億円（2.9%）

ワンポイントコラム

【東京から一番遠い町】 ヒロセ電機が主要生産拠点の一つを構える岩手県宮古市は、「東京から一番遠い町」とも言われます。電車、自動車、飛行機、船のどれを利用しても5時間ほどかかるためですが、現在ではコネクタ産業で発展しています。ヒロセ電機がどうして「一番遠い町」を選んだのか、それもヒロセ電機ならではの発想によるものです。

マブチモーター

小型直流モーター世界最大手です。経営戦略のお手本として経営書で頻繁に紹介される優良企業であり、高品質の製品を適正な価格で長期にわたり安定供給することで成長を志向する堅実な社風です。

●小型直流モーター世界最大手

マブチモーターは世界最大の**小型直流モーター企業**です。売上高は1346億円（2021年12月実績）、1954年会社創立以来モーターの生産個数が累計500億個を超えています。自動車向けでは、ドアロック、サイドミラーおよびエアコンダンパーといった用途で世界シェア1位であり、後発にて参入した自動車用パワーウインドウ（窓の開閉）用等の用途でも先行メーカーに迫るシェアを誇ります。民生、業務機器用では、インクジェット・プリンター、理美容関連機器（シェーバー、ドライヤー等）および工具用等、多岐にわたる用途に展開しています。数多くの用途で世界シェア1位であり、その結果として高収益を実現している優良企業です。

●標準化戦略と早期の海外展開

マブチモーターは、創立初期の主力製品であった玩具向けモーターで世界を席巻、同時期に確立した**標準化戦略**が現在の世界的企業への飛躍を遂げる原動力になったと言えるでしょう。

従来、特注品が一般的だった部品業界において、標準品は歓迎されるものではありませんでした。しかし、製品の標準化➡生産の平準化➡品質の向上およびコストの低減➡需要の増加➡さらなるコストの低減……という好循環を実現しました。また、日本のハイテク企業の中でも、早期に**海外展開**を進め、1991年には100%海外生産となり、日本国内は少数の

ワンポイントコラム

【本社ビルの受賞歴】 創業50周年に竣工したマブチモーターの本社ビルは「100年建築」をコンセプトとし、4層の無柱空間で構成されて全体の一体感を得る立体型ワンオフィスとなる特徴的なものです。この本社ビルは、日本免震構造協会賞作品賞、プレストレストコンクリート技術協会賞作品賞、日経ニューオフィス賞ニューオフィス環境賞等、数々の建築関連の賞も受賞しています。

売上高、営業利益率の推移（年度）

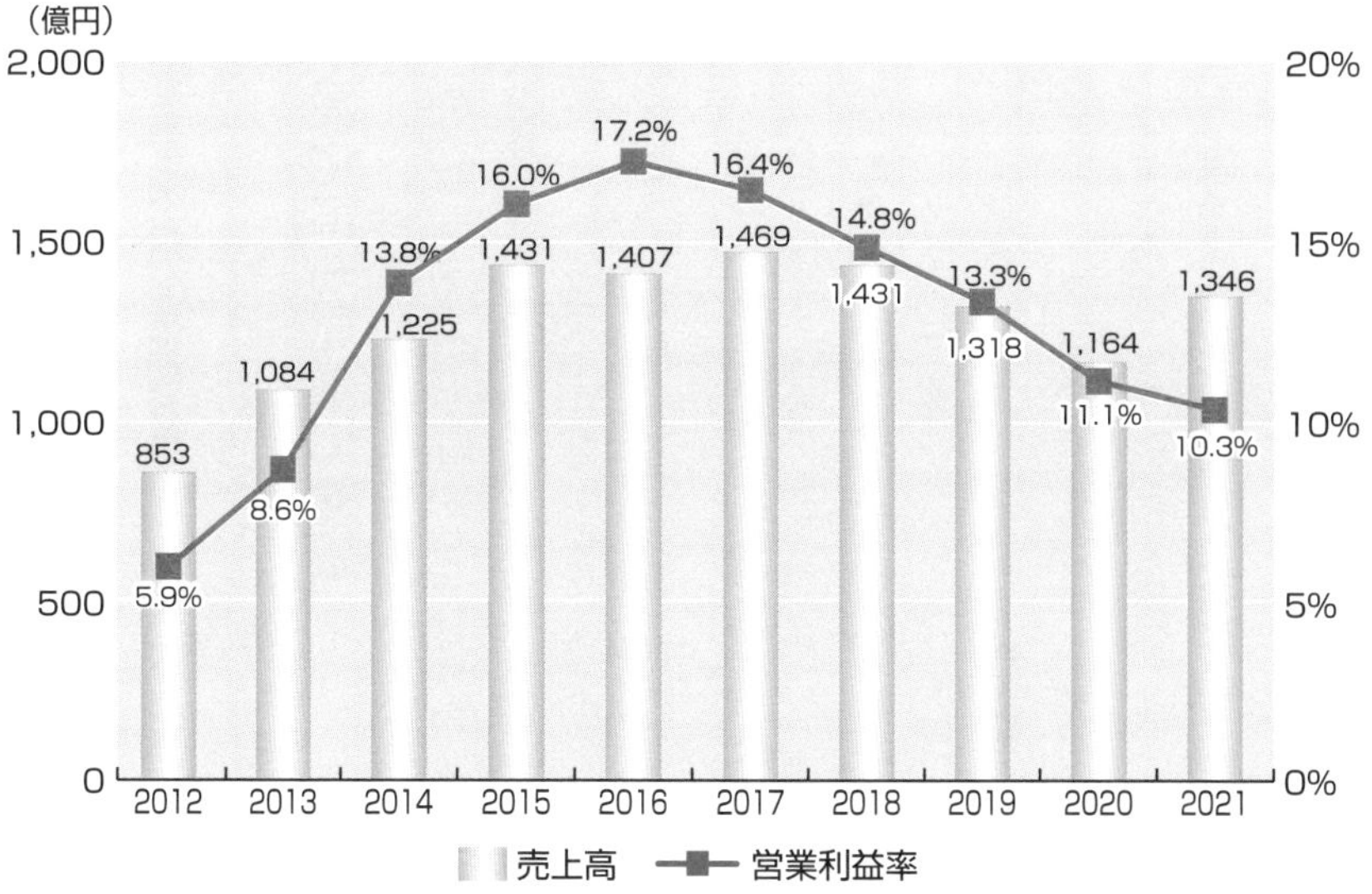

売上高構成比（事業別、地域別）

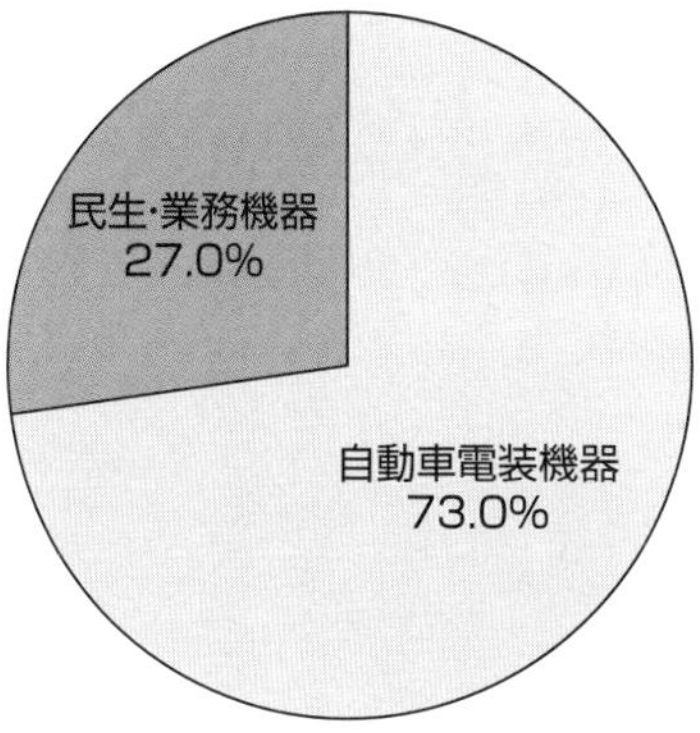

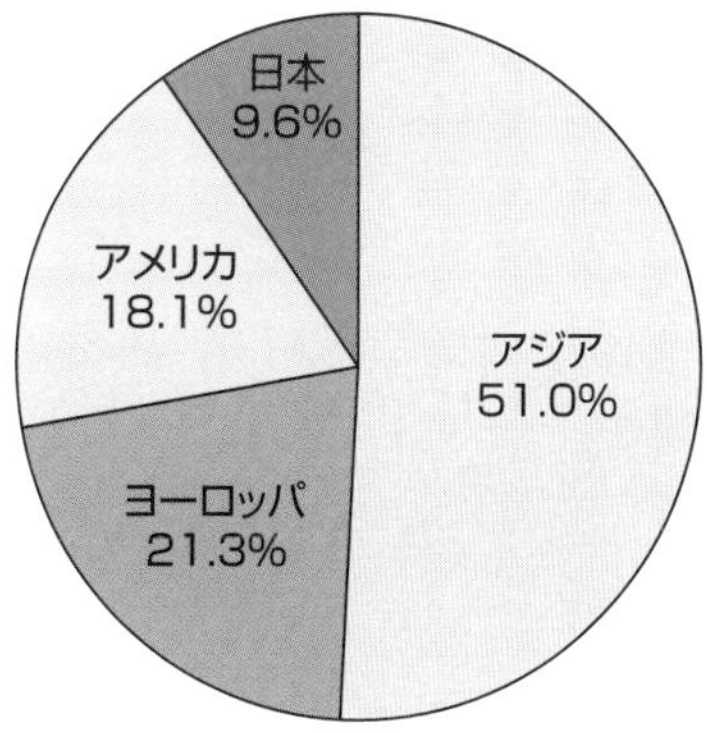

第6章　電子部品　主要企業

ワンポイントコラム

【ストーリーとしての競争戦略】　マブチモーターの戦略ストーリーは、楠木建氏『ストーリーとしての競争戦略』（東洋経済新報社）にも詳しく記載されています。2010年の本ですが、今でも新鮮な内容の名著です。

精鋭人員で企画、開発、営業等に特化することで、その地位を確固たるものにしていきます。これらの戦略の着実な実行と、常に市場をリードしてきた高品質、高信頼性がマブチモーターの強みです。

●環境変化にも見事に対応

上記の戦略は、1990年代の経営成果——売上高1000億円超、営業利益200~300億円——として結実しました。ところが2000年代になると、iPod等のデジタルオーディオプレーヤーの出現によりCD・DVDプレーヤー需要が激減した結果、同用途向けモーターの販売も影響を受け、業績が低迷した時期がありました。

しかし、現在は高収益企業の称号を再び獲得しています。牽引したのは、未知の領域であった自動車電装機器用中型モーターでの成功です。パワーウインドウ用モーターで大手顧客からの採用を獲得しきっかけをつかむと、高品質、高信頼性、コスト競争力が顧客に浸透し、シェアを順調に拡大、自動車電装機器用中型モーターは主力事業の一つに育ちました。中型モーターへの参入を決定したのは業績が極めて好調であった時期であり、先手の対応によって見事な**事業転換**を成し遂げたのです。

事業転換の成功は、同社創業者の一人馬渕隆一氏の「予防の哲学」が実践されたものとも言えます。同氏は、潮がひくと海岸がゴミで汚れていることは誰でも気づく。しかし、潮が満ち、ゴミが見えなくなると、人は問題の存在を忘れてしまう。企業経営においては「予防」が重要だと指摘しています。問題が発生した後に解決するよりも、問題が発生しないようにすることが重要ということです。

●自動車向けモーター

その自動車用モーターは2021年12月期で982億円と、会社全体の73%を占める主力事業になりました。同分野ではすでに世界有数の地位を確立したパワーウインドウ用に続き、パワーシート用モーターが離陸しつつあります。さらに、EVでは電費改善のために熱管理が重要となり、空調システムのバルブ用モーターも楽しみな市場です。

ワンポイントコラム

【先手の対応】 海外生産が正しいというわけではなく、海外生産をしないという選択肢ももちろんあり、事業によって打ち手は異なります。ただ、確実に言えることは、アジア企業の台頭や円高になってから、急ぎ対策した企業ではなかったということです。

●マブチの三つのM（エム）

自動車分野で大きな成功をおさめたマブチモーター。現在は、自動車に代表されるモビリティに加え、マシーナリー、メディカルの三つの領域を「マブチの三つのM（エム）領域」と定義し、事業ポートフォリオの見直しも進めています。

マシーナリーでは、たとえば、多数のモーターが使われるロボットは有望な分野です。メディカルでは、2021年にスイスの医療機器用モーターメーカーエレクトロマグ社の子会社化を発表しました。同社が高い占有率を持つ人工呼吸器用モーターの拡販に加え、外科手術ドリル用のモーター等、医療分野にも注力していきます。

マブチモーターは、エネルギー変換効率、重量あたりの出力、静音性において優れた用途技術を持ち、上記の三つのMにおいて活躍が期待されます。

マブチモーターの基礎情報

創業年	1954年
創業者	馬渕健一、馬渕隆一
現在の代表取締役社長	谷口真一
直近の売上高（2021年12月期）	1,346億円
直近の営業利益（2021年12月期）	138億円
社員数（2021年12月期）	20,894人
本社所在地	千葉県松戸市
海外売上高比率（2021年12月期）	90.4%
各事業売上高構成	自動車電装機器：982億円（73.0%） 民生・業務機器：362億円（27.0%）

11

浜松ホトニクス

企業スローガン「photon is our business」が象徴するように、光技術の探求に特化した研究開発型企業です。ノーベル物理学賞を受賞した研究にも四度貢献しており、世界シェア90％程度の光電子増倍管等、多くの製品で世界1位となっています。

●浜松から世界の光をリード

光技術において世界をリードするのが浜松ホトニクスです。連結売上高1690億円に対し、営業利益343億円（売上高比20％）、研究開発費が（利益をこれだけ出しながら）114億円（同7％）という研究開発型企業です（数値はいずれも2021年9月期実績）。浜松ホトニクスは社名の通り、本社、生産拠点、研究所の多くが静岡県、そのほとんどが浜松市に位置しており、静岡を代表する企業です。売上高1690億円の事業別構成は、**電子管**が648億円（売上高構成比38・4％）、**光半導体**が779億円（同46・1％）、**画像計測機器**が215億円（同12・7％）、その他48億円です。

電子管の主力製品は、光電子増倍管（4-13節で詳述）、光源、ランプ等です。**光半導体**の主力製品は、医療や各種工業用検査機器に使用される高精度な光受光素子、半導体イメージ・センサー等です。

用途別では、画像診断装置等の医療用機器関連が41％、半導体製造装置の故障解析、表面検査、非破壊検査装置等の産業用機器が29％、分析機器10％、計測機器、学術向け、その他20％という構成です。最先端のがん検査装置として注目されている**PET装置**向け光センサーでは実質的に世界で唯一の供給業者である等、医療分野での光センサーでは圧倒的なシェアを誇ります。産業機器の主力製品は、半導体製造工程に

ワンポイントコラム

【光産業創成大学院大学発ベンチャー】 同大学発ベンチャーにはGEE（照明シュミレーションソフトと光計測を融合したコンサルティング）、ジーニアルライト（微弱光検出技術をベースとした近赤外生体モジュールセンサの開発）、ナノプロセス（レーザによる微細加工受託）等があります。

売上高、営業利益率の推移（年度）

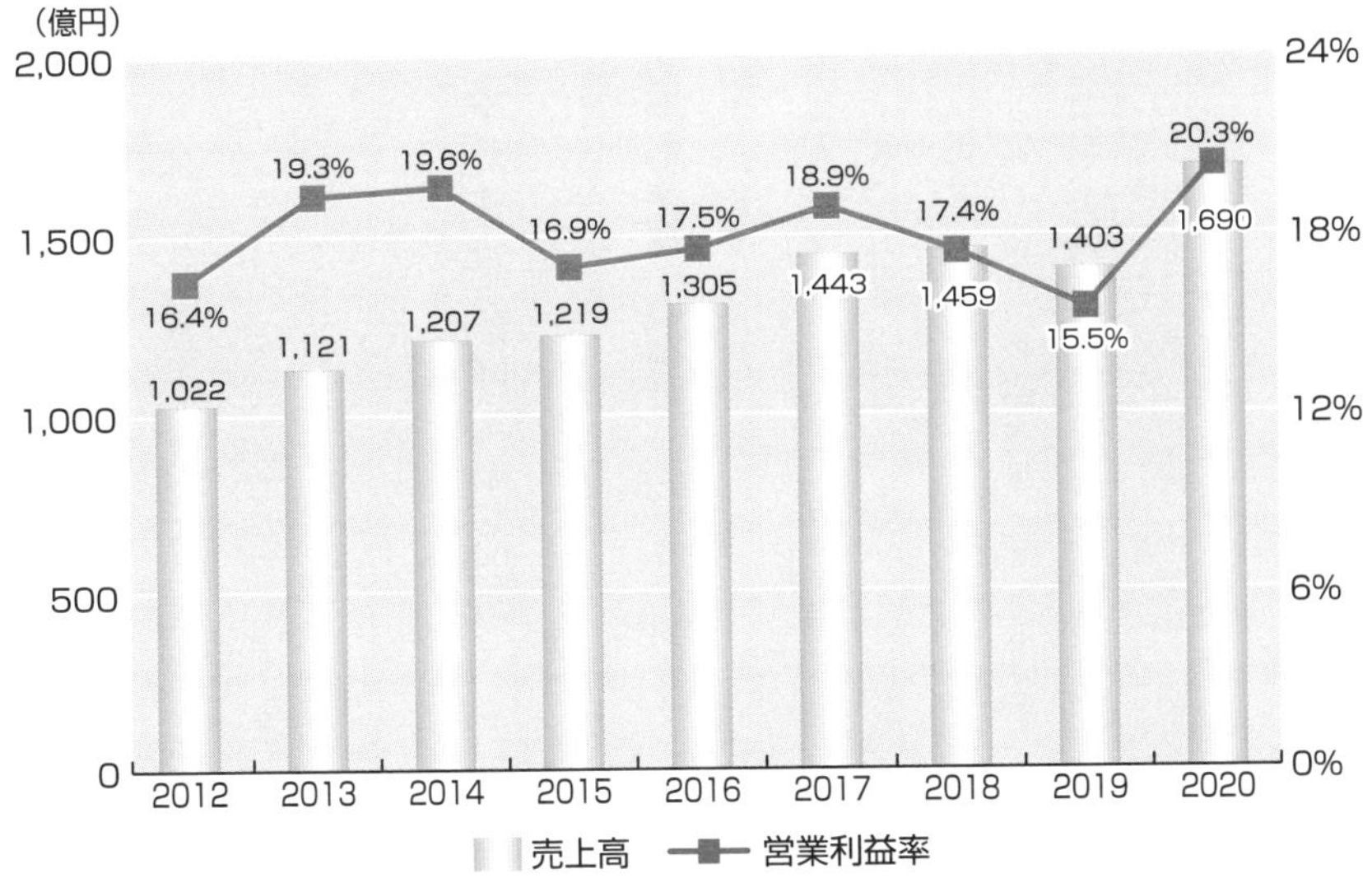

売上高構成比（事業別、地域別）

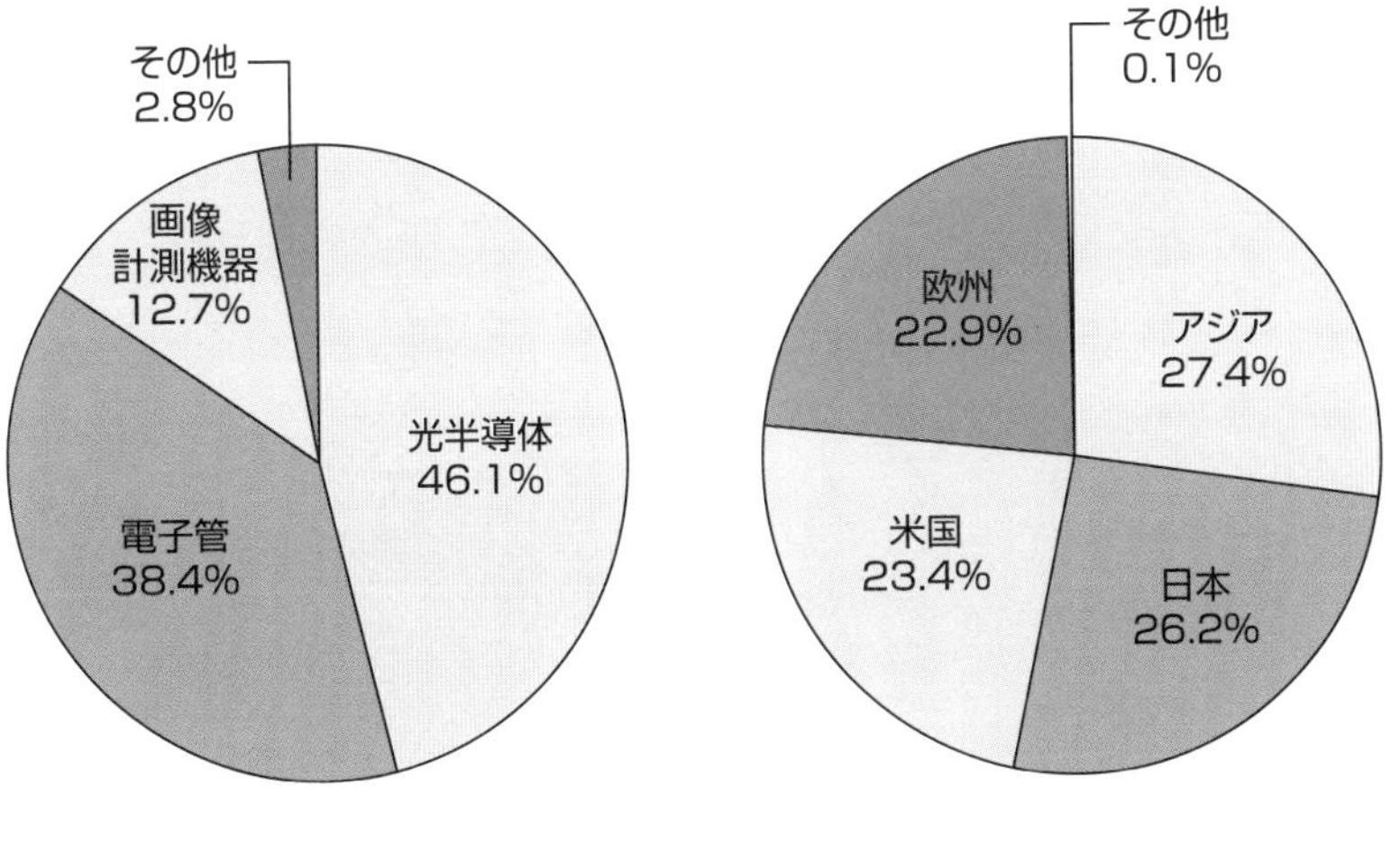

ワンポイントコラム

【1/1,000,000,000,000,000】 浜松ホトニクスの技術は、フェムト秒（1000 兆分の1秒）を計測することもできるそうです。1秒に地球を7.5周する光でさえ、1フェムト秒ではわずか0.0003mmしか進みません。

おける微細回路の解析や表面検査に使用させる精密部品・機器、各種素材の非破壊検査装置等です。学術研究用途は全体の5%程度と構成比は小さいものの、世界各地で行われている最先端の物理学研究用途等、実質的に浜松ホトニクスしか供給できないような製品が多く含まれています。

●人類未知未踏領域への挑戦

光産業をリードする浜松ホトニクスの技術力は、「**人類未知未踏領域への挑戦**」という企業理念によって支えられています。浜松ホトニクスは、電子式テレビジョンを世界で初めて開発した**高柳健次郎**（たかやなぎけんじろう）氏の弟子等によって創立された企業で、ノーベル賞を受賞した研究への多大な貢献が象徴するように、世界トップの技術力で知られます。**核融合**等、すぐには事業になりえない研究も奨励されており、このような思想が長期的に見ると、他社には模倣困難な独自技術の開発につながっています。

他方で、各事業部が独立採算制を採り、自由に研究を行いながらも収益を確保するという厳密な**損益管理**も整備しています。長期にわたり安定して高い利益率を維持していることは、研究者に対し自由な発想で研究できる体制を整備しつつ、同時に収益責任も意識させるバランスが絶妙であることの証左と言えるでしょう。

●光産業創成大学院大学

人類未知未踏領域への挑戦に、学術面からアプローチするのが、創業者の一人である**晝馬輝夫**（ひるまてるお）氏が設立に携わり、初代理事長を務めた**光産業創成大学院大学**です。2005年に起業および新事業開発の実践を目的に博士課程のみの大学として設立されました。入学試験はビジネスプランの審査、入学後はその実践という、研究成果を技術シーズとする事業化、創業の支援を積極的に行う非常に珍しい大学です。

●新生、浜松ホトニクス

浜松ホトニクスは、さらに新しい応用、用途を求め挑戦を続けています。いくつか動きを紹介しましょう。一つ目は化合物材料センターの開設です。主力事業

ワンポイントコラム
【photon】 浜松ホトニクスの技術では、光エネルギーの最小単位であるフォトン（光子）の一つひとつを光電子増倍管で数えることができます。

（電子管、光半導体、レーザー）の重要部品である化合物半導体の受発光素子を強化するため、43億円を投じ、2018年から稼働しています。

二つ目はM&Aです。2017年に5300万ドルで**エナジティック・テクノロジー**（米）を、2022年に2億500万ユーロで**NKTフォトニクス**（デンマーク）を買収しました。前者はレーザー励起光源や極紫外線光源等で高い技術を持ち、後者はファイバー転送用の独自フォトニック結晶ファイバー製造技術を持っています。浜松ホトニクスはこの2社の買収を通じて、光源製品群を拡充すると同時に基礎技術力の強化、レーザ応用事業の拡大を目指しています。

三つ目はベンチャー投資です。米国スタンフォード大学との交流を通じて、ラグニータバイオサイエンスへの投資を実施しました。これまで独自開発が主であった同社にとって新しいオープンイノベーションの取り組みと言えるでしょう。

浜松ホトニクスの基礎情報

創業年	1953年
創業者	堀内平八郎
現在の代表取締役社長	丸野正
直近の売上高（2021年9月期）	1,690億円
直近の営業利益（2021年9月期）	343億円
社員数（2021年9月期）	3,766人
本社所在地	静岡県浜松市
海外売上高比率（2021年9月期）	73.8%
各事業売上高構成	光半導体：779億円（46.1%） 電子管：648億円（38.4%） 画像計測機器：215億円（12.7%） その他：48億円（2.8%）

ワンポイントコラム

【旧社名のエピソード】 浜松ホトニクスの旧社名は浜松テレビと言います。テレビと名付けられたのは、「テレビの父」と言われた高柳健次郎氏に由来したものでしたが、当初はテレビ局と間違えられたり、家庭用テレビの修理を依頼されたりすることもあったそうです。

海外企業①

12 TEコネクティビティとアンフェノール

多くの製品で日本企業が強さを発揮している電子部品ですが、欧米企業が強い製品も存在します。欧米企業がトップ企業を占めるコネクタ業界から、TEコネクティビティとアンフェノールを紹介します。

●スイスの総合電子部品企業：TEコネクティビティ

TEコネクティビティ（スイス）は、コネクタを中心にリレー、スイッチ、センサー等の接続部品や、受動部品等を製造する総合電子部品メーカーです。コネクタ業界では、後ほど紹介する**アンフェノール**と**モレックス***とで、世界上位グループを形成しています。

前記の部品事業のほか、ソフトバンクやNTTコミュニケーションズ、アマゾン、フェイスブック等6社のグローバル企業が建設する、新太平洋横断ケーブルシステム**JUPITER**（ジュピター）を受注する等、様々な事業を展開しています。

日本法人である**タイコエレクトロニクスジャパン**は、国内において60年以上の歴史を持っている、日本にも根を張った外資系企業です。

売上高は14923百万ドル（2021年9月期実績）で、自動車、商用輸送機器等向けの**Transportation Solutions**セグメントが8973百万ドル、産業機器や航空宇宙、エネルギー等向けの**Industrial Solutions**セグメントが3844百万ドル、データ、デバイスや海底通信、家電製品等向けの**Communications Solutions**セグメントが2105百万ドルとなっています。通信機器に加え、自動車の電動化やカーナビ、オーディオ機器等の情報端末に用いるコネクタ等が成長を牽引しています。

用語解説

***モレックス**：コネクタでは、米国のモレックスも大手企業です。2013年にコーク・インダストリーズが70億ドル超で買収しました。コーク・インダストリーズは、日本では馴染みがありませんが、世界トップ10に入るといわれる富豪のコーク兄弟が経営する企業です。同兄弟は共和党の支持者としても知られ、2016年の米国大統領選挙では、しばしばニュースになりました。

●コネクタ世界大手：アンフェノール

アンフェノール（米）は、産業用のコネクタを主力製品として、アンテナ、ケーブル等の設計、製造、販売を行うメーカーです。１９３２年に設立され、米国、ドイツ、フランス、インド、中国、韓国等全世界１５か国に５０以上の製造拠点を有しています。現在も高い技術力で産業をリードする会社の一つです。

売上高は１０８７６百万ドル（２０２１年12月期実績）で、過去五期の年平均成長率は二桁と好調で、営業利益率は２０・０％と非常に収益力の高い会社です。コネクタ関連製品の売上高が9割超、残りはケーブル等のその他製品となっています。地域別では、アジア向けが45％、米国向けが33％、その他地域が22％という構成です。用途別では、産業用、自動車用はそれぞれ25％、20％程度と大きく、ＩＴ機器を含む広義の通信関連で42％程度、残り13％が航空機、軍事向けです（ＩＲ資料より）。

TEコネクティビティの基礎情報

創業年	1941年
現在のCEO	Terrence R. Curtin
直近の売上高（2021年9月期）	14,923百万米ドル
直近の営業利益（2021年9月期）	2,698百万米ドル
社員数（2021年9月期）	89,000人
本社所在地	スイス
各事業売上高構成	輸送ソリューション：8,973百万米ドル（60.1%） 産業ソリューション：3,844百万米ドル（25.8%） 通信ソリューション：2,105百万米ドル（14.1%）

アンフェノールの基礎情報

創業年	1932年
現在のCEO	Richard Adam Norwitt
直近の売上高（2021年12月期）	10,876百万米ドル
直近の営業利益（2021年12月期）	2,176百万米ドル
社員数（2021年12月期）	90,000人
本社所在地	アメリカ
各事業売上高構成	インターコネクト製品・組立：10,431百万米ドル（95.9%） ケーブル製品・ソリューション：445百万米ドル（4.1%）

13

海外企業②

ビシェイ・インターテクノロジーとサムスン電機

ここでは、抵抗等受動部品を主とするビシェイ・インターテクノロジーと韓国を代表する企業であるサムスン電子の電子部品グループ企業・サムスン電機を紹介します。

●抵抗器：ビシェイ・インターテクノロジー

ビシェイ・インターテクノロジー（米）は、抵抗器の世界大手であると共に、ダイオード等の**ディスクリート半導体**でも世界大手です。米国のS&P400という株価指数の構成銘柄でもあります。ワンストップ・ショップを標榜し、コンデンサや磁気部品、各種ディスクリートといった幅広い製品ラインナップを手掛けていることが特徴です。製品はコンピュータ、自動車、消費者向け、通信、軍用、航空宇宙、パワーサプライ、医療等多くの用途に用いられています。特に日本では車載用途に強く、すべての**ティア1**自動車部品メーカーに製品を納めています。

売上高は3240百万ドル（2021年12月期実績）、製品別では**抵抗**が10%、**コンデンサ**が15%、**インダクタ**が23%、**ダイオード**が23%、**MOSFETs**が20%、**光学関連製品**が9%です。地域別では、アジア43%、欧州32%、南北アメリカ地域25%という構成です。

●サムスングループ：サムスン電機

サムスングループにおいて、高周波部品、カメラモジュール、パッケージ基板等の電子部品を手掛けるのがサムスン電機（略称は**SEMCO**）です。**東レ**と合弁会社を設立する等、日本企業とも協力関係にあります。

サムスン電機の売上高は9兆6750億ウォン（2021年12月実績）で、前年から大きく伸長し、好調

ワンポイントコラム

【韓国の電子部品産業の発展】 日本では、大手セットメーカーの厳しい技術的要請に応える中で電子部品産業が発展しましたが、なかでもセットメーカーと資本関係のない独立企業が大きく飛躍しました。韓国においても巨大なセットメーカーの存在が電子部品企業を育成してきましたが、サムスン、LG等財閥系列企業が特に大きく成功しています。

な決算となっています。売上高の構成は、カメラモジュール、通信モジュール等からなる**光学&通信**セグメントは3兆960億ウォン（売上構成比32％）、MLCCやインダクタ等の受動部品からなる**コンポーネント**セグメントは4兆6440億ウォン（同48％）、パッケージ基板、リジットフレキシブル基板等からなる**パッケージ**セグメントは1兆9350億ウォン（同20％）となっています。

グループ企業のサムスン電子のみならず、外部への製品供給も行っています。**MLCC**では世界2位、高機能スマートフォン向けの**リジットフレキシブル基板**等でも主要企業の一つです。

ビシェイ・インターテクノロジーの基礎情報

創業年	1962年
現在のCEO	Gerald Walter Paul
直近の売上高（2021年12月期）	3,240百万米ドル
直近の営業利益（2021年12月期）	468百万米ドル
社員数（2021年12月期）	22,800人
本社所在地	アメリカ
各事業売上高構成	Inductors：745百万米ドル（23.0%） DIODES：745百万米ドル（23.0%） MOSFETs：648百万米ドル（20.0%） Capacitors：486百万米ドル（15.0%） Resistors：324百万米ドル（10.0%） OPTO：292百万米ドル（9.0%）"

サムスン電機の基礎情報

創業年	1973年
現在のCEO	Duck-Hyun Chang
直近の売上高（2021年12月期）	9兆6,750億韓国ウォン
直近の営業利益（2021年12月期）	1兆4,870億韓国ウォン
社員数（2021年12月期）	12,453人
本社所在地	韓国
各事業売上高構成	コンポーネント：4兆6,440億韓国ウォン（48.0%） 光学＆通信：3兆960億韓国ウォン（32.0%） パッケージ：1兆9,350億韓国ウォン（20.0%）

ワンポイントコラム

【他の韓国電子部品企業】　もちろんサムスン電機とLGイノテック（LGグループにおいて、カメラモジュール、自動車向け電装部品、プリント基板、LED、通信モジュール等の部品を幅広く手掛ける電子部品企業）といった財閥グループ以外にも、部品メーカーは育っています。たとえば、シムテック（主要製品はパッケージ基板）、パートロン（同センサー、コンデンサ）、コリア・エレクトリック・ターミナル（同コネクタ）等が代表的な企業です。

14 世界の電子機器生産を担う台湾企業

半導体製造ファンドリーのTSMC、EMSのホンハイといった企業を中心に電子機器関連企業が多く存在する台湾もまた、電子部品関連で注目すべきです。高成長、高収益企業を中心に紹介します。

●台湾企業が世界の電子機器を生産

過去、大手電子機器メーカーが事業の集中と選択を進める中で、台湾は**産業政策**として、ハイテク産業の育成を進めました。その結果、シャープの買収で日本でも有名になった**ホンハイ**等の**EMS**企業や、**半導体ファンドリー**世界1位で50％超という圧倒的なシェアを誇る**TSMC**等、世界的な企業が多く誕生しました。台湾企業各社は**IR情報***の一つとして月次の売上高を発表しており、それら全体の趨勢、特にプリント基板等台湾が高いシェアを持つ製品のデータは、その速報性と相まって、世界の電子機器の主要指標の一つとなっています。

●プリント基板：ジェン・ディン・テクノロジーとユニマイクロン

台湾で強い産業の一つが**プリント基板**で、中でも上位2社が、**ジェン・ディン・テクノロジー**と**ユニマイクロン**です。

ジェン・ディン・テクノロジーの売上高は1550億台湾ドル（2021年12月実績）です。地域別では米国向けが最も多く1110億台湾ドル（売上高の72％）、中国向け262億台湾ドル（同17％）、台湾向け82億台湾ドル（同5％）、シンガポール向け22億台湾ドル（同1％）、その他73億台湾ドル（同5％）の構成となっています。

ユニマイクロンの売上高は1046億台湾ドル（2

用語解説

＊**IR情報**：IRはInvester Relationの略でIR情報は投資家向けに開示する情報を言います。法律や取引所のルールに従って開示するものに加え、製品や会社自体の情報、環境に関する取り組み等、自社を理解してもらうために各社様々な工夫をしています。

021年12月実績）です。地域別では、台湾向けが731億台湾ドル（同70％）、中国向けが285億台湾ドル（売上高の27％）、その他29億台湾ドル（同3％）です。

●受動部品：ヤゲオとウォルシン

MLCCやチップ抵抗等の**受動部品**では、村田製作所や太陽誘電、サムスン電機（韓国）等が世界大手ですが、台湾企業として**ヤゲオ**と**ウォルシン**が挙げられます。

ヤゲオの売上高は、1065億台湾ドル（2021年12月実績）です。近年ではM&Aの動きが活発し、2018年に受動磁気ベースのコンポーネント老舗パルスエレクトロニクス（米）を買収し、2020年にタンタルコンデンサ世界大手、ケメット（米）（日本の中堅部品企業であった**トーキン**を買収した企業）を完全子会社化、さらに2021年にインダクタ専門メーカー・チリシン（台）を傘下に収めました。

売上高の内訳は、製品別では**MLCC**が28％、**タンタルコンデンサ**が21％、**抵抗**が19％、**ワイヤレスとパワー**が15％、**その他コンポーネント**が17％です。地域別ではアメリカ向けが32％、ヨーロッパ向けが21％と欧米向けが半数以上、残りは中国、日本、アジア向けになります。2016年度から2021年度までの年平均売上高成長率30％と驚異的な成長を続け、売上高当期純利益率20％を超える優良企業です。

ウォルシンの売上高は、421億台湾ドル（2021年12月実績）です。売上高の内訳は、地域別ではアジア向けが89％と高く、分野としては産業（22％）、通信（24％）、PC（23％）、コンシューマー製品（18％）、自動車関連（11％）等の構成となっています。

こちらも足元5年間20％近い成長率を継続しており、売上高当期純利益率も18・8％と高い、勢いのある企業です。2020年には、グループ会社である釜屋電機を通じ、日本ガイシのグループ企業であった双信電機にTOBを実施、子会社化しました

ワンポイントコラム

【台湾の科学技術政策】　台湾は過去30年で平均8%の経済成長率という驚異的な成長を成し遂げ、農業中心経済から工業中心に転換（GDP比率35%）しました。現在は、IoT、スマート機械製造、グリーンエネルギー、バイオ、航空宇宙等が重点産業分野となっています。

ジェン・ディン・テクノロジーの基礎情報

創業年	2006年
現在のCEO	Charles Shen（Chairman）
直近の売上高（2021年12月期）	1,550億台湾ドル
直近の営業利益（2021年12月期）	158億台湾ドル
社員数（2021年12月期）	42,820人

ユニマイクロンの基礎情報

創業年	1990年
現在のCEO	Tzu Chang Tseng
直近の売上高（2021年12月期）	1,046億台湾ドル
直近の営業利益（2021年12月期）	132億台湾ドル
社員数（2021年12月期）	13,412人

ヤゲオの基礎情報

創業年	1987年
現在のCEO	Tai-Min Chen
直近の売上高（2021年12月期）	1,065億台湾ドル
直近の営業利益（2021年12月期）	291億台湾ドル
社員数（2022年6月期　連結）	28,554人

ウォルシンの基礎情報

創業年	1970年
現在のCEO	Yu Heng Chiao
直近の売上高（2021年12月期）	421億台湾ドル
直近の営業利益（2021年12月期）	84億台湾ドル
社員数（2022年6月期　連結）	13,924人

ワンポイントコラム

【素材では日本企業が強い】　プリント基板を製造するために欠かせない原料・材料はいくつかありますが、それらの製品では、日立化成、パナソニック、旭化成、太陽ホールディングス、三井金属鉱業等、日本企業が高いシェアを維持しています。

15 中国製造2025

労働集約的産業で大きな成功をおさめた中国。次段階として、より付加価値の高い産業の強化を打ち出しており、電子部品もその一つでしょう。その動きの把握は必須です。

●国家計画「中国製造2025」

中国は2015年、10年間の国家計画**中国製造2025**を発表しました。図表の通り、特に注力する分野として、①情報通信技術、②数値制御工作機械、ロボット、③航空、宇宙、④海洋エンジニアリング、船舶、⑤先進交通インフラ、⑥省エネ・新エネルギー自動車、⑦電力、⑧農業機械、⑨新素材、⑩バイオ技術を挙げています。

中国は自国市場の開放後、安い人件費を活かした組み立て加工技術で成長してきました。パソコンや携帯電話、テレビの世界組立のうち80％程度は中国です。このように成功した国の為政者が次に考えることは何か。もちろん、労働集約的製造業から、高付加価値製造業への転換です。

●強気の投資、買収

中国にとって重要産業の一つが情報通信技術です。たとえば、液晶パネル産業への投資も目を見張るものです。2010年の時点では、世界の液晶パネル産業は、韓国と台湾の2か国によって80％以上、残りが日本といった勢力図でした。しかしながら、その後、中国は急速にシェアを拡大し、特に中国政府からの支援を背景に急成長を果たしたBOEテクノロジー（京東方）は2021年に韓国勢を抜き世界シェア首位になりました（シェア20％超）。

ワンポイントコラム

【中国の電子部品企業】 中国（香港を含む）の電子部品企業として、ルクスシェア・プレシジョン・インダストリー（主要製品はコネクタ）、ジョンソン・エレクトリック・ホールディングス（同モーター）等があります。

半導体を中心とした電子部品にも強い関心を持っており、図表に示すように、半導体企業を相次いで買収しています。

●本当の競争

これまでも日本の電子部品産業は、中国の電子部品企業と競争をしてきました。しかし、セットメーカーに比べると、その度合いは小さかった可能性があります。膨大な数の国民に職を与えるためには、労働集約的産業のほうがよかったとも言えるからです。しかし、今後は、付加価値の高い上流に上ってくることでしょう。

一方、かつて大きな差があった**人件費格差**は小さくなります。とは言え、明日は今日よりも良いと信じられる、優秀で野心に満ちた中国企業との競争は容易ではないでしょう。

日本の部品産業は、主に欧米の先行者からの技術導入と、自身の独創的な開発、経営努力によって発展しましたが、今後、日本の部品産業は追われる立場です。走り続けて今後も競争力を維持できるかどうか。これからが正念場と言えるかもしれません。

中国による半導体関連企業への出資、買収

・NXP（元フィリップス、オランダ）のRF事業、半導体素子事業を買収

・世界２位のイメージセンサーメーカー、オムニ・ビジョン（米）を買収

・世界４位の半導体後工程企業、STATSチップパック（シンガポール）を買収

・世界５位の半導体後工程企業、力成科技（パワー・テクノロジー、台湾）の株式取得

・ファブレス半導体メーカー、インテグレーテッド・シリコン・ソリューション（米）を買収

中国製造2025の概略図

項目	概要
1つの目標	製造大国から製造強国への転換を図り、最終的に製造強国を実現
2つの融合発展	①情報化 ②工業化
3つの段階	①2025年まで：格差縮小、重点突破により製造強国入りへ ②2035年まで：地位を固め順位を上げ製造強国の中位へ ③2049年まで：イノベーションを先導に躍進を果たし、製造強国の第一グループへ
4つの原則	①市場が主導、政府が誘導 ②現在に立脚、長期に着眼 ③全面的に推進、重点的に躍進 ④自主的発展、開放強化
5つの方針	①イノベーション主導 ②品質優先 ③グリーン発展 ④構造最適化 ⑤人材重視
5大プロジェクトの実施	①製造業イノベーションセンター ②スマート製造 ③工業基礎強化 ④グリーン製造 ⑤ハイエンド機器イノベーション
10の重点分野	①次世代情報技術産業 ②ハイエンド工作機械・ロボット ③航空・宇宙用設備 ④海洋工程設備・ハイテク船舶 ⑤先進的軌道交通設備 ⑥省エネルギー・新エネルギー自動車 ⑦電力設備 ⑧農業用機器 ⑨新材料 ⑩バイオ医薬・高性能医療機器

出所：JETRO

MEMO

第7章

活躍する社員インタビュー

「あの会社は営業が強い」「あの会社は技術力がある」等とよく耳にしますが、それらを実現しているのは社員、すなわち企業は人間に他なりません。この章では、最前線で活躍する5社、8名の社員のインタビューをお届けします。企業の個性・魅力を身近に感じていただけると思います。

＊掲載順序は取材順。

How-nual
図解入門
業界研究

1

挑戦を受け入れてくれる風土が魅力

京セラ株式会社　濱田賀奈子さん

米国の営業で活躍する濱田さんの話をお聞きしました。海外勤務でかつコロナ禍のためWeb会議になったのは残念でしたが、最前線から元気な声をお聞きすることができました。

●一般職から総合職として営業に転身

――入社の動機を教えてください。

濱田　大学では英文学を専攻しました。世界で活躍する仕事がしたい、また、優れた機器は優れた部品からとの思いから、グローバルに展開する京セラに入社しました。

――入社後の経歴を教えてください。

濱田　入社時は一般職として営業アシスタント業務に配属され、韓国、欧米の顧客を担当しました。数年後に営業支援チームのリーダーとなり、お客様に直接接する機会が増える中で、自身も前線に出てみたいと思うようになりました。希望を出したところ上司から推薦をもらい、総合職として営業の前線に出ることになりました。そして、今年の初めから米国勤務となりました。

学生時代には予想しなかった現在で、家族も驚いています。最初は苦労もありましたが徐々に慣れてきました。弊社は開かれた社風だと思います。私のような若手でも経営幹部と直接話をしたり進言したりできる組織です。

――素晴らしいことですね。現在のご担当をお聞かせください。

濱田　職種で言うとField Application Engineer（FAE）で、お客様と弊社をつなぐ架け橋のような仕事になります。弊社は多岐にわたる製品を擁しますが、私は主に水晶部品、積層セラミックコンデンサ（MLCC）、SAWデバイスを担当しています。デトロイトという土地柄、自動車のお客様が多いです。ADAS、電動化等、電子部品への要求は高まるばかりです。最前線の情報を開発・製造へ提供していきたいですね。

―― 濱田さんが組織を動かす気概を持って？

濱田 そうですね、そうなれたら。

●言葉の壁を越えて通じ合う喜び

―― 日々の業務を教えてください。

濱田 お客様への直接営業はもちろん、米国は広大なので商社、代理店を活用しており、彼らパートナー企業への営業もしています。技術、産業動向を理解し、お客様やパートナー企業が振り向いてくださるような提案をすることが重要です。

濱田 賀奈子さん
Field Application Engineer（米国駐在）

お客様からの技術的な要望には弊社技術陣と、供給に関しては工場、本社営業と協議し……、と日本はもちろん世界各地の拠点と連携し、お客様の要望にお応えする日々です。私は技術系ではないので、技術の勉強も心がけています。工場の技術者からの支援も厚いですし、また、営業同士でも最前線の情報を共有するように心がけています。

―― 海外に出てよかったことや楽しいことは？

濱田 日本にいたら絶対に会うことがなかった人と

の出会いは新鮮です。世界が拡がったと感じます。言葉の壁はありますが、逆にその壁を越えて通じ合う喜びがあります。

――逆に大変なことは？

濵田　FAEとしてはやはり提案がお客様に届かない場合でしょうか。でもまだ1年足らずで試行錯誤の日々ですし、京セラファンが一人でも増えてくれるように頑張りたいと思います。

●素直に学ぶ姿勢とチャレンジする姿勢を大切に

――貴社の魅力をお聞かせください。

濵田　なにより挑戦を受け入れてくれる風土でしょうか。営業アシスタントからスタートして、今こうして米国で前線にいる私がその証拠だと思います。上司や幹部とも気軽に話せる雰囲気もあります。

――昨年逝去された稲盛和夫創業者とは？

濵田　残念ながら直接お話をお聞きする機会には恵まれませんでしたが、入社当時は食堂でお見掛けしましたよ。

――お人柄が偲ばれますね。電子部品産業に関する貴社の展望をお聞かせください。

濵田　自動車に限らず技術革新は加速するでしょう。通信やロボット等も有望です。それらを支える部品産業は極めて魅力的な産業だと思います。

また、弊社は米国の大手電子部品企業AVXと経営統合し、現在はKYOCERA　AVXとなっています。京セラとKYOCERA　AVXは拠点、顧客、技術、製品等多くの面で優れた補完関係にあります。私自身、KYOCERA　AVXの営業担当者とともに顧客訪問することも多いのですが、学ぶことが多くあります。

弊社はグループ全体で売上高3兆円、税前利益6000億円の中長期の業績目標を掲げています。そのうち、電子部品事業では売上高5000億円、事業利益1000億円を目指しており、グループ一体で邁進していきたいです。

――濵田さん個人としては？

濵田　米国に来てまだ1年。感染症も落ち着き米国を飛び回ることができるようになってきました。お客様、産業、技術の勉強をして、お客様から「濵田に任せてよかった」と言われるようになりたいです。

――日々どんなことを心がけていますか？

濵田 二つあります。一つは素直に学ぶ姿勢。仕事は一人ではできませんから、チームから謙虚に学ぶことが重要です。

二つ目はチャレンジする姿勢。特に電子部品産業は変化が早いので重要な素養です。

――学生さんへアドバイスお願いします。

濵田 社会人になると長期の休暇は難しくなります。学生時代にしかできないこと、たとえば留学、珍しい場所への旅行等は良い経験になると思います。

2 開かれた組織で責任ある仕事ができる

ヒロセ電機株式会社　Yさん・Oさん

横浜の本社で営業スタッフのYさんと設計のOさん二人同時にお話をお聞きすることができました。穏やかなお二人と取材は和やかに進行し、終了後に本社前で仲良く写真撮影。

●技術者であると同時に事業主との意識を持て

――入社までの経緯を教えてください。

Y　カナダの大学で観光を専攻し、帰国後、日本の旅行関連企業に就職しました。ただ、自社製品がないことの寂しさを感じ、思い切って弊社に転職しました。

O　大学では化学を専攻しましたが、縁あって専門外の弊社に入社しました。

――現在のご担当を教えてください。

Y　SCM（Supply Chain Management）部において、お客様から頂戴する需要と弊社供給の架け橋となる業務を担当しています。弊社のお客様は通信、産業機械、民生機器、自動車と多岐にわたる中で、私は自動車を担当しています。世界中の自動車産業の企業がお客様になります。

O　入社以来、角形コネクターの開発を担当し、今はリーダーとしてチーム運営もしています。用途としてはFA産業向けが多いですね。

――Yさんは文字通りの転職。英語力が武器とは言え、最初は大変だったのでは？

Y　はい、でも弊社は入社後1年間メンターがついてくれます。それに、「教えたがり」が多い会社でして（笑）、多くの人に助けていただきました。

――平均的な1日を教えてください。

Y　世界の前線で活躍する営業からお客様の詳細な要望を収集します。それら貴重なデータを統合・俯瞰し、最適な製造計画を検討します。最近は供給不足が悩みですがもちろんその逆もあります。毎月毎月、12か月先までの需給計画を更新しています。同時に、長期的な供給能力の検討をします。

O やはり設計に割く時間が多いです。弊社ではマーケティング部が主要な産業の動向を把握すると同時に、技術部には独自性あるコンセプトを考える担当者もいます。それらの製品特性を実際の製品として具現化することが設計者の腕の見せどころですね。また、設計だけでなく量産性、採算性等にも設計者が責任をもつことも弊社の大きな特徴かもしれません。

――技術者の管掌範囲が広いですね。

O はい、入社時から技術者であると同時に事業主との意識を持てと教えられました。

●性別、年齢、国籍等関係なく開かれた組織

――仕事の喜びを教えてください。

Y お客様の調達計画に適応することができ、高評価をいただけたとき、作成した予想が的中したときは嬉しいですね。また、お客様との信頼関係が深まるに

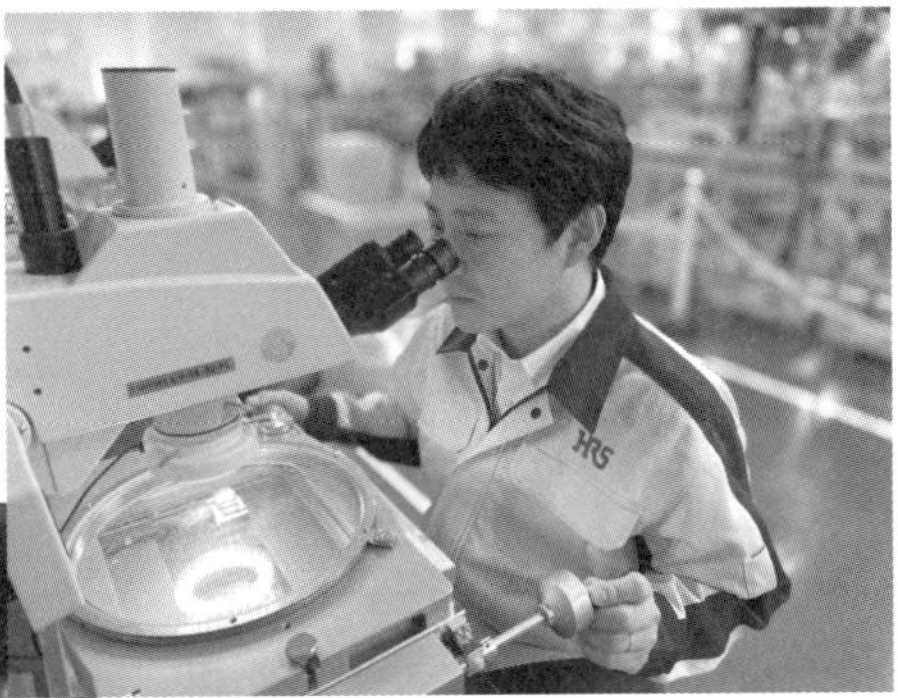

K・Oさん　技術本部 産機事業部

S・Yさん　営業本部 グローバルSCM部

つれて、重要情報を開示いただけるようになることも喜びです。

O 設計した製品が最初に実物として製造され、手に取ったときですね。できたぞ、と。

――貴社の魅力についてお聞かせください。

Y 性別、年齢、国籍等関係なく開かれた組織であることです。あと、仕事から離れて社員同士が仲良しです。私もテニス部に所属して、業務では直接関係のない人と親しくさせてもらっています。

O 若手でも責任ある仕事を任せられること。若い頃は全部自分で？　と思うこともありましたが（笑）、振り返るととても良い勉強でした。もちろん、製造、営業、本社等企業は組織で運営されるものですが、コネクターは巨大製品と違い、設計のみに関して言えば一人で全体を見られます。

――コネクター産業について、貴社の展望は？

O コネクターは自動車、通信、ロボット等広く多くの製品に使用されるので、それらのお客様と共に発展できます。特定の分野に偏重していないことは強みですね。

――変化が大きい自動車担当のYさんは？

Y 自動車産業の激変は弊社にも大きな事業機会です。初めてのお客様が増えていることも実感しています。お客様の構造変化に、弊社としても貢献したいですね。

――人材育成などが目的の新しい施策はありますか？

O 「ゼロイチ祭り」がユニークかもしれません。これまでの発想にとらわれず自由で斬新な発想を、全社社員、特に技術者から募るものです。すでに１００を超える応募がありました。この応募に関しては上長の承諾不要で本当に自由なものです。

――今後の夢をお聞かせください。

Y 弊社では連結売上高の70％超が海外になっていますが、まだまだ日本中心で海外の知見を活用しきれていないかもしれません。Global Hiroseで最適化できたらと思います。

O コネクターの設計といえばOと言われるぐらいになりたいですね。

――活躍する社員はどんな人でしょうか？

Y まず学習意欲。次に経歴に関係なくモノづくりに関心があること。

O まず向上心。そして謙虚であると同時に「疑う」こと。謙虚に学ぶことは重要ですが、盲目的に受け入れるのではなく、疑ってみて自ら考えることも重要です。

――なるほど、深いですね。学生へのアドバイスお願いします。

Y インターン等で実際に働いてみること、海外経験をすること。実際に働いてみることはどんな経験にもまして有用だと感じます。

O 学生時代の勉強が仕事に直結するとは限りません。私自身、化学から機構部品へ転身していますしね。学生生活を通じ、先ほどの三つの素養を磨くことが重要だと思います。

左：S・Yさん、右：K・Oさん

3　若いうちから大きな仕事を任せてもらえる

ミネベアミツミ株式会社　松浪啓太さん

カンボジアで活躍する松浪さんの話をお聞きしました。遠隔地であるためWeb会議でしたが、エネルギーあふれる異国の地で若きリーダーとして奮闘する日々について聞くことができました。

●センシングデバイスの生産技術者としてカンボジアへ

――入社の動機を教えてください。

松浪　大学では、物理学、特に強磁性下での物性に関する研究をしました。超電導に関連する研究でした。大学院まで進学した後、最初に就職した電子部品企業を経て、弊社に入社しました。

――転職を決断された理由は？

松浪　成長力があり、若い時から世界で活躍できる企業がよいかなと思ったことです。

――入社後の経歴を教えてください。

松浪　弊社は世界で圧倒的な1位であるミニチュア・小径ボールベアリングで著名ですが、電子機器も大きな事業です（筆者注：電子機器事業の売上高は4000億円規模）。私は入社後、電子デバイス部門のひずみゲージを主とするセンシングデバイス事業部の生産技術課に配属され、その後、カンボジアに赴任しました。

――ひずみゲージとは？

松浪　金属に貼り付けたひずみゲージの抵抗値の微弱な変化から、物質にかかる力を計測することができるセンサーです。各種計測器、自動車、PC関連、医療、社会インフラ等に幅広く使われています。今後、より多くの製品に組み込まれることが予想され、成長が期待できます。

――貴社は、カンボジアでの展開が最も早い企業の1社ですね。

松浪　はい、カンボジア工場は2011年の設立で、

11年になりました。現在約7600人の社員を擁し、弊社ではタイ、中国、フィリピンに次ぐ生産拠点になっています。カンボジアの特徴としては親日、勤勉であり、気候も安定しています。週末にはゴルフや釣り等を楽しむことができ、街には日本食やイタリアンレストランもあり、公私ともに快適な国だと思います。

また、カンボジア工場は弊社の注力拠点の一つなので、日本ではなかなか接する機会が少ない役員とも直接会話ができる機会があることも貴重です。

●生産ラインの立ち上げは大変な分、大きな学びが

―現在のご担当をお聞かせください。

松浪　現在は設備設計からは離れ、ひずみゲージの生産の責任者を務めています。当部は約400人の陣容で、お客様の需要に基づき、日々の生産業務に加え、設備や資材計画の策定、新製品の生産ライン立ち上げ等を担当しています。

―日本人スタッフは何人で、使用言語は何でしょうか？

松浪　当部では日本人は私だけです。会話は英語です。英語もこちらに来てから習得しました。

松浪 啓太さん
センシングデバイス事業部　マネージャー（カンボジア駐在）

――貴重な経験ですね。辛かったこと、楽しかったことが多々ありそうです。

松浪 はい、生産ラインの立ち上げは特に大変でしたが、それに比例して勉強になりました。

　立ち上げにあたっては、設備、資材、人財等様々なことを考える必要があります。組織の長として社員からの信頼を獲得するためには何をすべきか、リーダーシップとは何かと悩みました。カンボジア工場の他事業部や、弊社の他拠点に勤務する諸先輩方に知恵を授けていただきながら、なんとか乗り越えてきました。最初は計画通りにいかず苦しかったです。それだけに、初めて生産計画を達成したときは本当に嬉しかったです。今でも日々勉強といったところです。カンボジアの人々にも助けられています。

――貴社の魅力は何でしょうか？

松浪 やはり若い社員でも大きな仕事をまかせてもらえることです。現在の仕事を学生時代は予想していなかったです。

――４００人のトップと言えば事業部長クラス。35歳ではなかなかないですね。

松浪 そうですね、苦労も多いですがこんな経験はなかなかできません。弊社では同じような経験を積んでいる社員は他にも少なからずいまして、早くから挑戦したい人には向いていると思います。

●さらなる世界的企業へ

――電子機器事業について、貴社の展望をお聞かせください。

松浪 弊社の売上高は過去10年で5倍近く拡大し直近では1兆円を超えました。次の目標として、２０２９年3月期に売上高２・５兆円、営業利益２５００億円を掲げています。自動車、医療を中心に弊社の技術が活躍できる分野がさらに拡がることは確実ですし、経営陣は意思決定も早く刺激的な日々です。弊社はすでに世界約30か国でおよそ１００の工場を展開していますが、さらに世界的企業になるはずです。

――松浪さん個人としては？

松浪 カンボジアは国も弊社工場も若く、急成長が続くと思いますので、その発展に貢献したいと思います。

――その後には、新しい任務が待っているかもしれませんね。

松浪　そうですね、どんなミッションがいただけるのか楽しみです。

――どんな人が成功すると思いますか？

松浪　一つはやり遂げる胆力。仕事ではうまくいかず悩むことばかりですが、それを乗り切る力。

二つ目にコミュニケーション能力でしょうか。ものづくりは一人ではできません。チームで何かを成し遂げるためにコミュニケーション能力が重要だと感じます。

――学生さんへアドバイスお願いします。

松浪　やはり海外を経験しておくと良いかなと思います。たとえば、カンボジアは若く活気にあふれています。このエネルギーは、日本にいては想像できないと思います。今の仕事は学生時代に学んだことそのものではありませんが、勉強、つまり何かを学ぶという練習は社会に出ても有意義だと思います。

松浪さん（左端）とカンボジア工場メンバー

4 充実した研究設備と働きやすい制度が魅力

TDK株式会社　村井明日香さん・永峰佑起さん

素材開発の村井さんと、解析技術の永峰さんにお話をお聞きしました。コロナ禍によりお二人別々のWeb会議となりましたが、二人の若き技術者の熱い思いを聞くことができました。

●革新的な素材を開発したい（村井さん）

――入社の動機について教えてください。

村井 学生時代、磁性材料の研究をしました。たとえば宇宙環境のような特殊な環境下での材料開発等です。

――磁性材料といえばTDKですね。

村井 はい、自然な選択で就職しました。

――入社後の経歴を教えてください。

村井 最初の配属は秋田の工場での要素技術開発でした。その後は千葉県成田で素材開発に携わっています。

――日々の業務を教えてください。

村井 やはり実験が主です。電子材料の特性は、結晶構造や微量の「混ぜ物」をすること等で大きく変化します。実際に様々な材料を作製し、評価・解析を行います。

――開発の時間軸は？

村井 製品によりますが2～3年といったところでしょうか。目標とする特性と期限が決まっていることは学生時代と違う厳しさですね。

――貴社の魅力をお聞かせください。

村井 私が所属するマグネティクス・グループは、インタクター等の磁性製品を扱っており、売上高で言うと1800億円規模です。もともと弊社は磁性材料の工業化を目的に創業した企業ですが、現在では誘電体、圧電体、半導体と技術領域は拡がっています。また、素材、部品、評価、シミュレーション、量産まで総合的な機能を擁していることも強みです。社内の技術発表会でも、たとえばコンデンサ事業部の知見に学ぶことができます。

また、私たちＴＤＫの製品は素材からの開発なのでブラックボックスを実現しやすいことも強みです。

――電子部品産業について、貴社の展望をお聞かせください。

村井　弊社は七つの分野（Ｍｏｂｉｌｉｔｙ、ＩｏＴ、医療、通信、ロボット、環境エネルギー、ＶＲ／ＡＲ）において、技術で社会貢献をしたいと考えています。その中で磁性材料は、機器の小型化・高速化・省エネ化等に貢献することで発展が期待されます。

村井 明日香さん
マグネティクスビジネスグループ　素材開発課

――村井さん個人としては？

村井　製造工程での開発を通し製品化に携わったので、次は、自分が開発した素材が実際の製品となり、世界に貢献できることを目標にしています。革新的な素材開発を頑張ります。

――日々どんなことを心がけていますか？

村井　まずどんなことにも興味を持つ。そうすると自然に探求心がわいてきます。二つ目は挑戦し続けられること。当然、開発ではうまく行かないこともありますが、粘り強く挑戦する力です。

――学生さんへアドバイスをお願いします。

村井　研究やアルバイトで忙しいとは思いますが、社会人になるとさらに自由度は下がるので、学生時代に世界を見ておくことは意義があると思います。

●世界的に評価される解析技術を開発したい（永峰さん）

――入社の動機について教えてください。

永峰　学生時代、材料工学を専攻しました。透過型電子顕微鏡（ＴＥＭ）等を使用し、巨大磁気抵抗効果

(GMR)に近い研究をしていました。先にTDKに入社した親しい先輩からの助言もいただき、弊社に就職しました。

――入社後の経歴を教えてください。

永峰　同期皆での充実した研修の後、評価解析センターに配属され、拠点の異動等はありましたが、一貫して解析技術に携わってきました。

――日々の業務を教えてください。

永峰　弊社は二次電池、MLCC、MEMS、磁石、インダクタ等多くの製品を手掛けており、それら事業部の開発者から解析を依頼されます。依頼者とともに、試料、手法を検討します。方針が確定すると電子顕微鏡等高度な機器を駆使し解析を行い、分析レポートを作成します。

――最先端の設備が必要そうですね。

永峰　電子顕微鏡は高額なものは数億円します。もちろん分解能がすべてではありませんが、オングストローム(Å)での観察が可能です(筆者注:Åは0・1ナノメートル)。放射光を使った解析システムもあり、解析環境は充実していると思います。

――貴社の魅力をお聞かせください。

永峰　一番は挑戦させてくれる文化です。日々の解析に限定せず新しい挑戦をしたいと提案をすれば認めてもらえることが多いです。また、技術者にとっては先述した設備も魅力です。弊社は分析装置の高価な設備への投資効果に対しても一定の理解があり、様々な面白い解析ができる環境が整っていると思います。また、社員の健康状態にも気をかけてくれていて無理な勤務はありません。私は育休を2か月取得した経験があるのですが、そのときも上司の皆様には親身に相談に乗ってもらい、部内の皆さんも温かく送り出していただけました。

――電子部品産業について、貴社の展望をお聞かせください。

永峰　電子部品への需要は間違いなく増加するでしょうし、なかでもエネルギー関連やセンサーは有望です。弊社はこれらで高い占有率を誇り、今後も発展していくものと思います。

――永峰さん個人としては?

永峰　世界から注目、評価される解析技術を開発したいですね。2016年、北海道大学は世界で初めて酸窒化物セラミックスの強誘電性を確認したことを発表しました。その研究は私たちTDKとの共同研究でした。当時のプレスリリースには私も共同研究者として記載されました。

――ご家族も喜ばれたでしょう。

永峰　はい、親孝行した気持ちになりました。

今は、週一度ですが大学にも通い基礎的な勉強もしています。インプットも充実させ、16年のような発表をこれからもできたらと思っています。

――学生さんへアドバイスをお願いします。

永峰　社会人になるとまとまった時間は取りにくくなるので、学生時代に遠方へ旅行をしていろいろな体験をして遊び尽くして欲しいです。また、読書、習い事、趣味等自身への投資も有意義だと思います。思い立ったらチャレンジしてみませんか！

永峰 佑起さん
技術・知財本部　評価解析センター素材解析室

5 自ら考えて動く社員ばかりの自律的な組織

株式会社村田製作所　坂野好子さん・山内翔吾さん

巨大台風の影響でWeb会議となったことは残念でしたが、元気ハツラツな坂野さんと、道を究める職人といった印象の山内さんのお二人のお話をお聞きすることができました。

●間違っても良いから挑戦する気概を（坂野さん）

――入社の動機について教えてください。

坂野 学生時代は理論物理学を専攻していました。専攻とは直結しないのですが、縁あって弊社に入社しました。

――入社後の経歴を教えてください。

坂野 入社後はインダクタ製品等のEMI事業部に配属されました。設計が主業務ですが、顧客対応、試作、量産立ち上げ支援まで担当いたしました。

――全行程を俯瞰できるようになりますね。となると工場経験も？

坂野 アズミ工場に1年半赴任しました。現場のスピード感を体験できたのは貴重な経験でした。同工場は今では当時の2倍以上の規模になっています。その後、新事業開発で5年ほど経験を積み、設計担当に復帰しました。

――日々の業務を教えてください。

坂野 日々お客様から技術的な要望を頂戴します。それらにお応えするために、設計、シミュレーション、試作をします。2週間ほどでシミュレーションを終えることもあれば、数年単位の新製品開発もあります。同時に、解析技術や設計環境の開発にも取り組んできました。大学との共同研究も経験しました。製品・技術が高度化する中で、「経験的にできた」のではなく、理論的な仕組みが必要になっているとの背景もあると思います。入社当時、理論から産業界の設計への転換に戸惑ったことも事実ですが、自分ならではの貢献が少しはできるようになったかなと思っています。入社時は漠然とした将来でしたが、家庭を持った後も復帰したいと思ったことは、仕事が好きな証拠かなと思います。

――貴社の魅力をお聞かせください。

坂野 紳士的で優しい社員が多いですね。また、私のような若手からの提案でも受け入れてくれる風土もあります。技術交流会も定期的に開催されていて、すごいなと圧倒される先輩の存在も貴重です。

――電子部品産業について、貴社の展望をお聞かせください。

坂野 インダクタに限らず電子部品の需要は今後ますます増加することは間違いなく、弊社が活躍できる領域もますます拡がるでしょう。

――坂野さん個人としての目標は?

坂野 技術者として奮闘していきたいですね。学会等、社外でも発表をしていきたいです。

――学生さんへアドバイスをお願いします。

坂野 指示されたことを確実にこなすことはもちろん重要ですが、同時に、自ら考える習慣、間違っても良いから挑戦する気概が重要だと思います。

坂野 好子さん
コンポーネント事業本部　EMI 事業部

●革新的な工場改革を目指す（山内さん）

──入社の動機について教えてください。

山内 学生時代は物理工学科を専攻し、自動車部品企業に就職しました。同社で配属された生産技術部で触れたデータ分析に関心を持ち、さらに極めたいと思い弊社に転職いたしました。

──入社後の経歴を教えてください。

山内 希望通り、生産革新を担当する部署に配属されました。競争力のある工場を創る部になります。今どきの言葉ではIndustrial Engineering（IE）です。

──日々の業務を教えてください。

山内 私は当部の中でデータ分析による改革を担当しています。生産現場を視察し、現場の人たちと議論をし、どのようなデータを取得し、どのように管理・活用すればよいかを考えます。

──取得しようと思えば膨大なデータ量になってしまいますね。

山内 はい、それが難しさでもあり面白さでもあります。弊社は年間で兆の単位の部品を生産していますし、生産設備も多種多様です。データを効率的に取得し、見える化をし、改善に役立てるようにすることが重要です。たとえば、○○のデータが△△になると設備不良の予兆である、といったことでしょうか。あまり最先端のことは言えませんが（笑）。

また、弊社はセンサーのメーカーでもあり、それらを自社で使っています

──工場の改革となると経営者としての視点も？

山内 工場運営は損益計算書やキャッシュフローにも直結するもので経営的なセンスも必要です。

──貴社の魅力をお聞かせください。

山内 何より社員が自律的なことです。与えられたことをこなすのではなく、自ら考えて動く社員ばかりです。

IE分野でも弊社は先進的な企業だと思います。尊敬する技術者も多くいますし、途中入社も多く多様な組織であることも魅力です。弊社の場合モノづくりという現実世界と紐づいていることは魅力です。また、プログラミングそのものよりも制度設計、要件定義等

上流工程に携われることも魅力でしょう。

――今後の目標は？

山内 先輩と「テレビ番組の『情熱大陸』に出られるほどの革新的なことをしよう」と言っています。

――学生さんへアドバイスをお願いします。

山内 インターン経験を薦めます。私は学校紹介でなく自分で探して参加しました。学校は受動的ですが、会社は違います。指示待ちでなく自分で考えることを初めて体験し、まさに目から鱗でその後の考え方に大きく影響しました。

山内 翔吾さん
モノづくり強化推進部 情報活用推進課

MEMO

Data

資料

How-nual
図解入門
業界研究

官公庁、調査会社、業界団体等、電子部品産業に関する資料提供元

名称	特色
官公庁	
経産省	工業統計、生産動態統計等
総務省	国勢調査、消費実態、人口統計等
財務省	貿易統計
新エネルギー・産業技術総合開発機構(NEDO)	白書、ロードマップなど有用な調査資料あり
IMF	世界経済見通しをはじめ、マクロデータ多数
業界団体	
電子情報技術産業協会（JEITA）	電子部品グローバル出荷統計をはじめ、多数の統計、調査資料あり
日本電子回路工業会	電子回路産業に関する統計あり
日本水晶デバイス協会	水晶デバイスに関する統計あり
日本自動車工業会	自動車に関する統計あり
日本ロボット工業会	ロボットに関する統計あり
民間調査会社	
富士経済	幅広い産業に関する調査資料を発行
富士キメラ総研	幅広い産業に関する調査資料を発行
矢野経済研究所	幅広い産業に関する調査資料を発行
Gartner	IT産業に関する調査に強み
IHS	エレクトロニクス産業に関する調査に強み
IDC	IT産業に関する調査に強み
Evaluate Med Tech	医療機器関連の調査に強み
Yole Developpement	MEMS関連の調査に強み
電子デバイス産業新聞	半導体、一般電子部品、製造装置、電子材料業界を報道する専門紙で各種調査資料も発行
民間企業データ	
各社決算	上場企業の業績把握が可能。決算短信は期末後1ヵ月程度で開示されることが多く速報性が高い。
台湾企業月次売上データ	台湾企業が月次で売上データを各社発表。全体として業界の先行指標として利用可能。

1-1 参考資料：業界規模ランキング

単位：兆円

順位	業界名	業界規模	順位	業界名	業界規模
1	卸売	107.5	26	携帯電話	12.7
2	電気機器	76.6	**27**	**電子部品**	**12.6**
3	金融	60.7	28	製薬	12.4
4	小売	60.1	29	食品卸	11.0
5	自動車	57.0	30	鉄道	10.7
6	総合商社	50.8	31	損害保険	10.7
7	専門商社	50.4	32	医薬品卸	10.2
8	自動車部品	31.8	33	住宅設備	9.8
9	生命保険	31.4	34	造船重機	9.3
10	通信	30.0	35	リース	8.6
11	化学	29.9	36	建設機械	8.3
12	食品	29.4	37	家電	7.8
13	機械	28.5	38	ドラッグストア	7.5
14	サービス	25.6	39	金属製品	7.3
15	銀行	24.0	40	玩具	6.7
16	電力	21.0	41	ゲーム	6.7
17	スーパー	19.4	42	広告	6.6
18	IT	16.4	43	半導体	6.5
19	石油	16.0	44	家電量販店	6.5
20	建設	15.7	45	地方銀行	6.1
21	不動産	15.5	46	インターネット	5.9
22	鉄鋼	13.9	47	ゴム・タイヤ	5.7
23	住宅	13.4	48	OA機器	5.3
24	運送	12.9	49	アパレル	5.3
25	非鉄金属	12.8	50	飲食	5.0

出所：業界動向リサーチ

1-7 参考資料：電子部品企業と自動車部品企業の比較（2021 年度）

●営業利益の比較

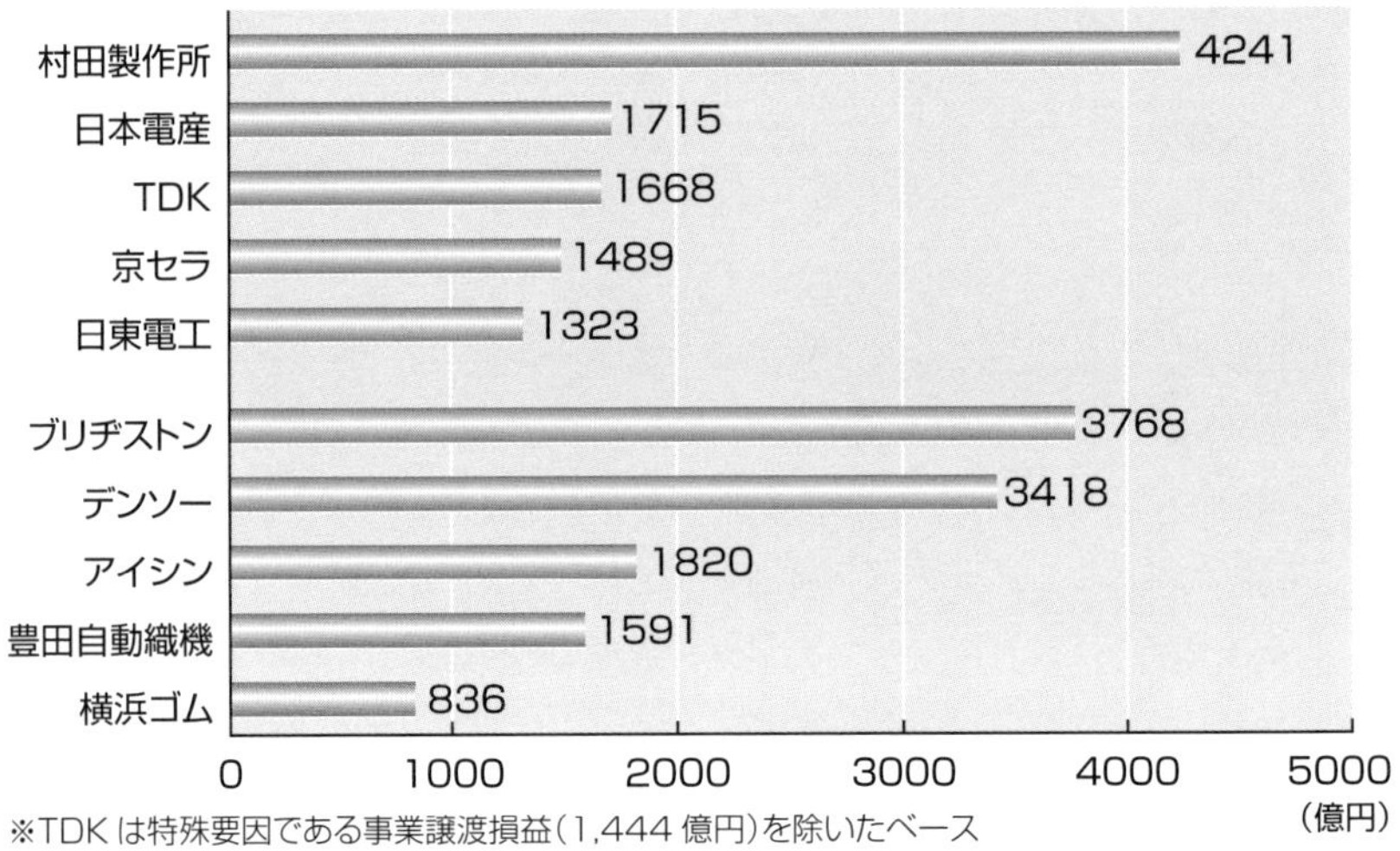

※TDK は特殊要因である事業譲渡損益（1,444 億円）を除いたベース

●営業利益率の比較

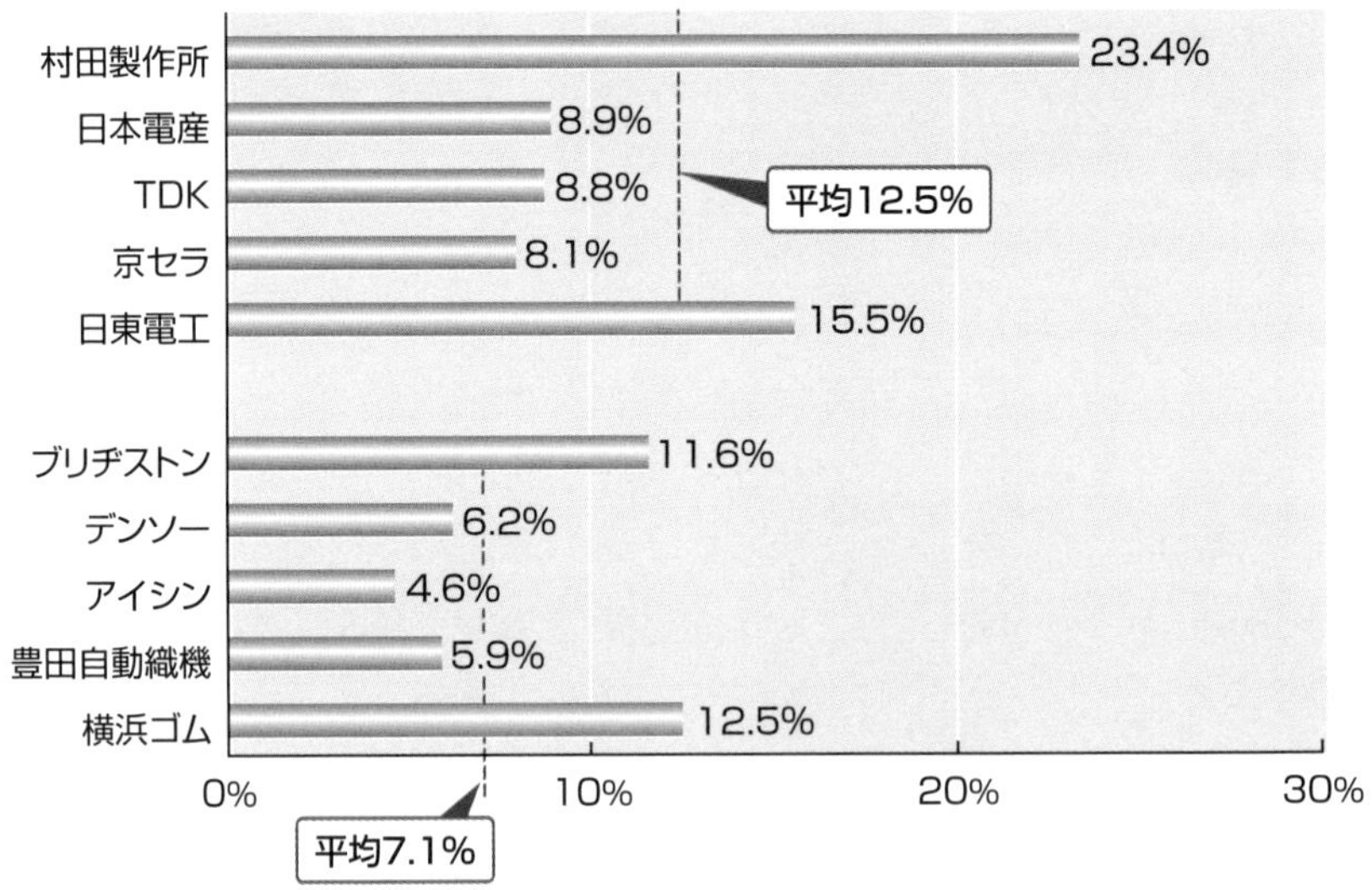

出所：各社 IR 資料

資料

2-2 参考資料：営業利益率10%以上の電子部品関連企業（2021年度）

企業名	営業利益率	売上高（億円）	営業利益（億円）
JCU	37.1%	243	90
MARUWA	33.5%	543	182
メック	26.2%	150	39
ヒロセ電機	24.9%	1,637	408
村田製作所	23.4%	18,125	4,241
フジミインコーポレーテッド	23.3%	517	121
山一電機	21.2%	396	84
浜松ホトニクス	20.3%	1,690	343
上村工業	19.3%	723	139
santec	18.5%	89	16
太陽ホールディングス	18.3%	980	180
芝浦電子	18.2%	306	56
日本碍子	16.4%	5,104	835
日本セラミック	15.8%	214	34
日東電工	15.5%	8,534	1,323
日本特殊陶業	15.4%	4,917	755
日本化薬	11.4%	1,848	211
エンプラス	10.9%	329	36
イリソ電子工業	10.3%	439	45
マブチモーター	10.3%	1,346	138
コーセル	10.0%	281	28
日本の上場企業平均	6.5%	—	—

2-5参考資料：薄型テレビ、パソコンの価格急落（暦年）

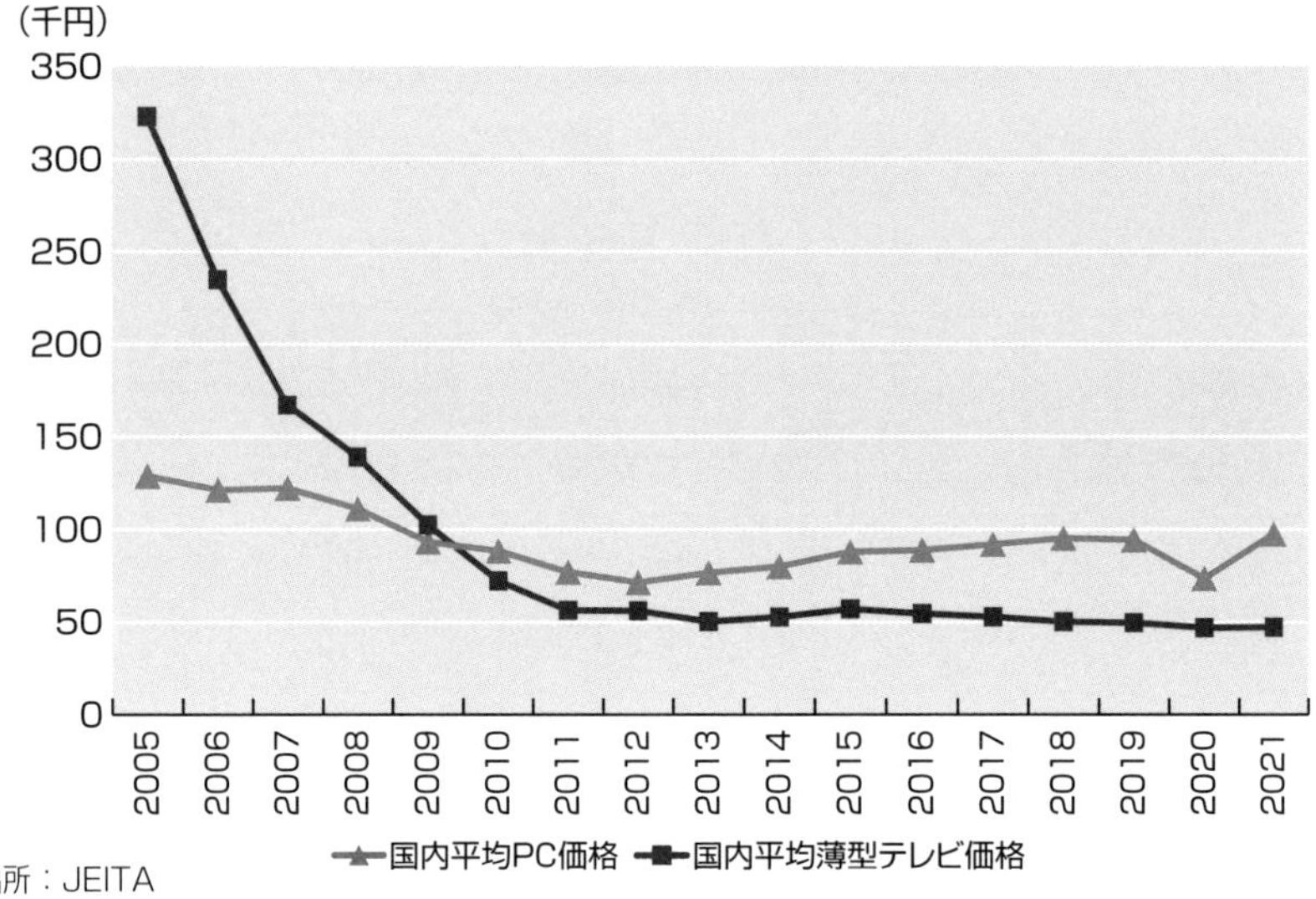

出所：JEITA

5-1 参考資料：PC市場のメーカー別シェア（2021年度）

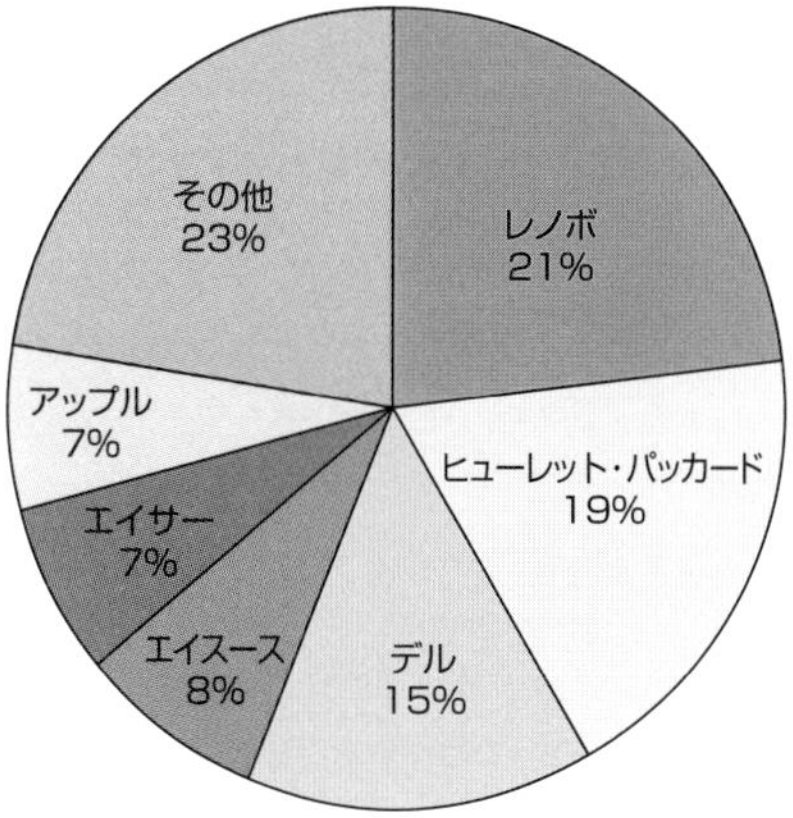

出所：ガートナー

5-2 参考資料：テレビ市場のメーカー別シェア（2021年度）

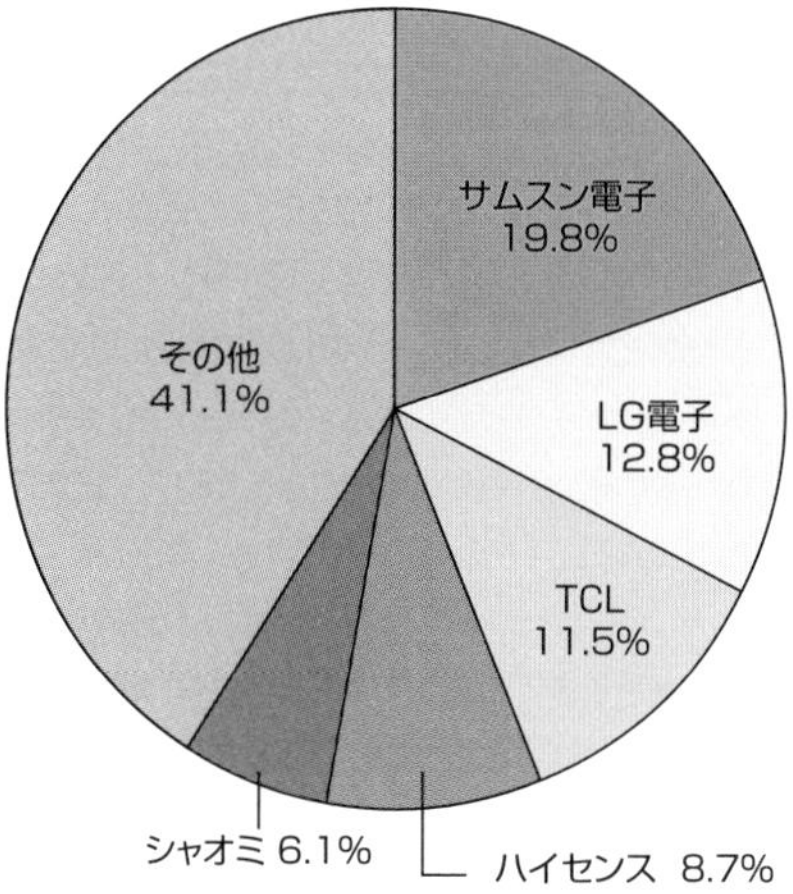

出所：東洋経済

5-9 参考資料：ロボット市場の推移及び予測（暦年）

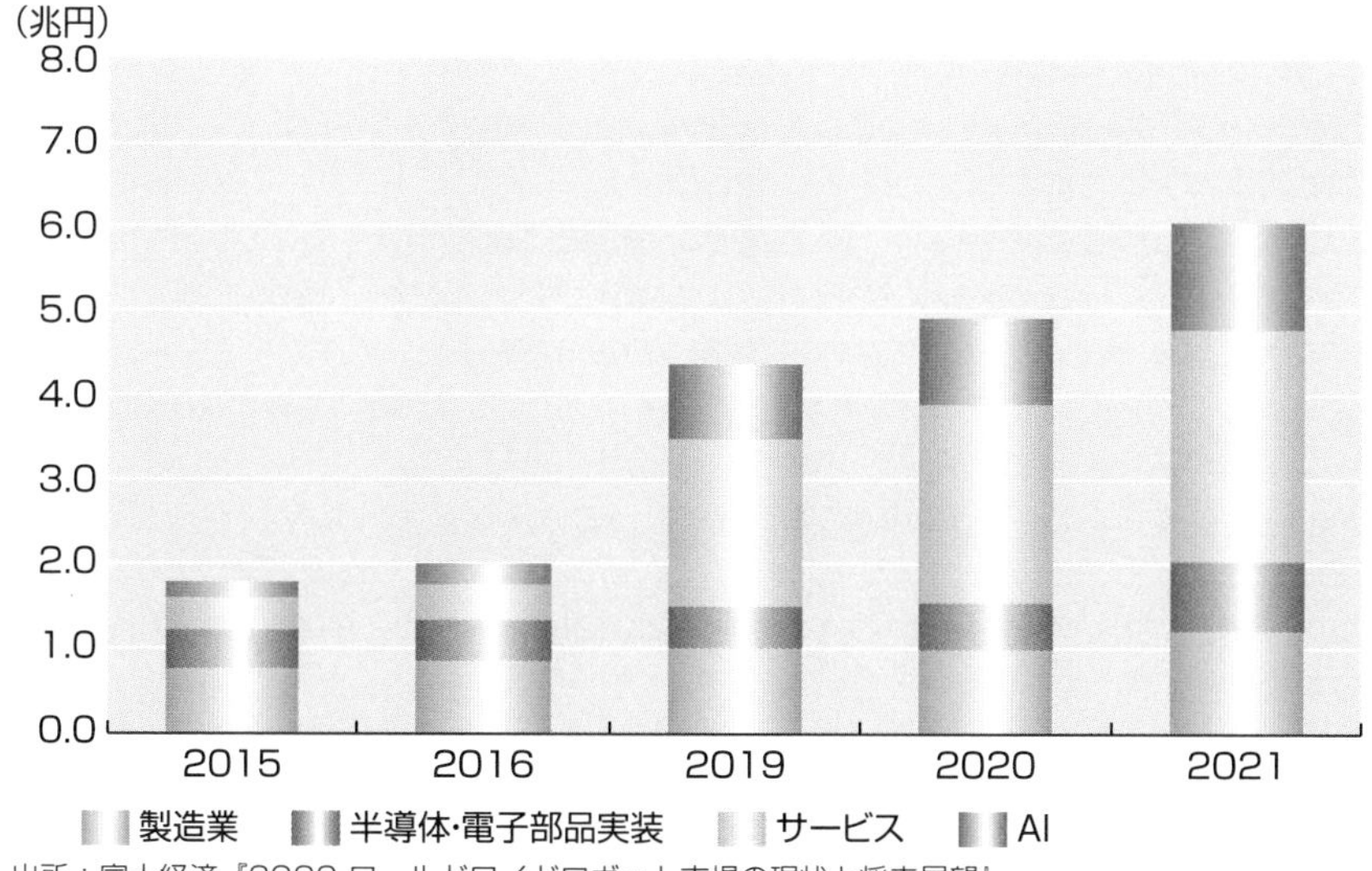

出所：富士経済『2020 ワールドワイドロボット市場の現状と将来展望』

●参考文献

各社社史

『一般電子部品メーカーハンドブック 2017』（産業タイムズ社、2017/02）

『2026 年までの電子部品技術ロードマップ』（一般社団法人 電子情報技術産業協会、2017/03）

『電子部品年鑑』（中日社、2017/03）

『電子情報産業の世界生産見通し』（一般社団法人 電子情報技術産業協会、2017/12）

『不思議な石ころ』（村田昭、日本経済新聞社、1994/03）

『アメーバ経営　ひとりひとりの社員が主役』（稲盛和夫、日本経済新聞社、2006/09）

『稲盛和夫の実学　経営と会計』（稲盛和夫、日本経済新聞社、2000/11）

『生き方　人間として一番大切なこと』（稲盛和夫、サンマーク出版、2004/08）

『「人を動かす人」になれ！　―すぐやる、必ずやる、出来るまでやる』（永守重信、三笠書房、1998/11）

『日本電産永守イズムの挑戦』（永守重信、日本経済新聞社、2008/04）

『ベンチャー企業のさきがけ　―秋田から国際舞台へ TDK の軌跡』（関科学技術振興記念財団 編集）、比較文化研究所、2000/9）

『「利益」が見えれば会社が見える　―ムラタ流「情報化マトリックス経営」のすべて』（泉谷裕、藤田能孝、石谷昌弘、日本経済新聞社、2001/12）

『製陶王国をきずいた父と子　―大倉孫兵衛と大倉和親』（砂川幸雄、晶文社、2000/7）

『異色の"ミネベア経営"高橋高見の秘密』（竹内令、実業之日本社、1984/05）

『「できない」と言わずにやってみろ！　―人類には「知らないこと」「できないこと」がいっぱいある』（畫馬輝夫、イーストプレス、2003/02）

『いびでん物語　天と地と人と』（多賀潤一郎、中部経済新聞社、2010/10）

『京都企業の実力』（財部誠一、実業之日本社、2015/01）

『京都の企業はなぜ独創的で業績がいいのか』（堀場厚、講談社、2011/10）

『京阪バレー　―日本を変革する新・優良企業たち』（堀場厚、日本経済新聞社、1999/09）

『ナゴヤが生んだ「名」企業』（日本経済新聞社 編集、日本経済新聞出版社、2017/11）

『日経テクノロジー展望 2018　世界を動かす 100 の技術』（日経 BP 社 編集、日経 BP 社、2017/10）

『日本型インダストリー 4.0』（長島聡、日本経済新聞出版社、2015/10）

『モビリティー革命 2030　自動車産業の破壊と創造』（デロイト トーマツ コンサルティング、日経 BP 社、2016/10）

『IoT の衝撃　―競合が変わる、ビジネスモデルが変わる』（DIAMOND ハーバード・ビジネス・レビュー編集部 編集・翻訳、ダイヤモンド社、2016/09）

『VR for BUSINESS　―売り方、人の育て方、伝え方の常識が変わる』（株式会社アマナ VR チーム、インプレス、2017/03）

『ストーリーとしての競争戦略』（楠木建、東洋経済新報社、2010/04）

『電子部品が一番わかる（しくみ図解）』（松本光春、技術評論社、2013/06）

『トコトンやさしい電子部品の本』（谷腰欣司、日刊工業新聞社、2011/08）

『電子部品図鑑』（小島昇、誠文堂新光社、2007/02）

おわりに

フロンティア・マネジメント株式会社（以下、FMI）は数多くの分野の専門家が集い、コンサルティング、M&A、事業再生といった業務を手掛ける経営のスペシャリスト集団です。多岐にわたる顧客の課題に対し、最適なチームを組成し包括的かつ最良のご支援を提供しています。

著者の一人である村田は、近視眼的な視点にとらわれることなく企業の本質的な競争力を追求し、そして何より、電子部品産業を愛している者です。今回の改訂にあたっては、グローバル化学企業出身の渡邉、監査法人出身の澤村、香港出身の私センが加わり、まさにFMIを象徴する多様なチームでの執筆となりました。

本書の読者には学生の方も非常に多いと認識しています。本書は、産業を理解する上で必要となる基礎知識を集約した、いわば産業のガイドブックです。同時に、産業の歴史や各社の哲学についても記述しました。将来どのように活躍し、社会にどのように貢献したいのかを自分自身に問いかけながら、後悔のない会社選びをしていただければと思います。改訂にあたり増章された、皆様の先輩のインタビュー集も道標になるものと思います。本書をお読みになり、電子部品産業の一員になっていただける人が一人でも増えるとするならば、著者の一人として冥利に尽きます。

最後までお読みいただき、ありがとうございました。著者一同厚く御礼申し上げると同時に、電子部品産業のますますの発展を祈願いたします。

共著者を代表して　セン キンハーン

図解入門 How-nual

索引

INDEX

数字・アルファベット

か行

あ行

さ行

な行

は行

た行

ま行

や行・ら行・わ行

●著者紹介

村田　朋博（むらた　ともひろ）

フロンティア・マネジメント株式会社執行役員、山一電機株式会社社外取締役、伯東株式会社の社外取締役（3社とも東証プライム上場）。

1968年愛知県名古屋市生まれ。岐阜県立可児高校、東京大学工学部精密機械工学科卒。大和証券、大和総研、モルガンスタンレー証券において20年間のアナリスト経験。2001年日経アナリストランキング1位（半導体、電子部品）。著書に『電子部品だけが何故強い』、『経営危機には給料を増やす！』、『電子部品　営業利益率20%のビジネスモデル』（いずれも日本経済新聞出版社）等。

渡邉　あき子（わたなべ　あきこ）

フロンティア・マネジメント株式会社　アソシエイト・ディレクター。

東京農工大学大学院卒、2017年ダウ・ケミカルグループ入社。半導体材料営業を経て、2020年にフロンティア・マネジメントに入社し、半導体商社や電子部品メーカーのコンサルティング業務に従事。

澤村　勇城（さわむら　ゆうき）

フロンティア・マネジメント株式会社　アソシエイト、公認会計士。

大阪府茨木市生まれ。同志社大学法学部法律学科卒。大学在学中に公認会計士試験2次試験に合格し、新日本有限責任監査法人（現：EY新日本有限責任監査法人）金融部に入所。2022年にフロンティア・マネジメントに入社し、製造業の調査業務及び常駐による旅館業の戦略策定、実行支援業務に従事。

セン　キンハーン（TSIN KIN HANG, CLEMENT）

フロンティア・マネジメント株式会社　アソシエイト。

1997年香港生まれ。Wah Yan College, Kowloon、上智大学文学部卒。2021年にフロンティア・マネジメントに新卒入社し、コンサルティング業務に従事。Frontier Eyes Onlineにて「TSMC熊本進出の衝撃」を共同執筆。

図解入門業界研究

最新 電子部品産業の動向とカラクリがよ〜くわかる本[第2版]

発行日　2023年　2月 20日　第1版第1刷

著　者　村田 朋博／渡邉 あき子／澤村 勇城／セン キンハーン

発行者　斉藤　和邦

発行所　株式会社　秀和システム

〒135-0016

東京都江東区東陽2-4-2　新宮ビル2F

Tel 03-6264-3105（販売）Fax 03-6264-3094

印刷所　三松堂印刷株式会社　Printed in Japan

ISBN978-4-7980-6904-3 C0033

定価はカバーに表示してあります。

乱丁本・落丁本はお取りかえいたします。

本書に関するご質問については、ご質問の内容と住所、氏名、電話番号を明記のうえ、当社編集部宛FAXまたは書面にてお送りください。お電話によるご質問は受け付けておりませんのであらかじめご了承ください。